电子信息
学科发展报告

REPORT ON ADVANCES IN INFORMATION TECHNOLOGY

中国科学技术协会 主编
中国电子学会 编著

中国科学技术出版社
·北 京·

图书在版编目(CIP)数据

2006—2007电子信息学科发展报告/中国科学技术协会主编；中国电子学会编著. —北京：中国科学技术出版社，2007.3
ISBN 978-7-5046-4530-2

Ⅰ.2… Ⅱ.①中… ②中… Ⅲ.电子技术—研究报告—中国—2006—2007 Ⅳ.TN

中国版本图书馆CIP数据核字(2007)第024244号

中国科学技术出版社出版
北京市海淀区中关村南大街16号 邮政编码：100081
电话：010—62103210 传真：010—62183872
http://www.kjpbooks.com.cn
科学普及出版社发行部发行
北京中科印刷有限公司印刷
*
开本：787毫米×1092毫米 1/16 印张：12.5 字数：300千字
2007年3月第1版 2007年3月第1次印刷
印数：1—2000册 定价：33.00元
ISBN 978-7-5046-4530-2/TN·35

2006－2007
电子信息学科发展报告

REPORT ON ADVANCES IN ELECTRONICS AND INFORMATION TECHNOLOGY

首席科学家　俞忠钰

专家组成员　（按姓氏笔画排序）

王晓亮　冯正和　朱洪波　杨秀华　何华康

沈昌祥　陆　军　周寿桓　高　文

学 术 秘 书　戴　茗

序

基于我国经济社会发展和国际社会竞争态势的客观要求，党中央、国务院做出增强自主创新能力、建设创新型国家的战略部署，这是综合分析我国所处历史阶段和世界发展大势做出的重大战略决策。学科创立、成长和发展，是科学技术创新发展的科学基础，是科学知识体系化的象征，是创新型国家建设的重要方面，是国家科技竞争力的标志。在科学技术繁荣、发展的过程中，传统的自然科学学科得以不断深入发展，新兴学科不断产生，学科间的相互渗透、相互融合的趋势不断增强；边缘学科、交叉学科纷纷涌现，新的分支学科不断衍生，科学与技术趋向综合化、整体化。及时总结、报告自然科学的学科最新研究进展，对广大科技工作者跟踪、了解、把握学科的发展动态，深入开展学科研究，推进学科交叉、融合与渗透，推动多学科协调发展，促进原始创新能力的提升，建设创新型国家具有非常重要的意义。为此，中国科协在连续 4 年编制《学科发展蓝皮书》基础上，自 2006 年开始启动学科发展研究及发布活动。

按照统一要求，中国力学学会、中国化学会、中国地理学会等 30 个全国学会申请承担了 2006 年相应 30 个一级学科发展研究任务，并编撰出版 30 本相应学科发展报告。在此基础上，中国科协学会学术部组织有关专家编撰了全面反映这 30 个一级学科的总报告——《学科发展报告综合卷(2006—2007)》。

中国科协是中国科学技术工作者的群众组织，是国家推动科学技术事业发展的重要力量，开展学术交流、活跃学术思想、促进学科发展、推动自主创新是其肩负的重要任务之一。开展学科发展研究及学科发展报告发布活动，是贯彻落实科技兴国战略和可持续发展战略，弘扬科学精神，繁荣学术思想，展示学科发展风貌，拓宽学术交流渠道，更好地履行中国科协职责的一项重要举措。这套由 31 卷、近 800 余万字构成的系列学科发展报告(2006—2007)，对本学科近两年来国内外科学前沿发展情况进行跟踪，回顾总结，并科学评价了近年来学科的新进展、新成果、新见解、新观点、新方法、新技术等，体现了学科发展研究的前沿性；报告根据本学科的发展现状、动态、趋势以及国际比较和战略需求，展望了本学科的发展前景，提出了本学科发展的对策和建议，体现了学科发展研究的前瞻性；报告由本学科领域首席科学家牵头、相关学术领域的专家学者参加研究，集中了本学科专家学者的智慧和学术上的真知灼见，突出了学科发展研究的学术性。这是参与这些研究的全国学会和科学家、科技专家劳动智慧的结晶，也是他们学术风尚和科学责任的体现。

希望中国科协所属全国学会坚持不懈地开展学科发展研究和发布活动，持之以恒地出版学科发展报告，充分体现中国科协“三服务、一加强”（为经济社会发展服务，为提高全民科学素质服务，为科学技术工作者服务，加强自身建设）的工作方针，不断提升中国科协和全国学会的学术建设能力，增强其在推动学科发展、促进自主创新中的作用。

2007 年 2 月

前　言

中国科学技术学会决定从今年起，每年开展学科研究和发布活动，由中国电子学会负责的学科是电子信息学科。电子信息学科有三个特点：第一，涵盖的范围很宽，一般认为电子技术、光电子与激光技术、半导体技术、信息处理技术、通信技术、广播与电视工程技术、雷达工程等都属于电子信息学科的范畴；第二，技术发展非常迅速，面貌日新月异，不断产生出许多新的学科分支，如信号处理、信息安全、大规模集成电路等；第三，很多学科，如计算机科学与技术、自动控制技术、通信技术等，均脱胎或派生自电子信息学科，至今它们之间还有许多交叉、重叠。此外，像信息科学与系统科学、管理学、安全学、核电子、生物电子、电力电子等学科与电子信息学科之间有着密不可分的联系。学科间的交叉、相互渗透，科学观、方法论和技术上的相互利用、相互借鉴，实际上会大大促进和加速相关学科的发展。学科间的相互融合和渗透应该受到重视和鼓励。我们认为电子信息学科很有可能成为其他学科发展或延伸的“铺路石”、“推进剂”和“倍增器”，当其他学科应用电子技术作为其研究、开发手段时，有可能获得意料之外的进展。而电子信息科学工作者所要做的是：跨越自身的限制，渗透到其他学科，甘为其他学科的发展充当工具和铺路石，在为其他学科发展作出贡献的同时，寻找电子信息学科发展的机遇。

鉴于电子信息学科覆盖面宽、分支学科多、边缘学科多的现实和电子信息学科边界不够清晰的情况，此报告中只选择属于电子信息学科的一部分专题，其他专业相关的课题则在今后年度中分年陆续进行研究、编写报告。对当年进展较大，成为学术界、产业界关注重点的某个学科或专题，则可将其连续列入研究范围。经过几年坚持不懈的努力，并在其间邀请电子信息学科和其他相关学科的知名学者、专家进行认真研讨，逐步形成“电子信息学科”的完整、准确、全面的概念。

本报告中我们只选择了八个专题，它们分别是：广播电视技术（首席专家：杨秀华）、固体激光技术（首席专家：周寿桓）、雷达技术（首席专家：陆军）、微波技术（首席专家：冯正和）、微电子技术（首席专家：王晓亮）、无线通信技术（首席专家：朱洪波）、信息安全技术（首席专家：沈昌祥）、音视频信息处理技术（首席专家：高文）。

其中既有被公认为“传统”电子信息学科的专题，也有“归属未定”的、新兴的“交叉型”或“边缘型”的专题。我们希望在这些研究成果公布之后，能获得来自多方面的意见、建议或批评，以便更精确地定义电子信息学科的内容和范围，摸索进行学科发展研究更为有效的方法，纠正报告中可能存在的谬误，展开学术观点上的争论和讨论，在今后每年进行的学科进展研究工作中不断进步。

中国电子学会“2006—2007 电子信息学科发展报告研究课题组”，由俞忠钰担任学科研究首席专家，课题组由八位专题首席专家和五位工作人员组成。2006 年 12 月初，学会组织了有多方学者参加的讨论会，仔细评审初稿。编者在认真听取多方意见之后，本着求真务实的精神，对初稿不厌其烦地反复修改，最终完成了由综合报告和八个专题报告组成的 2006—2007 电子信息学科发展报告。

在研究和编写、研讨过程中，得到了以首席专家牵头的各个研究组，以及他们的所在单位或跨单位、跨部门不同形式的工作组、编写组的大力支持。也得到参与初稿研讨的诸多专家们的大力支持。研讨会还得到了电子工业出版社的大力支持。在此对上述相关人员和机构表示最衷心和诚挚的感谢。中国科协有关部门和领导给予我们许多支持和指导，使我们得以完成此项工作，在此谨表示我们的感激之情。

中国电子学会

2006 年 12 月

目　录

综合报告

专题报告

ABSTRACTS IN ENGLISH

Comprehensive Report

Reports on Special Topics

综合报告

电子信息学科进展

一、引言

电子信息学科有三个特点：一是所涵盖的范围很宽，现在一般认为属于电子信息学科的有电子技术、光电子与激光技术、半导体技术、信息处理技术、通信技术、广播与电视工程技术、雷达工程等；二是技术发展非常迅速；三是很多学科，如计算机科学与技术、自动控制技术、通信技术等，均脱胎或派生于电子信息学科，至今它们之间还有许多交叉、重叠。此外，像信息科学与系统科学、管理学、安全学、核电子、生物电子、电力电子等学科与电子信息学科之间有着密不可分的联系。学科间的交叉、相互渗透，科学观、方法论和技术上的相互利用、相互借鉴，实际上是有利于科学技术发展的一个重要促进因素。学科间的相互融合和渗透应该得到鼓励。电子信息学科很有可能成为其他学科发展或延伸时的“推进剂”、“倍增器”，当其他学科应用电子技术作为其研究、开发手段时，有可能获得意料之外的进展。而电子信息学科自身应该做的是：跨越自身的限制，渗透到其他学科，甘为其他学科的发展充当工具和铺路石。其他学科的发展，也将促进电子信息学科发展。

二、广播电视技术

广播电视技术数字化是近十几年来世界各国信息技术发展的主流方向之一。经过20多年的努力，我国广播电视技术数字化水平，尤其是显示终端的数字技术应用水平已进入世界先进国家行列。我国从1996年便开始研究地面数字电视广播体制；1999年10月1日进行了实验播出。2001年北京、上海和深圳被确定为开展数字电视广播的试点城市。从2004年开始，已经有数十个大中城市逐步开展了地面数字电视的试验性广播；北京、上海和广东三地还开展了基于DAB的T-DMB试验广播。

我国广播电视技术数字化工作目前已进入实用阶段，2006年8月18日国家发布了数字电视地面广播国家标准GB 20600-2006，同年还颁布了AVS视频编码的国家标准GB/T 20090.2-2006和两个数字广播的行业标准：数字声音广播GY/T 214-2006、移动多媒体广播第1部分GY /T 220.1-2006标准。新标准的公布，表明我国已经完成从“电视大国”向“电视强国”转变的“准备阶段”工作。

在广播电视数字化进程方面，广电总局计划将于2015年停止模拟电视广播，全面转为数字电视广播。广电总局公布的我国发展数字电视的“三步走”战略为：首先，以数字有线电视为切入点；其次，发展卫星数字电视；第三步，发展地面数字电视广播。广电总局提出，2005年是有线数字电视“整体转换年”，并在2006年取得了较大的进展。

我国产业界已经为发展数字电视作好了准备。发射机制造企业已能生产我国发展数字电视广播所需的广播发射机；接收机制造企业已解决了大批量生产数字电视机的技术难关。但是新国标包括了两种制式和可选项，给企业生产时带来一些麻烦和成本的增加。新标准带来的知识产权和专利问题也有待相关部门协调解决。

在发展数字电视广播时，建议在中西部地区着重发展地面数字标准清晰度电视(SDTV)广播，在我国发达地区和主要城市在发展标准清晰度电视(SDTV)广播的同时，着重发展数字高清晰度电视(HDTV)广播。

三、固体激光技术

2005～2006 年，我国在固体激光研究、应用等领域取得了许多可喜的进展，主要有：全固态激光、深紫外激光、巨型高功率大能量激光、超快激光、超强超短脉冲激光应用、激光显示等。

(一)全固态激光器

采用半导体激光二极管(LD)泵浦是迄今减少进入固体激光器无用热最有成效的一种方法，并形成了一代新型的固体激光器——全固态激光器(DPSSL)。

我国全固态激光的研制已有多年的历史，但因为 LD 阵列的亮度、效率、寿命、冷却等还有欠缺，所以长期停留在实验室。近两年有了明显的进展，包括 LD 性能的改进和 DPSSL 系统的研发应用。

DPSSL 对环境温度的适应能力遇到了严重的挑战。LD 的温度漂移约为 0.3 nm/℃。温度变化几度就会严重影响 Nd:YAG 激光器的效率，而且温升还将损坏 LD。高功率 LD 的堆叠密度直接受到有效散热的制约，散热已成为影响 DPSSL 技术发展、走向实际应用的一个关键因素。一些特殊应用场合使用的激光器的设计、制造面临很大的挑战，各国将此视为机密。近两年，我国依靠自主创新研制，取得了突破性进展，为工程应用打下了基础。

工业用 DPSSL 最重要的指标是整机长期工作的可靠性、稳定性。一些国家禁止对我国出口连续输出功率 60 W 的绿光 DPSSL。但我国依靠独立自主研究，首先实现 LD 的国产化，并在此基础上研制成功了全部采用国产元器件、连续输出绿光激光功率＞100 W，无故障连续工作时间＞200 h 的 DPSSL，进入批量生产，满足了用户的急需。

在同样的体积下，光纤的表面积比块状工作介质的大 2～3 个数量级，因此散热效果良好；因为是波导结构，激光模式由纤芯直径 d 和数值孔径 NA_0 决定，不受工作介质中无用热的影响。因此，高功率光纤激光器的诞生是克服固体激光器“热效应”的又一重大进展。2006 年 7 月，我国高平均功率光纤激光器输出平均功率达 1.2 kW，光—光斜效率为 79.3%，达到国际先进水平。

热容激光器在热容模式工作时，可以承受比常规工作模式高几倍的平均功率而不致因热应力造成破坏。中国工程物理研究院 10 所，中电科技集团 11 所等单位开展了基础性的研究工作。虽然因受器材规模的限制，总输出能量与国际最高水平相比还有差距，但却具有若干创新性的设计，在一定程度上减轻了热容激光器的缺陷。采用全国产元器件，LD 端面泵浦 φ70 mm 的 Nd:GGG，单个模块输出 1.5 kW，泵浦功率 600 W，$\eta = 25\%$，工作时间为 1 s。

飞秒激光是一项具有划时代意义的新技术。近两年，天津大学在飞秒激光的非线性频率变换、太赫兹产生等应用研究获得重要进展。

(二)超强超短脉冲激光

2005～2006 年，中国工程物理研究院建成 SILEX-Ⅰ，并在该装置上进行了大量实验研究工作，包括电子加速、质子加速、团簇产生中子、超短 X 光源、飞秒激光大气传输、飞秒激光损伤机理、材料动力学特性等实验研究。取得了一批重要的研究成果，如产生近 10^9 eV 的电子束，观察到高功率密度时相对论等离子体的新奇物理现象和特征，为国际学术界所瞩目。

(三)巨型高功率大能量激光

我国在已完成神光-Ⅰ、神光-Ⅱ装置的基础上，拟在 2012 年左右完成神光-Ⅲ激光装置的建造。这将使我国成为世界上少数几家拥有巨型激光装置的国家，在惯性约束聚变研究领域进入世界先进行列。

(四)深紫外激光晶体

中科院理化所、物理所在深紫外激光晶体生长、应用上做出了卓有成效的工作。自 20 世纪 90 年代以来，发现了一系列可用于深紫外谐波产生的新型非线性光学晶体。其中 KBBF($KBe_2BO_3F_2$)晶体是到目前为止唯一能使用倍频方法产生深紫外激光输出的晶体。使用这种 KBBF 棱镜耦合器件，和东京大学物性所合作，首次实现了 Nd:YVO_4 激光的 6 倍频谐波光输出，输出功率达 3.5 mW，并成功将这一新型光源应用于光电子能谱仪，获得了超高分辨率的电子能谱，清晰地观察到超导电子对在费米面附近的凝聚，测量出 $CeRu_2$ 化合物超导体在 3.8 K 超导态时 Cooper 电子对和超导能隙的形成。最近中科院物理所与理化所合作，使用同种光源，进一步研制出国际上首台角分辨超高分辨率光电子能谱仪，正计划建造自旋分辨的超高分辨率光电子能谱仪，它将为固体中电子的强关联相互作用的研究提供更先进的设备。

(五)高平均功率激光晶体

与最常用的固体工作介质 Nd:YAG 相比，Nd:GGG 具有无核芯，可获得较大的截面积；受激发射截面较小，可储存更大的能量，放大级可提取更高能量；密度较高等优点。与玻璃相比，Nd:GGG 的热导率约为玻璃的 10 倍，发射截面、破坏应力是玻璃的 5 倍。因此 Nd:GGG 比 Nd:YAG 和玻璃更适合热容模式工作。2005 年，北京奥依特公司产出高质量的 Nd:GGG 晶体，直径 75 mm、等径长度 60 mm。单片 φ70 mm×10 mm 晶体，1064 nm激光连续输出 1.5 kW。

(六)激光显示技术

激光作为全色显示系统的光源具有天生的色度学优势，它是继黑白、彩色、数字显示技术后的新一代显示技术。

2005 年中科院物理所等成功研制出了 84 英寸、140 英寸大屏幕激光显示样机，展现出色彩艳丽的动态图像。

四、雷达技术

20 世纪 90 年代以来，我国的雷达技术进入了快速发展时期，摆脱了仿制，走上了自主研制的道路，生产了一批高性能雷达，满足了国民经济建设、社会发展、科学研究和国防安全的需要。例如，精密跟踪测量雷达成功地为载人航天保驾护航；机载合成孔径雷达(SAR)为洪涝灾害监测、三峡工程和西部大开发提供了服务；一批高性能的天气雷达肩负着监测和预测灾害性天气的重任；在沿海和长江黄金水道的各个港口，港口监视雷达为船只安全顺畅地航行和进出港口提供了保障；航空交通管制雷达也开始担负起空中交通管制的执勤任务；各种各样的高性能雷达广泛应用于国防安全的各个方面。

(一)我国雷达技术与国际先进水平差距缩小

总起来说，地(海)面雷达技术已达到相当高的水平，机载雷达技术取得了很大进展，星载雷达技术也有一个良好的开端。其中，机载合成孔径雷达(SAR)技术已从单一的 X 波段发展到 P、L、S、X、Ku 波段，从单极化发展到多极化，分辨率从十米级提高到了米级，测绘带宽从几千米发展到几十千米。空间和空中探测雷达越来越多地采用了相控阵技术，相控阵技术已从无源相控阵发展到了有源相控阵。气象雷达技术发展很快，已研制成功各种频段和各种体制的测风雷达和测雨雷达(也称天气雷达)。

(二)2005～2006 年度雷达学科的新进展和应用

(1)在微波遥感成像雷达方面：先进机载合成孔径雷达关键技术和设备取得了重大进展；多极化多频段机载合成孔径雷达技术在地形测绘中获得实际应用；星载合成孔径雷达 L 波段技术已应用于遥感卫星，S 波段技术和 X 波段技术也取得了新进展。其中，机载合成孔径雷达技术已接近国际先进水平，星载合成孔径雷达技术与国际先进水平还有较大差距，主要差距是在多参数(多频段、多极化)和多模式(条带 SAR、聚束 SAR、扫描 SAR、干涉 SAR 等)方面。

(2)在空间和空中探测方面：深空探测雷达系统技术、中远程固态有源相控阵雷达系统技术、数字相控阵技术和光控相控阵技术都取得了重要进展；微波低频段有源相控阵雷达技术在条件复杂、要求苛刻的领域获得了实际应用。这些成果都接近或达到了国际先进水平；但是在微波高频段有源相控阵雷达技术方面，美国已在实际应用 X 波段有源相控阵雷达技术，在这个方面还有较大差距。

(3)在气象雷达方面：新一代多普勒天气雷达的布网应用、边界层风廓线雷达技术、测风激光雷达技术和车载式 X 波段全相参多普勒偏振雷达技术都取得了新进展，达到了国际先进水平。

(4)在交通管制雷达方面：S 波段固态一次监视雷达、单脉冲二次监视雷达和港口监视雷达等取得了重要进展，其系统性能达到了国际先进水平。

(5)出版了由我国众多资深雷达专家撰写的大型设计性雷达技术丛书。

(三)对雷达学科的战略需求

雷达学科的战略需求主要是与国民经济建设、社会发展和国防安全有关的一些重大问题，如生态与环境监测、资源勘探与综合区划、交通运输管理与安全保障、重大自然灾害监测、国家重大科技专项中的对地观测系统和载人航天与探月工程，以及国防安全等。这些重大问题都程度不同地需要雷达学科提供技术支持。

(四)雷达学科的发展趋势与研究方向

(1)微波遥感成像雷达技术(合成孔径雷达技术和逆合成孔径雷达技术)：高分辨率合成孔径雷达及图像解释技术、低频段合成孔径雷达探地技术、动目标监测定位技术、合成孔径雷达(SAR)定标技术、SAR 小卫星及星座技术、多参数多模式综合技术、双多基地SAR 技术、逆合成孔径雷达(ISAR)机动目标高分辨率技术和三维成像技术。

(2)空间和空中探测的相控阵雷达技术：X 波段有源相控阵技术、宽频带相控阵技术、低/超低副瓣相控阵天线技术、数字相控阵技术、共形相控阵技术、毫米波相控阵技术、天基相控阵技术。

(3)气象雷达技术：双线偏振技术、双多基地气象雷达技术、星载气象雷达技术、毫米波和激光气象雷达技术。

(4)航管雷达技术：S 模式二次监视雷达技术、新一代一次监视雷达技术、精密进近雷达技术、小型地面活动监视雷达及其组网技术、机场多种雷达的综合一体化技术。

(5)探地和安全检测雷达技术：超宽带大功率信号产生及发射技术、超宽频带接收机技术、先进的信号处理和数据处理技术、超宽频带雷达理论和设计技术。

(6)其他值得关注的发展动向，主要是多功能一体化和数字化及网络雷达技术。

五、微波技术

随着无线通信、无线网络在全球范围及在广泛领域的迅速应用，随着高新科技以及军用、民用的需求，微波技术得到了迅速发展。微波产业及相关配套迅速发展，学术活动亦十分活跃，电磁理论和微波技术也在新的挑战中得到进一步发展。

(一)学科进展

1. 电磁理论和数值方法

作为电磁场理论和微波技术研究的重要手段之一的电磁场算法得到了深入的发展和广泛的应用。为了解决目前通用软件中存在的问题，国内在基于 MOM 的快速多极(FMA)和多层快速多极(MLFMA)算法及相关混合算法的研究方面取得进展，在 FDTD 的多重网格、PEEC(部分等效元法)的全波全介质应用、时域有限元、时域积分方程方法(TDIE)以及各种高效混合数值方法等方面需要作进一步研究。电磁场可视化技术亦是当前研究的重要内容之一。

2. 微波集成技术

伴随无线通信技术的发展，微波集成技术在高频率、小尺寸、高集成度、低成本器件研究和专用测试、高频封装技术研究方面得到了长足的进步。半导体技术在低成本的 RF CMOS 技术、化合物半导体和 SiGe 材料方面的发展是当前的热点。在半导体技术发展的基础上，SoC 技术和 SiP 技术得到了进一步发展，并带来了测量技术的相应快速发展；同时，无源电路集成领域的 LTCC 技术的发展及其前景值得关注。

3. 天线和天线阵列、电波传播

无线通信系统在频谱效率、信息容量和传输速率等方面的发展，对天线提出了更高的要求，多频段/宽带移动终端天线、可重构天线、超宽带/短脉冲天线以及多输入多输出天线是研究的热点和有可能取得突破的领域。

4. 太赫兹(THz)技术

太赫兹技术由于其具有的许多优越特性，有非常重要的学术和应用价值，也在近年得到了我国和世界各国的极大关注和广泛研究。我国在太赫兹辐射源和探测器、传输和聚焦等关键技术进行了深入研究，在最关键的高功率太赫兹辐射源方面取得了进展。整合 THz 产生和检测系统搭建的 THz 时域光谱系统在检测领域得到了应用，我国在该方面成功实现了应用。THz 波的产生和探测这一研究前沿还存在不少问题，是今后研究的方向和热点。

5. 新型人工电磁介质

以负折射率介质和电磁带隙结构为代表的新型人工电磁介质成为非常热门的研究领域之一。人工电磁介质材料在微波领域有重要应用，人工电磁介质在天线、移相器以及定向耦合器/滤波器中的应用前景广阔，是研究的重点，我们还面临着不少挑战。EBG 结构在微波领域有巨大应用价值，但在小型化方面还有许多问题有待解决。

6. 空间微波遥感

微波遥感作为空间遥感发展最前沿的技术，可以在复杂的地球环境中，从多源海量数据获取科学的定量信息转化，在国民经济、国防技术和人民社会生活中得到广泛应用。

7. 微波毫米波测试仪器发展现状

我国在“九五”和“十五”两个五年计划中在微波毫米波测试仪器等方面取得了重要进展。

(二)微波应用

主要介绍通信和工业生产等领域得到了广泛应用的多天线技术、无线标签技术以及光子微波技术：

1. 无线系统中的多天线技术

多天线技术是当前的热点研究方向，正广泛地应用于各种通信、电子对抗、侦察、卫星等各个领域；从不同需求出发，多天线可采用不同的如自适应天线、智能天线、多输入多输出天线、分布天线等技术。基于 MIMO 的传输方案，空时编码、物理层可重构，多用户分集等方面的研究取得进展，MIMO 系统设计中的信道建模十分重要。多天线技术的应用尚有一些亟待改善和解决的问题。

2. 无线标签

无线标签(RFID)技术被广泛地应用于物流、商业、生产、动物及家庭等领域。无线标签所面临的主要问题有：射频识别标签的天线匹配、射频设备的兼容性和射频标签的成本降低等。

3. 光子微波

无线信号光线传输技术(RoF)近年受到广泛重视并得到迅速发展，RoF 相对于较传统的微波无线传输系统有其独特的优势，可以为无线网络提供“最后一公里”的无缝接入，广泛地应用于宽带无线通信系统中。RoF 在智能交通系统、毫米波雷达以及其他方面有巨大的应用前景，RoF 技术发展还有光子微波器件等关键问题需要解决。

(三)预测和建议

加强基础电磁场理论和相关交叉学科研究，加强微波器件研究，开拓微波技术新应用，加强海内外华人间合作，以期有利于我国电磁领域和微波技术的发展和提高，并在一些重点和关键的问题上得到突破，以有利于国民生产、军事、民生等诸领域的进步和提高。

六、微电子技术

微电子技术是信息产业的基础，发展微电子技术对建立持续稳定发展的国民经济体系和巩固现代化国防具有重要的战略意义。近年，我国十分重视微电子技术的发展，经过十多年不懈地努力，我国在微电子领域取得了令人瞩目的成就：集成电路产业发展迅猛，建立了包括 IC 设计，芯片制造和封装测试在内的完整产业链，目前整个产业的规模位居世界第三。

作为当代发展速度最快的科学技术，在摩尔定理的指引下，国际微电子技术的发展日新月异。在过去的两年里，特征尺寸缩小的步伐丝毫没有减慢，65 nm 技术已在 2006 年上半年实现了量产，45 nm 技术正处于工艺导入阶段；主流工艺中的晶片尺寸已经达到 12 英寸，16 英寸硅单晶也已经生长成功，工艺研发正在进行中。一方面，为了能让摩尔定理延续下去，在器件结构、器件理论、关键集成技术、微电子材料和封装测试方法等众多领域提出了很多新观点，建立了新理论，采用了新技术，在集成系统功能提高的同时，性价比也不断攀升，创造着大量的财富。另一方面，由于硅基 CMOS 技术加工尺寸即将达到物理极限，对后摩尔定理时期微电子技术的探索也在积极地进行中，纳电子学的研究取得了一定的进步，量子器件、单分子器件、自旋电子器件等相关研究日益活跃。此外，微电子技术和其他研究领域相结合诞生出的微机电系统(MEMS)和生物芯片方面的研究工作也进行得有声有色，其中一部分研究成果已产生了经济效益。

相对于国际先进水平，我国微电子技术总体水平仍然比较落后，这成为制约我国建设信息化、网络化社会的“瓶颈”，甚至对我国的信息安全和国防安全构成了威胁，而发达国家在关键技术领域对我国的封锁，又使完全依靠技术引进发展微电子技术的可能性根本不存在。十几年的发展历程也说明：如果不掌握核心技术，我们只能处在整个产业链的底端，生产低附加值产品，失去自主权，处处受制于人。在过去的两年里，我国在集成电路设计、微电子基础材料制备、微电子专用关键设备的研发等领域都取得了突破性的进展，出现了多项具有自主知识产权的研究成果，部分成果填补了国内空白，接近国际先进水平，显示了我们的信心和实力。在未来的10～15年中赶超国际先进水平，把我国建成微电子技术强国。

七、无线通信技术

20世纪末以来，日益广泛的信息化带来了许多新的生产模式和生活理念。信息社会改变着我们的行为、思维方式。信息社会中人们的生活中心将从工业社会的以社会为核心回归以家庭和个人为核心，因此以人为中心提供无所不在的信息服务是未来通信网络的目标。无线通信网把人从通信设备的束缚中解脱出来，使得信息可以自由联通，服务可以无处不在。多种多样的无线设备，包括手提电脑、个人数字助理、蜂窝电话、便携式媒体播放器以及嵌入式的传感器等，时刻在人与人之间、人与环境之间传递信息；时刻检测和控制现实世界的对象和事件，以人为中心提供着无所不在的服务。无处不在的无线网络逐渐成为用户与现实世界交互的接口，随时随地根据个人环境信息查询、组织并使用种类繁多的服务，构建人与计算设备的和谐社会。

无线通信最早应用在专用通信系统中，专用移动通信也称为无线电调度通信，近年来，我国华为公司和中兴公司分别提出和自主开发了基于GSM-R技术的GT800数字集群系统和CDMA技术的GOTA数字集群系统。组网灵活，网络覆盖满足要求；价格适中，满足大规模发展的需要。

为公众提供无线通信服务的移动通信系统是20世纪最后20年发展起来的，2005～2006年度国内移动通信技术的进展最具代表性的就是第四代移动通信相关无线技术和信号处理技术的研究不断深入，我国第四代移动通信研究的部分成果通过RITT提交数十项国际标准提案，其中十多项提案被采纳。研究成果申请专利的近两百个，包括：

(1)协同分布式无线网络及高层协议技术相关专利31项；

(2)宽带多载波传输与多址技术相关专利55项；

(3)充分挖掘空间资源的MIMO无线传输技术相关专利26项；

(4)逼近信道容量的信道编译码与迭代接收技术相关专利52项；

(5)新型天线与射频技术相关专利20项。

随着计算机的广泛应用和计算机网络的普及，通过无线方式接入计算机网成为人们的迫切需求，由此引出了无线接入网的概念，继而无线城域网，无线个域网以及无线家庭网、无线传感网、RFID等都在近年蓬勃发展起来。

(1)在无线个域网(WPAN)方面，新通过的IEEE802.15.4a标准引入了超宽带(UWB)技术；

(2)在无线本地接入网(WLAN)方面，IEEE 在 2006 年 6 月份批准通过 802.11e,用以保证语音和视频的传输质量；

(3)在无线城域网(WMAN)方面 802.16e 标准于 2006 年初发布,该标准引入 OFDMA 技术,在 5 MHz 的信道范围内提供 15 Mbps 的速率。在提供高速数据业务的基础上,引入用户端以车辆速度的可移动性,提出支持小区和信道间高层切换能力；

(4)在无线区域网(WRAN)方面，IEEE802.22 是第一个世界范围的基于认知无线电技术的空中接口标准,系统工作于 VHF/UHF 频段上未使用的电视信道,工作模式为点到多点。WRAN 设备的关键是无需频率许可,与电视等已有的授权用户共存。

在国内,CCSA TC5 也一直在开展宽带无线接入系统中关键技术的研究。以中信和华为为代表的制造商也加入了 WiMAX 联盟,并且取得了一部分专利。由全球 WiMAX 论坛和天地互连公司共同主办的第二届全球 WiMAX 高峰会议于 2006 年 10 月在北京举行。中国网通也率先开始了 WiMAX 商用实验网络的部署。由信威公司研制的 McWill 无线宽带接入系统具有高容量、覆盖范围大、带宽、支持移动、切换和漫游等特点。

未来无线通信具有以下发展趋势：

(1)移动宽带化和宽带移动化；

(2)蜂窝移动通信与无线接入网进行网络融合、业务融合及接入综合,这是通信发展的主旋律；

(3)基于 IP 的同一个核心网络平台上,通过网络的无缝切换,实现无处不在的最佳服务。

八、信息安全技术

历史上,信息安全历经了通信保密、信息系统安全和信息保障三个阶段。近年来,信息安全的概念发生了深刻的外延,各国开始将信息安全视为国家安全的基石之一。中国的信息安全问题不仅有信息基础设施的脆弱性所引发的风险,还涉及滥用信息技术造成的政治、经济、军事、社会、文化等多方面问题。为此,除信息与信息系统的保密性、完整性和可用性外,近年来我国开始将信息内容安全作为信息安全的一项基本内容,标志着信息安全这一概念在我国得到新的发展。

信息安全学科发展的重要动力来自于信息安全的需求。近年来,信息安全威胁的变化趋势具体体现在:恶意代码技术翻新;内部威胁上升;外包和供应链中的信息安全问题凸现;软、硬件自身故障成为重大信息安全隐患;信息安全的非传统安全威胁特征更加明显。除了各种威胁因素外,信息技术在近年来得到了大力发展和广泛应用,从而更突出了对信息安全的需求,也加重了信息安全挑战。

信息安全学科在近几年取得的成就主要集中在如下领域:MD5 与 SHA-1 哈希算法被攻破、我国首次公开密码算法 SMS4、量子密码出现商业化产品、可信计算技术产生并发展迅速、生物特征认证技术开始广泛使用、网络信任技术引起世界各国高度重视、无线局域网安全标准出台、基于 IPv6 的下一代互联网安全技术得到广泛研究和大规模试验。

2005 年和 2006 年中,各国继续加大了对信息安全研究的支持力度,对信息安全研究重点、方向等作出了很多重要规划，为今后信息安全技术的发展指出了方向。比较典型的有美国总统信息技术顾问委员会的报告《网络空间安全：迫在眉睫的危机》、美国国家科技委员会的报告《联邦网际安全和信息保障研发规划》以及中国的《国家中长期科学和技术发展规划纲要(2006—2020 年)》和“863”信息安全专题。

信息安全是高技术的对抗，通过近年的努力已经初步具备了信息安全防护能力、隐患发现能力、网络应急反应能力和信息对抗能力，为国家信息安全提供了强有力的支撑。

信息安全技术的进步也带动了信息产业的发展。我国信息安全产业发展迅速，但也有着明显不足。与国外信息安全技术研究相比，我们与国外的差距正在缩小，取得了一些具有优势的成果，但我国自主可控能力仍然不高。

信息安全的学科建设是近几年各方面讨论的热点。目前，信息安全成为一门独立的一级学科已经显现出较为明显的需求。而且，经过近几年的学科建设探索和信息安全工作实践，信息安全作为一级学科的客观条件也已经基本具备，今后国家层面需要加强信息安全学科规划，重视信息安全学科建设的基础性工作。

总体而言，今后信息安全技术的发展方向将具有如下特点：

(1)突出主权国家的战略需求。在各国政府的大力推动下，有助于加强基础网络和重要信息系统安全性的安全技术将得到飞速发展。

(2)由被动防御转向积极防御(主动防御)。被动防御的信息安全技术将越来越难以适应更复杂威胁的挑战，因此，今后信息安全技术将从被动防御转向积极防御(主动防御)。

(3)以可信计算技术为契机，创新安全体系结构。今后几年是可信计算技术得到大量应用的关键时期，这一技术的优势将得到充分体现。以可信计算技术为契机，创新安全体系结构将成为今后技术发展的一个重要方向。

(4)技术的集成化趋势更加明显。由于互操作的需求，单一功能的信息安全技术正在向融合了多种功能的信息安全技术方向发展。另外，信息产业巨头开始纷纷利用其技术优势实现信息安全技术与其产品的集成化。

九、音视频信息处理

音视频信息处理学科在信息领域中是一个历史悠久但又很年轻的学科，它从数字信号处理开始，逐步覆盖包括语音处理、图像处理、视频处理、多媒体技术、人工智能等技术与应用。报告涉及技术发展、产业发展、人才培养三个方面，阐述了音视频信息处理学科在 2005～2006 年度的进展与应用情况，重点围绕在音频编码、音频处理、视频编码、音视频编解码标准、视频分析与多媒体检索、数字版权保护、流媒体技术等音视频信息处理学科的七个重要技术分支。同时，结合“十一五”时期国家的重大战略需求，提出了未来的重点研究方向建议。

音视频信息处理学科在 2005～2006 年度的标志性进展是先进音视频编码国家标准(简称 AVS)中第 2 部分(即视频部分)的正式颁布实施及应用启动。经过一百多位专家四年的研究开发和国家相关部门的审核，2006 年 2 月国家标准化管理委员会正式颁布了

GB/T 20090.2 标准,并于同年 3 月 1 日起正式实施。AVS 是数字音视频编码压缩的信源标准,是与数字电视、网络电视、手机电视、激光视盘等众多应用相关的共性基础标准。AVS 标准的实施是我国数字音视频产业"由大变强"的重要里程碑,被认为是当前国际上最重要的三个先进视频编码标准之一。AVS 标准的创新包括技术和知识产权管理等。AVS 标准包含了五十多项我国自主的核心专利技术。AVS 专利池设定与管理的先进模式受到了包括 ITU 和 ISO/IEC 等国际标准组织的高度关注,AVS 工作组已被正式邀请成为 ITU 和 ISO 的正式伙伴成员。AVS 标准颁布后,我国企业已经相继开发出 AVS 实时编码器、AVS 高清解码芯片、AVS 机顶盒、AVS 解码软件等产品。中国网通集团采用 AVS 作为其 IPTV 的标准。国家广电总局组织的移动多媒体广播国家标准 CMMB 采用 AVS 视频国家标准。地面广播数字电视等其他领域的应用也在逐步展开。

除音视频编解码技术外,2005～2006 年度国内外在视频分析与多媒体检索技术、数字版权管理技术、流媒体技术等方面也取得了一些研究和应用进展。在理论与技术研究方面,开展基于语义的图像、音频和视频智能分析与检索技术,以及和面向多种媒体的跨媒体搜索技术研究,成为 2006 年的研究热点。Google、Yahoo!、百度等著名的搜索引擎服务商都陆续推出了自己的图像、视频、MP3 搜索服务。新的多媒体搜索领域不断出现,包括以播客(podcast 或 audioblog)为主要搜索内容的播客检索,以视客(videoblog)为主要搜索内容的视客检索,以及面向 IPTV 业务的 IPTV 搜索等。AVS 工作组开展了大量的数字版权管理技术与标准研究,他们组织的《信息技术 先进音视频编码 第 6 部分 数字媒体版权管理》已经在 2005 年由国家标准化管理委员会正式批准立项,目前起草工作已经完成。

在高级人才培养方面,我国高校一些在视频编码方面的人才培育情况已经开始,在音频编码方面我国的人才培养还相对比较薄弱,多媒体检索方向的人才培养情况尚可。当然,与美国等发达国家相比,我们在数字音视频信息处理的人才数量和质量上还相差很远,需要国内相关部门引起足够认识。

高清数字电视、网络电视、高级音响设备、移动多媒体、第三代与第四代移动通信的发展,都给数字音视频产业的发展带来了前所未有的重大机遇,市场空间巨大。《中共中央关于制定国民经济和社会发展第十一个五年规划的建议》中明确提出:"支持开发重大产业技术,制定重要技术标准,构建自主创新的技术基础。……重点培育数字化音视频、新一代移动通信、高性能计算机及网络设备等信息产业群。"因此在"十一五"期间数字化音视频应作为重点项目进行布局,国家应在相关的战略高技术发展计划中加大支持力度。

撰稿人:何华康　刘汝林　李志武　戴茗　王鹏

专题报告

广播电视技术发展*

一、引言

广播电视技术数字化是近十几年来世界各国信息技术发展主流方向之一。随着我国改革开放的进展，我国广播电视技术的数字化技术水平，无论在发射端或接收端以及电视演播室中心设备，都有明显的进步并取得了显著的成绩。经过二十多年的努力，我国广播电视技术数字化水平，尤其显示终端的数字技术应用水平已进入世界先进国家行列。

从20世纪70年代开始，我国的高等院校和研究所便开始进行图像编码、数字电视和数字音频广播收发技术的研究开发工作，同时开始了数字广播电视应用产品的试制、推广工作。经过二十多年的努力，我国广播电视技术数字化工作已进入实用阶段。

2006年初我国颁布了视频AVS编码的国家标准GB/T20090.2－2006和电视接收的显示终端行业标准；下半年又连续颁布了地面数字电视广播的国家标准GB 20600－2006和两个与数字化有关的行业标准：数字声音广播GY/T 214－2006、移动多媒体广播第1部分GY/T 220.1－2006标准。

从2004年开始，国内已经有数十个大中城市逐步开展了地面数字电视的试验广播。其中，北京、上海和广东三地还开展了基于DAB的T-DMB试验广播。

广播电视数字化技术包括数字音频技术和数字视频技术两大部分，在这项技术的发展中世界各国都把重点放在较为复杂的数字视频方面。本研究报告主要叙述数字电视传输技术及设备（包括发送和接收），即数字广播电视技术在2005～2006年间的技术进展。

二、国内外数字电视技术发展状况及应用情况

技术先进的美国和欧洲已于20世纪90年代，先后制定和颁布了数字电视广播的各项标准。其中欧洲的DVB-C数字有线电视标准，DVB-S数字卫星电视标准已被世界多数国家采用。而地面广播的数字电视标准由于各国要求不同，从而各主要国家制定了不同制式标准：美国是ATSC/8VSB标准，欧洲是DVB-T/COFDM标准，而日本则是ISDB-T/BST-COFDM标准。我国经过10年研究、试验，终于在2006年8月18日发布了数字电视地面广播国家标准GB 20600—2006。

美国与欧洲发展数字电视广播采取了不同的路线、步骤。美国是以发展数字高清晰

* 本报告由中国电子学会提出和组织实施；北京牡丹电子集团徐康兴教授级高工在本报告编写开始时对编写内容提出了许多宝贵建议；中国广播电视工业协会施国强教授、清华大学潘长勇副教授在报告编写修改过程中也提出了许多宝贵意见和建议；同时还得到编写小组人员所在单位的关心和支持，特此表示感谢！

度电视 HDTV 固定接收为目标；欧洲则是兼顾移动接收并首先发展标准清晰度电视 SDTV 为目标；日本则首先开播卫星高清晰度电视 HDTV。

在发展数字电视进程中，各国都拟订了进度时间表。美国原定 2006 年年底完成向数字电视转换并停止模拟电视广播。但因数字电视用户发展不如预期快，修改为到 2009 年春才完成转换，停止模拟电视广播。据报道，到 2006 年二季度美国收看地面数字 HDTV 的家庭户已发展到 1 500 万户，占地面收视户的 50%。英国计划于 2012 年停止模拟电视广播。欧洲其他国家也制定了停止模拟电视广播的时间表。

我国广电总局计划我国将于 2015 年停止模拟电视广播，全面转为数字电视广播。我国发展数字电视的步骤，广电总局公布的规划战略为："三步走"。首先，以数字有线电视为切入点；其次，发展卫星数字电视；第三步，发展地面数字电视广播。广电总局提出，2005 年为数字有线电视"整体转换年"。据《中国电子报》报道，截至 2006 年上半年，我国有线电视用户为 1.3 亿户，将逐步向有线数字电视转换。目前已有青岛、杭州、深圳、太原等大城市进行了"整体平移"，其用户总数到 2006 年年底，有望突破 1 000 万户。

为解决我国还有 2/3 家庭通过无线方式收看电视的问题，除了发展地面无线广播以外，我国将于 2007 年重新发射直播卫星开始我国卫星数字电视广播业务。这将有力推动我国山区和边远地区数字电视广播的发展。

有线、卫星、地面三种传输途径的数字电视广播的发展，除了带动其发射设备的发展外，将给数字电视接收机和显示终端带来巨大的发展商机。目前，数字电视接收显示终端主要有两种构成形式：电视显示器＋机顶盒、接收显示一体机。与此相应，我国已经完成或正在进行数字电视发送端和接收端的系列标准。

当前数字有线电视接收机几乎都由电视显示器＋机顶盒构成。原有的模拟电视机作为显示器，数字电视信号由机顶盒接收解调、解码之后将视频信号送给电视显示器显示图像。

由于数字电视节目的图像质量高、音质好，为防止盗版复制和非法收看，版权保护和授权接收已成为数字电视广播传输中一个不容忽视的重要技术问题。为此各传输网络及节目提供商都有自己的条件接收(CA)授权系统及版权保护方法。对应的要求接收设备制造商生产的接收终端，必须与所接收节目传输网络所采用的条件接收(CA)系统和版权保护技术相对应，才能正确接收需要的节目。这是数字电视广播推广应用中新出现的必须及时解决的问题。

三、国内外地面数字电视传输技术体制的进展

(一) 我国颁布了地面数字电视广播传输国家标准

我国地面数字电视广播传输标准，经过近十年的研究和前期技术攻关：国家"八五"和"九五"期间设立了专项进行理论研究和技术攻关；2000 年 10 月开始进行标准征集、研发和评测；2003 年 2～6 月对方案进行测试和评估，最终筛选出清华大学的 DMB-T 和上海交大的 ADTB-T 两个系统；2005 年 3 月提出了融合方案和进入联合研发阶段。

按照“融合”的要求，联合为一个具有统一的扰码器、纠错、调制、数据帧结构和系统信息等相同部分的传输系统，而仅仅在基带的形成时，具有 $C=1$(单载波；发射端还增加双导频为可选项)和 $C=3\ 780$(多载波；发射端还需要进行 IDFT 的处理)两个可选项具有我国自主知识产权的统一的地面数字电视广播传输国家标准(GB20600－2006《数字电视地面广播传输系统帧结构、信道编码和调制》)。该标准由国家组织的数字电视特别工作组负责起草，由全国广播电视标准化技术委员会审查，国家标准化管理委员会批准。该标准的正式颁布，将推动我国电视广播事业快速、有序地完成数字化改造，促进我国电视产业的升级和可持续发展。

该地面数字电视广播传输的国家标准将于 2007 年 8 月 1 日实施。

1.“地面国标”前期工作

清华大学 DMB-T/TDS-OFDM 单载波/多载波系统工作的进展。

到 2006 年秋，清华大学 DMB-T 方案和其合作伙伴已在青岛、天津、广州等三十多个城市，与当地广播电视界合作，使用 1 个 8 MHz 频道，开展移动电视的试验性广播业务。据称，目前近 5 万台机顶盒产品用于国内三十多个城市的数字电视广播试验运行中。

以 DMB-T 技术为依托的专用视频传输系统已经应用于特种行业，目前北京、海南、青岛等地已经装备了相关产品。

2.“地面国标”前期工作

上海交大 ADTB-T/OQAM 单载波技术在 2005 年 10 月 17 日清晨“神舟六号”返回舱搜救活动的应用中，发挥了重要作用。在高速飞行的直升飞机上拍摄到返回舱着陆过程和宇航员出舱活动等情况，其现场图像传到北京指挥大厅的大屏幕上演示，部分图像则同时在全国和全球广播。

2005 年年底到 2006 年春，上海交大高清公司在上海崇明县和湖南株洲等地与当地广播电视界合作，采用 ADTB-T/OQAM 单载波系统，进行高比特率固定接收之数字标准清晰度电视(SDTV)的试验性广播业务，开展为农民家庭用户服务的地面数字电视广播“神州家家通”。崇明县使用 2 个 8 MHz 频道，发送 20 套 DVD 质量的 SDTV 节目，总用户数约 2 000 户；而湖南株洲则用 4 个 8 MHz 频道，发送 36 套 DVD 质量的 SDTV 节目。据称，总用户数达到 15 000 户。

3. 我国地面数字电视广播传输标准的实用化进展

在我国地面数字电视广播传输标准颁布之后的 2006 年 11 月初，上海交大的公司(以 $C=1$ 单载波可选项为重点)和复旦大学、清华大学(以 $C=3\ 780$ 多载波可选项为重点)的公司，先后在上海宣布：他们各自研制的符合 2006 年 8 月颁布的国家标准的信道解调器芯片样片，将于 2006 年年底左右问世。前者还声称，其第一批地面数字电视广播接收用机顶盒的上市价格约 430 元。据称，2006 年 12 月北京凌讯华业公司的机顶盒价格可以控制在 400 元左右。

国内各个机顶盒制造商都在积极准备按新国标生产制造机顶盒，而生产一体机的厂商也在积极准备中。

4. 对地面数字电视标准实施的建议

尽快制订地面数字电视国标的实施指南及配套标准，建议国家应从两个方面促进：一是尽快完善标准文本，如发布实施指南和配套标准等；二是尽快提出处理知识产权问题的办法，以便使标准提出单位向企业转移技术。

建议国家在标准制订中考虑更多吸收企业参与，如 1999 年研制 50 年大庆的数字 HDTV 试播样机那样，吸收接收机和发射机制造企业参加。同时，国内企业也应在研发方面给予更多的投入。

(二) 国外地面数字电视广播的进展

美国和日本都着重发展数字 HDTV。到 2006 年底，美国收看地面数字 HDTV 的家庭用户总数有望达到 1 800 万户。日本则有可能突破 2 000 万户(超过卫星用户总数)。

1. 地面数字 HDTV 广播在美国的进展

美国发展地面数字 HDTV 广播，采用的是 1995 年底“联邦通信委员会”批准的 ATSC/ 8-VSB标准。

目前，美国 1 500 多个电视台中 99.99 %已经发送数字电视信号。到 2006 年上半年，美国收看地面数字 HDTV 广播的家庭用户总数约 1 500 万户，与有线数字电视用户总数大体持平(卫星数字电视用户总数约 2 300 万户)。预计到 2006 年年底，美国收看地面数字 HDTV 广播的家庭用户总数将达 1 800 万户，占总用户数(3 000)万户的 60%。

2006 年春，美国国会已经通过法案，资助贫困家庭可以用获得的“优惠券”(每户2 张，每张 40 美元，由联邦政府支付)来购买机顶盒(或数字电视机)；而且把 2006 年年底关闭模拟电视的截止日期修改为 2009 年春。

2. 地面数字 HDTV 广播在日本的进展

日本发展地面数字电视广播采用的是 ISDB-T/BST-COFDM 标准。

到 2006 年上半年，日本收看地面数字 HDTV 广播的家庭用户总数约 1 100 万户，与卫星数字电视用户总数大体持平。预计到 2006 年年底，收看地面数字 HDTV 广播的家庭用户总数可能突破 2 000 万户(超过卫星用户总数)。

日本的 HDTV 节目数量大大超过美国。除了节目源以外，几乎所有的设备(摄像机、编辑机、录像机和显示器)都处于领先地位。所以，日本 NHK 会长 2005 年 4 月说：“日本的 HDTV 领先美国 5 年，领先欧洲 10 年。”因此，日本不仅是“HDTV 大国”，而且是“HDTV 强国”。

3. 地面数字电视广播在欧洲的进展

欧洲开展数字电视广播业务(卫星、有线和地面)一直以 SDTV 为主，其市场进展较快(特别是其地面数字电视广播与美国相比)。欧洲的数字电视广播采用的是 DVB-T/ COFDM 标准。

最先开展地面数字电视广播是英国。其家庭用户总数到 2006 年 3 月底有 709 万户，占总用户的 28.6 %；而同期的卫星数字电视用户 769 万户，占总用户的 31.0 %。它有望在 2006 年年底赶上卫星数字电视的用户总数(同期的数字电视用户为 769 万户，占总用户的 31.0 %)。英国计划在 2007 年起关闭模拟电视信号,2012 年年底完成。

德国柏林和勃兰登堡地区用了 9 个月时间,在 2004 年 8 月完成了向数字电视的“过渡”。目前正在德国全国其他地区启动地面数字电视广播,但其进展速度不如柏林和勃兰登堡地区快。到 2006 年 7 月底,德国地面数字 SDTV 广播的家庭用户总数约 305 万户,仅占电视家庭用户 3 390 万的 9%。

参照英国和德国的情况,欧洲地面数字电视广播的家庭用户总数到 2006 年年底是否能够突破 2 000 万户,还有待观察。

德、英、意等在 2006 年夏德国世界杯足球赛期间,都通过卫星和有线启动付费收看的数字 HDTV 业务。但据报道,其 HDTV 用户总数仅 60 万户,很不理想。

法国准备在 2006 年秋冬至 2007 年初在巴黎、马赛、里昂等地,进行地面数字 HDTV 的试验性广播(采用欧洲 DVB-T 和 AVC/H.264 视频编码)。

(三)对我国地面数字电视广播的展望(2007～2010)

1.我国由“电视大国”向“电视强国”的进程,已从“准备阶段”转向产业化实现

中国 AVS 视频编码标准和地面数字电视传输标准分别于 2006 年 3 月和 2006 年 8 月颁布,标志着我国已经完成“电视大国”向“电视强国”转变的“准备阶段”工作。有了自己的标准就可以实现大规模的产业化。按照广电总局到 2015 年停止模拟电视广播的计划,我国数字电视的发展,可以考虑划分为四个阶段:

2006 年到 2007 年是我国地面数字电视广播的“启动阶段”;

2008 年到 2010 年年底是其“推广阶段”;

2011 年到 2015 年则是其“大规模普及阶段”。

到 2015 年年底,全国基本上完成地面模拟电视广播向地面数字电视广播的“过渡”,分地区、分阶段、分批关闭模拟电视广播。

2.在我国中西部地区着重发展地面数字标准清晰度电视(SDTV)广播

如果动用 4 个 8 MHz 频道,发送 36 套 SDTV 节目,那么,家庭用户从原来只能收看 4～8 套有干扰和重影的模拟电视节目,改变为收看 36 套 DVD 质量的数字电视节目。这是一种“跨越式”的发展。而一年多来的 ADTB-T 系统在上海崇明和湖南株洲两地的实践证明,这种业务已经受到广大农民和城乡结合部居民的热烈欢迎。

3.在发达地区和沿海主要城市在发展 SDTV 同时,也发展数字高清晰度电视(HDTV)广播

数字高清晰度电视(HDTV)是第三代电视。我国发达地区和沿海主要城市在发展 SDTV 同时,应提高技术档次,也发展 HDTV 广播。

我国经济持续稳定增长,人民群众的收入同步上升。及时发送免费收看的地面 HDTV 广播的节目,可以满足富裕起来的人民群众日益增长的文化需求和促进电视机的升级换代。目前主要问题是缺少 HDTV 节目源。但 HDTV 节目源的发展按日本和美国的经验,必然有一个“从少到多”的过程,但“不搞则永远没有”。

(四) 建议

1. 制定必要的配套政策,扶植地面数字电视广播的发展

发展数字电视产业,首先必须要有数字电视广播,除了中央电视台和各省市电视台外,合理地给地市级和县级广播电视台分配无线电频谱,并给予必要的资金投入。

发展数字电视时,越是贫穷落后的地方,越需要国家的政策重点关注和资金重点投入。不仅在发展中国家需要这样做,就是发达国家政府也是这样做的。日本政府就已经向东京以外的10个地区投资1 800亿日元(约16.5亿美元)发展数字电视。欧洲发展高清晰度电视节目制作时也是政府资助。

同时制定"免费收看为主,付费收看为辅"的方针等能促进中小电视台发展数字电视广播的政策。

2. 扶植各地新建的运营地面数字电视广播的电视台和公司

吸取"村村通"却不能"长期通"的教训,需要在整个向数字电视转换的"过渡期"妥善处理好新业务(地面数字电视)和老业务(地面模拟电视)的关系,使各地新建的运营地面数字电视广播的电视台和公司短时间内在经济上迅速走上良性循环的道路。

3. 启用邻近频道开设地面数字电视广播

数字电视的最大特点和优点就是频谱利用率高,原来只能传输1套模拟电视节目的8 MHz电视频道内,采用音、视频编码数字技术后,不仅可以传输5~10套专业级的SDTV节目,或者9~20套DVD质量的SDTV节目,而且可以动用模拟电视中不能动用的"上下邻近频道"。因此,对数字电视广播,就可以安排更多的电视节目频道提高频谱利用率高。

四、国内外广播电视发射机的进展

(一)概述

数字技术和音视频压缩技术的发展大大激发了人们对移动中接收高质量广播电视节目的愿望,因此促进了地面数字广播与电视的发展。

国际上数字音频广播DAB标准在20世纪90年代初制订后一度发展缓慢,但在加入了DMB和DAB-IP后,近年来迅速发展;随着技术研究的进展,DVB-T派生出DVB-H;最近,美国高通公司提出了新的MediaFLO移动电视制式。

2006年我国连续颁布了地面数字电视广播的国家标准(GB20600—2006)和数字声音广播DAB标准(GY/214—2006)、移动多媒体广播标准第1部分(GY/220.1—2006)两个行业标准。

不同技术和标准的快速出现给发射机厂商提出了快速适应的要求。发射机厂商必须与标准提出单位密切配合甚至直接参与,以便及时提供发射设备。

(二)数字电视发射机

1. 现状

(1)制式标准。

地面电视广播数字化的进程仍然集中在较为发达的国家和地区,如北美、欧洲、日本、韩国等地,这些地区制式标准已经确定,大部分发射机厂商都已经有符合DVB-T、ATSC、ISDB-T标准的发射机,一部分中小公司自己不生产数字电视激励器,而是采用其他公司的激励器。一些大公司,如R/S、HARRIS,已经开发出第二代、第三代激励器,其技术的进步主要体现在校正功能越来越强大,控制功能更加人性化,适应性更强(如可以兼容DVB-T/DVB-H)等方面。在2006年NAB和IBC两大广播电视设备展览中,这些公司的展品都是强调其对各种数字电视标准的适应性。

在我国正式颁布地面数字电视制式标准之前,从2004年开始,各地的地面无线电视运营商显示出试验数字电视的极大热情。其目标有两类:一种是为占领出租汽车、公共汽车及城市公共场所,以广告收入为主;另一种是占领县级以下市场,采用一组电视频道发射,以免费或收费方式经营。各地采用的标准不同,有欧洲的DVB-T、清华大学的DMB-T、上海交大的ADTB-T,也有采用用于有线电视的DVB-C调制方式的。在市场需求牵动下,国内企业以北广和吉兆为主,行动比较迅速,在前些年技术积累的基础上,很快开发出从几百瓦到2kW的数字电视发射机,逐渐占领了发射机市场的主流。特别是在2005和2006年,国内新上的数字电视发射台,绝大部分采用国产发射机。其中,北广与西安电子科技大学合作开发出DVB-T数字电视激励器;北广与清华大学合作开发出DMB-T数字电视激励器。两种数字电视激励器于2005年通过北京市技术鉴定,鉴定委员会对产品的评价为“技术达到国际同类产品的先进水平,处于国内领先地位”。国产激励器已经产品六十余台,逐步取代北广数字电视发射机中的进口激励器。国内其他厂商的激励器也在研制中。

(2)发射机技术。

在电视功率放大器方面,主要是通过采用新管型以提升模块功率输出,减小体积,降低成本。从结构角度,有些厂商把插件功率做大,但相应体积、重量也增大;有些公司供电采用整流后把DC/DC电源融入功放插件中。

在冷却方面,大功率电视、调频发射机大多采用液冷,可以减小体积,降低机器在机房中的散热。HARRIS公司COOL PLAY发射机采用了专有对流冷却(convection cooled)技术较有特色,工作环境温度为−40~45℃,可以在无空调的简易机房或户外安装使用。

2. 发展建议

数字电视是一个正在蓬勃发展的行业,发射机是数字电视系统的重要组成部分。来自IDC的数字显示,至2015年,国内数字电视发射机、转发器的需求数量为5万多部,对于发射机厂商来说是一个难得的机会。

(1)尽快制定国标地面数字电视实施指南及配套标准。

在数字电视发射机中,关键技术主要集中在激励器中,包括数字编码、调制、校正、单频网适配等。其中编码直接与制式标准有关。目前,发射机厂商根据DVB标准的相关文件和资料，可以掌握 DVB-T 的编码。但是根据新近颁布的国家标准文件，则企业还不足以自行开发符合国标的编码调制器，只能依靠标准开发单位。由于过渡期仅有不到一年，建议国家应从两个方面促进：一是尽快完善标准文本，如发布实施指南和配套标准等；二是尽快提出处理知识产权问题的办法，以便使标准提出单位向企业转移技术。

(2)进一步提升国产数字电视发射机激励器技术水平。

发射机激励器中其他技术目前国内也还有一定差距，如校正技术方面，应提升校正量和实现闭环校正及自适应校正；缩小体积；提高可靠性等。同时应能跟上目前多媒体、移动接收的多种标准。

(3)发射机其他技术。

在放大器、无源部件、控制、冷却以及整机设计等方面，国内在技术方面与国外产品差距不大，主要问题在于质量控制和加工工艺方面需要加强。

(4)同频转发器。

在数字电视系统中，地面电视的覆盖与模拟情况有所不同。不再是单台覆盖一个大的地区(例如北京城区)，而是采用多台同频发射的方式。为了改善覆盖，除主发射台和子发射台之外，需要大量同频转发器。大致有变频校正型(覆盖较大区域)、直放型(补点)、宽带(多频道共用)等不同类型以适应不同的应用。国内的北广、三维等公司已经研制出产品。由于目前国内已经建设的数字电视台都是试验性质，多数尚未进行补点。因此没有形成大的市场。随着国家标准的颁布和实施，未来几年内，市场将会有较大需求，国内厂商应加强产品开发和应用研究。

(三)数字音频广播发射机

1.现状

(1)DAB 和 DMB。

从世界上看，声音广播的数字化比电视广播的数字化要早，欧洲提出的替代现有模拟调频广播的 DAB 标准在 20 世纪 90 年代初就已经颁布，但是，由于接收机价格较高问题以及其他原因(例如美国坚持 IBOC，人们对于高音质广播需求不够强烈等)，推广应用并不顺利。近两年，随着信源编码技术的进步以及“多媒体广播”、“移动接收”需求的兴起，DAB 技术在新加入了 DMB 和 DAB-IP 后重新热起来，已经成为与 DVB-H、MediaFLO 进行竞争的移动多媒体广播的制式标准。

对于发射机，在已经成熟的 DAB 发射机基础上，较大的欧美厂商产品都可以加入模块的方式适应了 DMB 的要求。例如 HARRIS 公司的 DAB665 发射机，包括 VHF-Ⅲ波段(工作频率 174～240MHz，输出功率 200mW～500W)和 L 波段(工作频率 1 452～1 492MHz，输出功率 100mW～800W)，采用直接射频调制，可通过联网进行遥控。适于 DAB 和 T-DMB 应用。

在国内，从 1995 年开始，广电部与欧广联合作，筹备在珠三角和京津唐建立 DAB 先导网，并先后于 1996 年、1998 年建成。其中，珠三角的三部发射机由北广提供。在此期间，广播科学研究院、清华大学等单位都对 DAB 技术进行了研发，但由于市场没有形成，产品化受到影响。2004 年以后，由于 DMB 的出现，引起国内广播电台的兴趣。上海、北京、广东先后开始了 DMB 试验广播，发射机均采用国外产品。目前，国内发射设备厂商和接收设备(手持、车载小屏幕电视、收音一体机)厂商已经开始了研制工作。

(2)HD Radio。

欧洲的 DAB 出现之后，美国一直以其新增频率为理由反对。坚持要采用带内同频(In Band on Channel，IBOC)。2002 年 10 月由 FCC 确定 HD Radio 为数字声音广播标准，应用于中波广播的 540～1 700kHz 和调频广播的 88～108MHz。到目前美国有 600 多家电台已经进行 HD Radio 格式广播。作为过渡，采用数字、模拟同播的混合模式播出。发射设备主要是美国的 BE 公司、NAUTEL 公司等，他们目前生产的调频和中波发射机都标明可以适用于 HD Radio。

由于目前 HD Radio 的应用限于美国，国内尚没有发射机厂商跟进。据 HD Radio 技术持有者 iBiquity 公司消息，2005 年年底前，有城市电子有限公司(City Electronics)等 6 家中国公司得到了生产 HD Radio 接收机的许可。

(3)DRM。

替代目前中、短波调幅广播发射机的数字化广播系统还有于 1998 年启动的 DRM(Digital Radio Mondial)。2002～2004 年，DRM 系统分别成为 ESTI、IEC 和 ITU 标准。目前的标准适用于 30 MHz 以下，不过 2005 年 3 月联盟投票决定开始将频率扩展到 120 MHz的进程，开发和测试工作预计将于 2007～2009 年完成。它是世界范围内唯一的非专利数字广播系统，现在全球共有 100 多家广播电台开通了 DRM 节目广播。目前的实验广播的研究重点是探索 DRM 扩展数据业务和增值服务模式以及新体制下的电台运营模式。

DRM 的发射系统可以在原有模拟调幅广播发射机基础上进行改造，增加 DRM 编码调制器和发射机数字化改造模块。目前，国际上许多公司(如 BE、NAUTEL、THALES、RIZ、TRANSRADIO、RADIOSCAPE)已经有相关产品。

国内广播界较早即对 DRM 给予了关注。中国传媒大学等单位研制了 DRM 编码调制器和发射机数字化改造模块。2004 年，我国自主成功研发了 DRM 系统，建立了我们自己的数字调幅广播(DRM)系统传输覆盖、外场强测试实验平台和试验环境，解决了模拟调幅广播发射机数字化改造中的一系列关键技术问题。

(4)调频广播。

调频广播是成熟技术。近一两年，国内重点在推动同步广播。调频同步广播由于采用小功率按需布点的方法，在满足覆盖需要的前提下，把单台发射机的功率大幅度降了下来。这就使多路干扰、频率资源紧张、调频覆盖阴影区等诸多问题迎刃而解。

调频同步广播要求同频、同相、同调制度。达到技术标准要求的关键是激励器，数字激励器能够解决同步广播这一关键问题，真正实现调频同步广播。目前，国内的广科院、传媒大学、北京理工大学等单位与企业合作，已经开发出了可以满足调频同步广播的数字激励器，并已经开始应用。

(5)发射机技术。

对于大功率中短波广播发射机来说，提高整机效率最为重要，近两年，美国 BE 公司在美国 HARRIS 公司数字调幅(DAM)、法国 THALES 公司模块中波(M^2W)之后，推出了 4MX 调幅发射机，它在适应模拟广播的同时，也可适应 DRM 和 HD Radio 制式的数字广播。该机采用 BE 公司专利技术，整机效率达到 88%～89%（比 DAM、M^2W 高出 3～4个百分点）；在调制方式、音频处理上与 DAM 不同，更加适应 HD Radio 的工作模式；体积和重量都只有数字调幅或 PDM 发射机的 1/3。

国内企业已经掌握 DAM、M^2W 技术并有产品，但尚没有掌握 4MX 技术。

在中、大功率中短波广播发射机市场上，国内企业（北广、上海明珠、航天部 23 所等）占据主流；但是在超大功率机器（大于 300 kW）方面尚有差距；北广已经研制出 500 kW 短波广播发射机样机。

2. 发展建议

(1)标准和运营。

近十多年来，电视的发展使人们降低了对声音广播的关注度。直到随着压缩技术的发展，DAB 标准框架中有了多媒体广播 DMB，于是成为广播电台摆脱困境的一个技术，引起了关注。在我国，首先是上海、北京、广东的广播电台开始试播 DMB，随即在 2006 年 5 月，广标委颁布了我国数字声音广播的行业标准。但是，一方面，该标准未确定多媒体广播的标准（目前 3 个台都采用 T-DMB 标准，而国内新岸线公司研发出可以代替 T-DMB 的 T-MMB）；另一方面，最近广标委又颁布了移动电视行业标准（S-TiMi）。如前面所述，从国际上看，移动多媒体广播成为使 DAB 重新热起来的推动力，在我国也不例外，京沪粤三地上 T-DMB 台的动力就在于此。但如果在标准和政策方面没有对多媒体作出相应规定，推广起来会很难。

另外，对于现有中短波调幅广播数字化问题，我国尚未确定是否以 DRM 为标准。也不了解有关部门对 HD Radio 的态度。

标准的不确定给设备研制厂家造成很大困难。

(2)跟上标准。

欧美的发射机厂商对标准跟进速度很快，这主要一方面因为他们在标准方面走在前面，很多发射机厂商直接参与了标准的制订，另一方面的原因也在于欧美企业在研发投入方面远大于国内企业。建议国家在标准制订中考虑更多吸收企业参与，国内企业应在研发方面给予更多的投入。

(3)发射机技术。

主要应在我们比较薄弱的环节上下工夫，如特大功率广播发射机、转动天线、控制系统、数字信号处理等。

五、国内外数字电视接收机的进展

发展数字电视广播时推动市场购买力的产品主要是数字电视接收机。近年来随着数字电视信号的播出，各种各样数字电视机广告也到处出现。目前数字电视机的形式主要有两种：机顶盒与电视显示器的组合、数字电视一体机。

(一)机顶盒+电视显示器

在数字电视地面传输制式公布以前，公开广播的只有数字有线电视 DVB-C 信号，因此数字电视接收机都是由机顶盒加电视显示器构成。有线电视的数字信号由机顶盒完成接收、解调、解码等步骤，然后将视频信号送给作为显示器的模拟电视机。

各有线电视台为了对播出节目收费，在信号传输时加入了条件接收，即授权系统。不同电视台采用不同的 CA 系统，因此机顶盒的条件接收解码技术也就不同，从而机顶盒的生产、销售必须与提供信号的电视台密切配合，属于垂直销售模式，产量受网络服务商控制。这样就造成机顶盒不能作为通用产品生产、销售，因而每种产品需求量不大，产量上不去，成本也就降不下来。

为解决不同条件接收授权系统对机顶盒大批量生产的制约，2003 年国内提出了机卡分离方案，以适应不同条件接收系统的需求。现在已经提出了几种解决方案，信息产业部已批准推荐 PCMCIA 卡的方案。

目前生产接收数字有线电视机顶盒的厂家很多，但大多数只生产仅有接收功能的普通机顶盒，产量大的品牌主要集中在深圳、上海和四川等地。据 2006 年 11 月 23 日《中国电子报》报道，2006 年，我国机顶盒销售量将超过 800 万台。

2004～2005 年，具有交互功能的机顶盒已在杭州等试验城市开通使用。2006 年已有上海、哈尔滨两城市获准开展 IPTV 商用，因此设备提供商生产的 IPTV 机顶盒已经上市，具有接收数字有线电视和 IPTV 功能的双模机顶盒也已在试点城市推广使用。

(二)接收显示一体机

作为电视机，它是大众普及使用的消费电子产品。消费者最方便使用的是一体机。采用机顶盒+显示器方法，是在数字电视发展初期，或新的接收功能还不固定时采用的一种折中解决方法。在我国地面传输标准颁布之后，尤其在 2007 年 8 月 1 日起强制执行之后，具有完整接收功能的一体机将会有明显的发展。

国外的经验也证明了这一点，美国就规定了对一体机的技术要求；日本也认为机顶盒只是过渡产品，用于解决原有模拟电视机的使用，消费者购买新电视机还是首选一体机。

我国发展数字电视接收机已经没有任何技术难关，从整机制造角度看，数字电视机设计和大规模生产的技术问题已经解决，只要关键元器件和零部件的供应问题解决，将能批量生产出具有世界先进水平的数字电视机。

(三)按照地面广播的数字电视国标开发机顶盒和一体机

在地面数字电视广播国家标准公布之后，各整机制造企业都积极行动起来，按照国标开发试制样机。由于数字电视地面广播国标有两种体制的可选项，因此不仅发射机有两种，而且接收机也同样有两种电路和调试方式，这对生产厂家将增加难度和工作量，相应的就是增加成本。同时知识产权及专利费用问题也增加了复杂度，这是新国标带来的问题，是需要有关政府管理部门协助企业解决的问题之一。

六、发展数字电视有关的设备、关键元器件和零部件

(一)演播室中心设备

发展数字电视广播除了发射机、接收机以外,摄像、记录存储、编辑等演播室中心设备也是重要的组成部分,演播室设备的发展方向是:数字化、网络化、智能化和高清晰度。

广播电视设备的数字化最早是从演播室开始的。目前,电视台从图像摄取、记录、编辑、处理,直至播出的全过程都已实现了数字化,全数字化的演播室日益成熟,并将进一步实现摄、录、编、播全系统的网络化、智能化,从而实现资源共享、高效、可靠的自动化播出。

我国省级以上广播电台、电视台已基本完成了数字化改造,并进入了网络化应用阶段,今后将进一步提高媒体资产管理水平以及交互电视、高清晰度电视节目的制作能力。技术的发展推动广播电视节目的采集、制作、播出、存储向一体化过渡;电视伴音由单声道向立体声和环绕声过渡;节目制作由标清向高清过渡;使广播电视由单一的服务向多媒体服务过渡,满足各种不同类型的用户需求。

广播电视节目制作设备长期以来一直是我国的薄弱环节,中央及省、市电视台用的摄像机、录像机、编辑机等主要设备以及大量的配套设备几乎全部依赖进口。数字化为我国的节目制作设备带来了机遇,在数字化的进程中,国内一些新兴企业,从开发、生产中文字幕机起步,进而开发生产非线性编辑系统、音频工作站、硬盘录像机、视频服务器、虚拟演播室设备、自动播出系统、媒体资产管理系统等。除摄像机外,正在逐步扩大这些方面在国内市场的占有率。

(二)显示终端的关键元器件

与数字电视机有关的关键元器件和零部件包括:固体高频头(调谐器)、信道解调解码IC、信源解码 IC、中高清晰度显示器尤其是平板显示器等。

符合我国标准、具有我国知识产权的信道解调解码 IC 芯片:清华/复旦联合研制的“中视二号”、上海交大高清公司研制的芯片,均于 2006 年 11 月在上海宣布,将于 2006 年年底至 2007 年年初问世。

据悉,2006 年 10 月,北京凌讯华业公司宣布推出支持国标多载波部分的专用芯片8913 并批量供应。已有国内电视机厂家推出采用该芯片的一体机和机顶盒样机。

目前电视机用的信源解码芯片都采用通用的 MPEG-2 芯片,国外许多芯片厂都可供货。国内的“海尔”集成电路设计公司也已能生产供货。如果我国标准的 AVS(与MPEG-2 芯片功能相同)芯片能供货,将对降低成本有很大好处。

有较好清晰度的平板显示屏,是用于生产数字电视的首选产品,国内生产电视机时主要采用 LCD 和 PDP 两种。LCD 屏我国仅能批量生产 17 英寸以下产品;PDP 显示屏我国还不能正式批量生产。因此目前我国电视机厂生产的模拟电视机和数字电视机采用的平板显示屏都是进口的。据悉,国家正在全面规划,规划 LCD 屏和 PDP 显示屏的生产。对此我们认为规划 LCD 屏生产时,建议不要盲目追求与国际先进厂家同步(建 7 代、8 代

线)，而应立足国情，建适应国情的某代线。同时，国内生产的 LCD 电视机显示屏尺寸也应有系列规划，便于标准化生产。

同时，也应重视显像管(CRT)电视，它仍是销售量最多、产值最大、影响面最广的电视机品种。

七、结束语

广播电视早已成为我国人民群众日常生活中不可缺的有机组成部分。我国广大人民群众，特别是众多中低收入家庭的群众，在解决了温饱和住房问题后，电视机是放在洗衣机、冰箱、计算机之前的家用消费电子产品。模拟电视是这样，数字电视也会是这样，由于其能够提供质量更高、数量更多的节目和功能，其市场增长将比模拟电视快得多。其发展对构建和谐社会和推动经济又快又好地发展有着潜在的、不可估量的作用。

数字电视具有清晰的图像和悦耳的声音，还可以具有交互功能和网络显示终端的功能。它既能用于学习和获得国内外重大新闻，又将是家庭娱乐中心的核心、数字家庭的显示终端。发展数字电视不仅具有重要的技术意义，而且还有重大的经济意义，它将给电子信息产业带来近千亿元的产值。广播界和电子信息产业界如何密切合作，对促进数字电视的发展将有重要影响。

参考文献

[1] ADTB-T 高级数字电视地面广播系统. 上海交通大学. 2005，2.
[2] DMB-TH 地面数字电视传输技术白皮书(第二版). 北京凌讯华业科技有限公司. 清华大学. 2006，5.
[3] 中华人民共和国国家标准 GB 20600－2006. 数字电视地面广播传输系统帧结构、信道编码和调制. 2006-08-18.
[4] 地面数字电视自主标准开启中国数字电视时代. [EB/OL] [2006-09-01]新华网.
[5] Alexander Shulzycki. Japan's DTT Roll Out. DVB Scene Magazine，2005，5(14).
[6] 台湾 DVB-T 情况[EB/OL]. [2006-07-26]. DVB 网站 www. dvb. org.

撰稿人：徐孟侠　赵宗儒　杨秀华

固体激光技术发展*

一、综述

1960 年,美国休斯公司的 T. H. 梅曼发明了第一台激光器——气体放电灯泵浦的红宝石固体激光器。之后不久,科学家们相继发明了气体激光器、半导体激光器、液体激光器、化学激光器、自由电子激光器等,激光在理论、技术、应用各个方面都蓬勃发展起来。

相对来说,由于固体激光器的功率密度高,结构小巧、紧凑、牢固,因而获得广泛应用,特别是在军事应用领域。例如,激光测距、跟踪、雷达、制导、干扰、致盲、水下目标探测、引力波探测、激光加工、医疗、激光光谱学、非线性光学、强场物理学、激光核聚变研究等。

1961 年,在相距世界上第一台激光器发明约一年的时间,我国科学家王之江等研制成功我国第一台具有创新性的激光器。几十年来,和其他学科一样,中国激光的发展也经历了曲折和困难。但在几代科学家、工程技术人员不懈的努力下,总的来说还是跟上了发达工业国家的步伐,在国际上处于先进行列。

近两年来,我国在全固态激光、深紫外激光、巨型高功率大能量激光、超快激光、超强超短脉冲激光应用、激光显示等领域取得了可喜的进展。

二、进展

(一)全固态激光

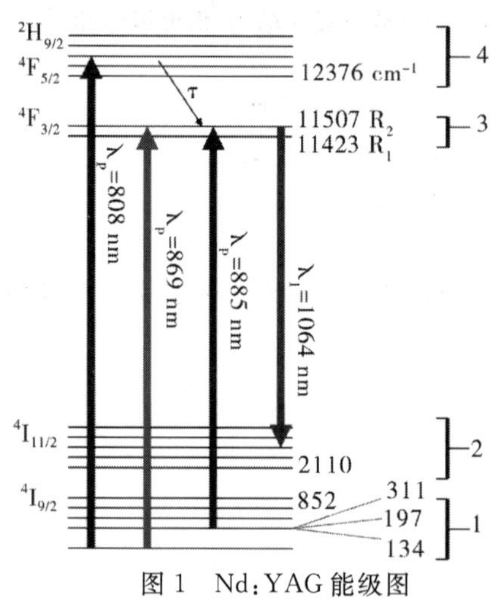

图 1 Nd:YAG 能级图

常用的固体工作介质有 Nd:YAG,Yb:YAG,Nd:YVO4 等多种,Nd:YAG 是目前应用最多、最具代表性的一种固体工作介质,它属四能级系统,如图 1 所示。下面以它为例进行说明。当 Nd:YAG 晶体中的 Nd 离子受到外界能量的激励(泵浦)时,处于基态 1 上的粒子将跃迁到能级 4 上,能级 4 上粒子的寿命极短,很快热弛豫到亚稳能级 3 上。能级 3 上粒子的寿命较长,而室温下能级 2 上粒子集居数接近于零,因此很容易在能级 2 和 3 之间形成粒子集居数反转。能级 3 上的粒子跃迁到能级 2 上形成激光振荡,能级 2 上的粒子很快热弛豫到基态能级 1,

* 感谢许祖彦院士、陈创天院士、王清月教授、彭翰生教授、张小民教授提供了他们最新的研究成果、资料,感谢梅随生教授审阅全文并提出宝贵意见。

以保持能级 2 上粒子集居数近似为零，激光阈值很低。

图 2 是激光二极管、气体放电灯（闪光灯）的辐射和 Nd：YAG 的吸收谱。可以看出，灯辐射的能量分布在从紫外到红外很宽的光谱区。Nd：YAG 中的泵浦能级 4 是由很多能级联合构成的，其中 750 nm 和 810 nm 附近的两个吸收带最强。在泵浦带以外的紫外辐射被吸收后可能使晶体性能退化，而红外辐射被晶体吸收形成有害的热。

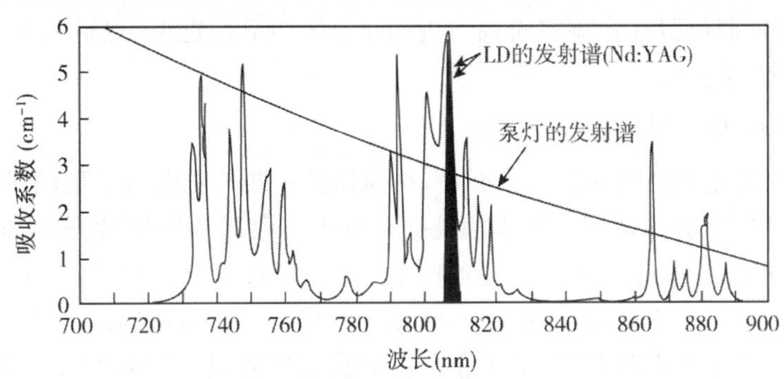

图 2 LD 闪光灯的发射谱和 Nd：YAG 吸收谱

因此，泵浦源提供工作介质产生激光所必需的能量，同时伴随产生大量的无用热。为使激光器持续稳定运转，必须及时带走这些无用热，否则，将导致热透镜、应力、退偏、双折射等不良效应。无用热以及带走这些无用热产生的“热效应”使激光光束质量、输出功率下降，甚至造成工作介质破坏，严重限制了固体激光器的最大平均输出功率和亮度。

从第一台固体激光器诞生起，人们就在与伴随激光而产生的有害热效应进行着不懈的斗争。这是一个已经取得了重大成果，但又没有完全解决的棘手问题。

归纳起来，进行了三方面的工作：① 尽可能减少甚至完全消除进入工作介质的无用热，应该说这是最根本的办法；② 如果不能完全阻止在工作介质中造成无用热，那么如何用最有效、不良影响最小的方法导出无用热；③ 最后，上述措施都未能避免的有害热影响将造成激光光束质量、输出功率下降，甚至工作介质破坏，如何减少、补偿这些不良影响就是需要解决的问题。

从图 2 可以看出，泵灯的辐射只有一小部分可被 Nd：YAG 晶体吸收形成激光输出，而大量红外能量对晶体进行“加热”，这是造成 Nd：YAG 等固体激光器效率低、热效应严重的主要原因。如果用半导体激光二极管（LD）代替闪光灯泵浦固体激光介质，由于光谱匹配，就可以大大减少进入工作介质的无用热，而且还减轻了对激光器附属系统（如驱动源和水冷系统）的要求，激光器的总体效率大大提高。目前，电—光效率已达 28%，比灯泵浦激光器提高了一个量级。

采用 LD 泵浦是迄今减少进入固体激光器无用热最有成效的一种方法。由于大大降低了无用热，激光束质量明显提高；LD 的寿命、效率都远远超过泵灯，激光器整体效率、寿命、可靠性显著提高；采用 LD 泵浦还能获得用灯泵浦所不可能达到的一些特殊性能，如微小型、高稳定（光、机、频率、波形）、快速反应、精确定时等，在军事应用上更具有重要意义；另外，一些本来具有重要应用价值，但用灯泵浦不能正常工作而被埋没的工作介质（例如，Yb：YAG、Nd：YVO_4 等），采用 LD 泵浦则能充分发挥其优良特性；用 LD 泵浦还带动了一系列新型器件的研究和发展，例如窄线宽、稳频激光器，光纤激光器，波导激光器，微型、阵列激光器，热容激光器，热助推激光器，辐射平衡激光器等。

相对于传统灯泵浦的固体激光器而言，LD 泵浦的固体激光器(diode pumped solid-state laser，DPSSL)中的元部件都是“固态的”，因此又称为全固态激光器。

我国全固态激光的研制已有多年的历史，但因为 LD 阵列的亮度、效率、寿命、冷却等还有欠缺，因此长期停留在实验室阶段。近两年有了明显的进展，包括 LD 性能的改进和 DPSSL 系统的研发应用。

1. 恶劣环境用 DPSSL

用 LD 代替闪光灯泵浦固体工作介质，使固体激光器性能发生了质的飞跃，但激光器对环境温度的适应能力却遇到了严重的挑战。对于灯泵浦的固体激光器，即使泵灯有上百度的温度变化，泵浦效率也没有明显的影响。对它的冷却要求很低，只要不会因为过热使灯炸裂就可以。而对工作介质的冷却，则由于沉积的大量热，成为一个严重的问题。

对于 LD 泵浦的固体激光器，工作介质内的热主要是量子缺陷和其他非辐射跃迁引起。一般情况下，已有的冷却技术已能满足对工作介质冷却的要求，严重的问题是对 LD 本身的冷却。LD 的温度漂移约为 0.3 nm/℃。几度的温度变化则会严重影响 Nd:YAG 激光器的效率，而且温升还将使 LD 遭到破坏性损坏。高功率 LD 的堆叠密度直接受到能否有效散热的制约，要在很小体积内带走大量的热(LD 的波长漂移要控制在允许的范围内)，已成为影响 DPSSL 技术发展、走向实际应用的一个关键因素。

有的特殊应用场合，工作环境温度变化范围大，整机的体积、重量又受到严格的限制，这给激光器的设计、制造带来了很大的挑战。有关工作国外是严格保密的，只能靠我国自主创新研制，下面是一个成功的实用例子。

某小型激光测距仪的工作波长为 1.064 μm，工作模式为脉冲单纵模，脉冲宽度为 5 ns，激光峰值功率为 4 kW，工作重复频率为 2 kHz，测距距离约 2 km，工作环境温度为 −35～55 ℃。图 3 示出该激光测距仪的实物照片和输出激光波形图。

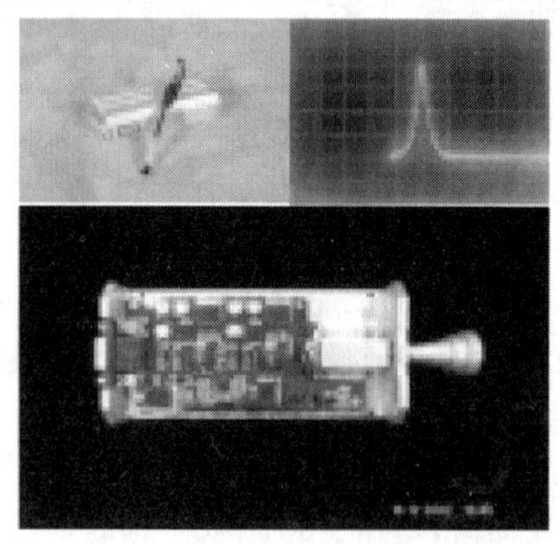

图 3　小型激光测距仪实物照片和输出波形图

2. 工业用高平均功率绿光 DPSSL

工业用激光器除了要求的激光性能指标(例如输出功率、能量、光束质量等)外，最重要的是整机长期工作的可靠性、稳定性。由于有很多重要的应用，连续输出功率 60 W 的绿光 DPSSL 国外对我国禁运。为此，我国独立自主地开展了研究。为了实现全部元器件国产化，国产 LD 是当务之急。中科院半导体研究所，中电科技集团第 13 研究所作出了卓越的贡献。目前，各种类型的 LD 产品(图 4)基本已能满足需要。在此基础上的攻关，研制成功全部采用国产元器件、连续输出绿光激光功率>100 W，无故障连续工作时间>200 h 的 DPSSL。已定型并批量生产，打破国外禁运，满足了用户的急时之需。图 5 是该型 DPSSL 输出特性曲线，批量产品和正在进行例行试验的照片。

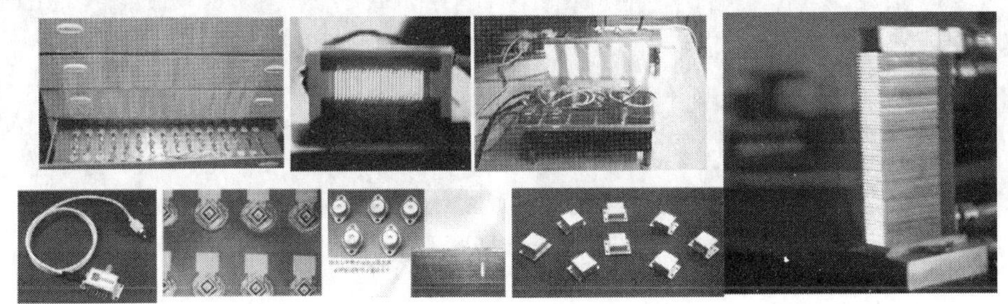

图 4　部分国产 LD 样品

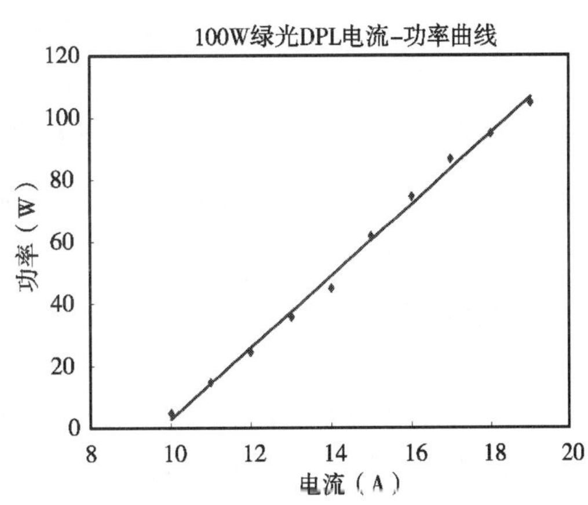

图 5　高功率绿光 DPSSL 批产品、例行试验照片及输出特性曲线

3. 高重频高峰值功率 DPSSL

在获得高峰值输出的同时，保持良好的光束质量和避免元器件破坏是主要的技术难点。通常采用主振—功率放大方案，有时还要采用 SBS 镜以校正放大级引起的畸变。为获得良好的光束质量，均匀的泵浦是必要的条件。泵浦结构不仅影响输出激光的光束质量，还是决定激光器效率的主要因素，因此需要仔细设计。

全部采用国产元器件，工作介质为棒状 Nd:YAG，工作重复频率为 100 Hz 时，

1 064 nm激光输出 6 J，脉宽 10 ns，$M^2<3$。工作重复频率为 500 Hz 时，1 064 nm 激光输出 1.2 J，脉宽 15 ns，532 nm 激光输出 500 mJ，$M^2<5$。总体技术指标达国际先进水平，满足了科研应用的需要。图 6 是高重频绿光 DPSSL 工作照片。

图 6　高重频绿光 DPSSL 工作照片

4. 高平均功率光纤激光器

得益于高亮度 LD 的进展和双包层技术的发明，近几年光纤激光器的输出平均功率迅速提高，进入高平均功率器行列。与传统的固体激光器相比，光纤激光器的工作介质极细长。这一几何形状的变化引起了质的变化，是继采用 LD 代替闪光灯泵浦后，改善固体激光器热效应的又一重大突破，使光纤激光器获得若干重要优点：

（1）工作介质的“表面积/体积”比很大。在同样的体积下，光纤的表面积比块状工作介质的大 2～3 个数量级，因此散热效果良好。

（2）由于是波导结构，激光模式由纤芯直径 d 和数值孔径 NA_0 决定，不受工作介质中无用热的影响。只要纤芯的直径和数值孔径满足基模工作条件：归一化频率 $V=\frac{\pi \cdot d}{\lambda} \cdot NA_0<2.4$，则输出基模激光。因此理论上，在光纤激光器中，不存在块状工作介质中的热效应影响激光光束质量的问题，这是一个极其重要的优点。在块状工作介质中，无用热限制了基模输出平均功率，输出平均功率增加，光束质量下降，严重限制了输出激光亮度的提高。

（3）纤芯直径很小，容易实现均匀的高功率密度泵浦，激光器效率高、阈值低。像 Yb^{3+} 这样准三能级系统对泵浦结构提出的苛刻要求，在光纤激光器都容易得到满意的解决。

（4）采用双三包层结构大大提高了泵浦效率。

当前连续工作光纤激光器的输出功率已经可以与块状工作介质的媲美，百瓦、千瓦级的光纤激光器比块状工作介质激光器更易获得高光束质量。但继续再增加输出功率就遇到了困难，特别是脉冲 Q 开关工作，其最大输出能量只有 10 mJ 量级。究其原因是纤芯横截面积太小，高能量（高峰值功率）时造成破坏以及非线性效应等。

可以用纤芯直径来估算光纤激光器可输出的最大连续功率，就当前水平，1 W/μm^2 是公认的安全值，若增加到 1.5 W/μm^2 则是上限了。要提高输出功率应增大纤芯的截面积(即直径),但为了获得高光束质量,要求归一化频率值满足基模工作条件,纤芯直径又不能太大。因此,如何进一步大幅度地提高光纤激光器输出的平均功率和峰值功率是当前一个重要课题。

2006 年 7 月,中电科技集团第 11 研究所解决了高功率泵浦光的整形耦合、高效热管理、端面损伤等关键问题,采用双端泵浦,输出平均功率达 1 207 W,光—光斜效率 79.3%,达国际先进水平。图 7 是高平均功率光纤激光器的输出特性曲线和工作照片。

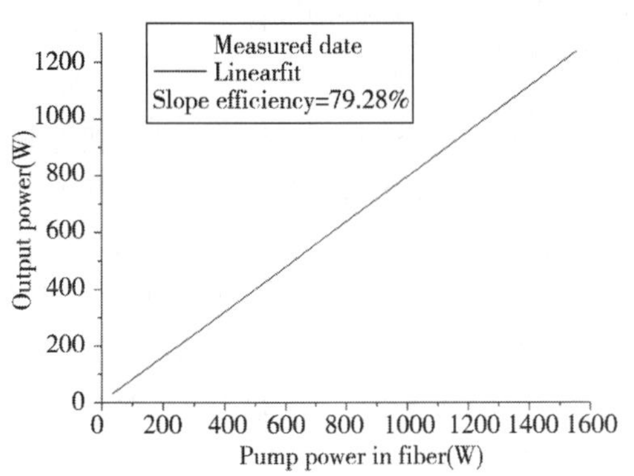

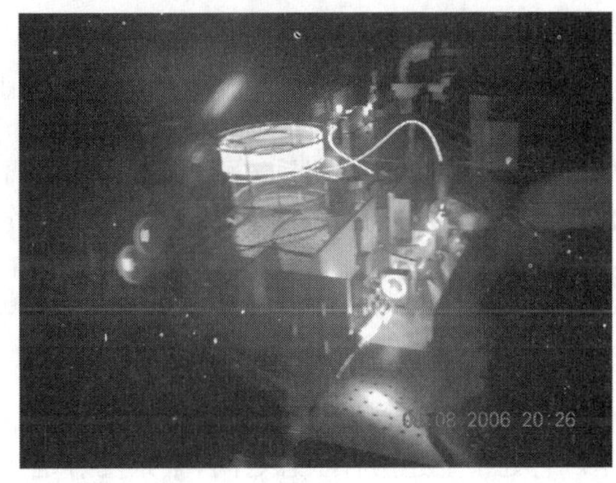

图 7 高平均功率光纤激光器输出特性和工作照片

5. 热容激光器

2001 年 12 月,美国在白沙导弹试验靶场用激光在 6 秒内将 2 cm 厚的钢板堆烧了一个直径 1 cm 的洞,所花电费不到 30 美分。所用激光器是闪光灯泵浦的 Nd:glass 激光器,重复频率 20 Hz,每个脉冲输出 640 J(~ 13 kW),η=1.3%,其特点是采用了“热容工作”模式。这一结果大大激发了军方的兴趣,美军计划 2007 年前建立 100 kW 固体热容激光器。激光工作介质采用 Nd:GGG,重复频率 200 Hz,每个脉冲输出 500 J,η=10%,用电池供电。激光系统结构紧凑(长 2 m,宽<1 m),可以装在混合用电的高机动多用途战车上。只要有柴油供应,整个武器系统就能投入使用,系统机动性、实战能力将大大增加。

热应力造成固体工作介质破坏,从而限制了固体激光器的最大平均输出功率。泵浦光通过表面进入工作介质,冷却也是通过表面进行的。常规工作时泵浦和冷却是同时进行的,工作介质表面的温度比内部的低,表面受到拉应力[图 8(a)]。热容激光器是间歇工作的,在泵浦和激光发射期间不对工作介质冷却,工作介质“储能”,激光发射停止后的间歇期间才对工作介质冷却,然后进入下一个循环。因此激光发射期间工作介质表面的温度比内部的高,表面受到压应力[图 8(b)]。由于固体激光工作介质抗压远大于抗拉,因此,热容模式工作时,工作介质可承受比常规工作模式高几倍的平均功率而不致因热应力造成破坏。由于间歇时间致冷,可以采用自然风冷,整体结构减小,特别适合军用。

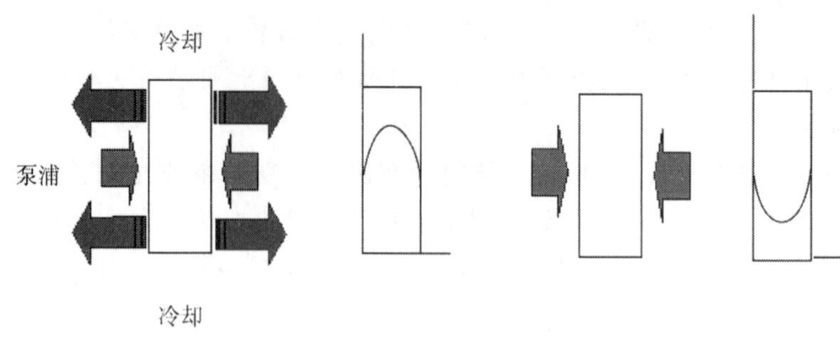

(a)普通工作模式:表面承受拉应力　　(b)热容工作模式:表面承受压应力

图8　两种模式下表面受力

于是,有三种基本的工作模式(图9):①单脉冲工作。两个脉冲之间的时间间隔足够长,在激光发射停止的间歇期间充分冷却工作介质。这种工作模式下只需考虑工作介质中的瞬态热效应,能源主要供给产生激光。工作介质内的热畸变小,光束质量较好,但输出平均功率低。②稳态工作。激光以高重复频率持续工作,同时对工作介质冷却,能源同时供给产生激光和用于工作介质的冷却。这种工作模式下,工作介质内可以达到热平衡。热畸变大,除非采取了特殊的措施,光束质量都不好,但输出平均功率高。③热容模式工作。它处于上述两种状态之间,激光发射是在持续多个单脉冲之后才停止,间歇一段时间后又持续发射激光,如此循环。激光发射期间不对工作介质冷却,间歇期间才冷却。能源首先供给产生激光,然后是冷却的需要。发射激光时工作介质中热梯度较小,应力、畸变都小。工作介质表面受到压应力,抗破坏阈高。工作介质被一串光脉冲激励,发射的激光也是相应的脉冲串。工作介质内的温度不能达到稳态平衡,而是不断上升,直到下一能级的粒子数增加使得输出激光功率严重下降。此时关掉泵浦源,工作介质的温度开始下降。

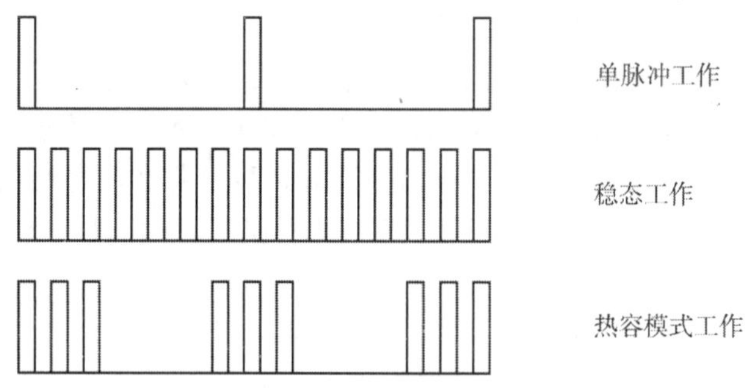

图9　激光器的三种基本工作方式

热容模式工作时激光器的输出能量 E_{out} 可表示为:

$$E_{out}=\eta_1\eta_2E_{heat}=\eta_1\eta_2\rho VC\Delta T$$

式中:η_1——材料参数,它反映量子缺陷的大小;η_2——材料参数,它反映激光能量的提取效率;ρ——工作介质的密度;V——工作介质的体积;C——工作介质的比热;ΔT——激光发射期间允许工作介质的温升。

由上式,可以得到热容激光器设计的主要原则有以下几点。

(1)为了获得大的输出能量,选择工作介质时除应考虑量子效率、量子缺陷、密度、比热、可获得的体积等，还应该要求同时具有多种优良性能，如能量提取效率、热导率、泵浦带宽等。石榴石仍然是一种优良的、首选的工作介质，例如，对于 GGG 中的 Nd^{3+}，$\Delta T=100$ ℃时，单位体积输出能量约为 400 J/cm^3。

(2)热容模式工作时，随着工作介质的温度升高，基态离子将按玻尔兹曼因子 $e^{-\frac{E}{kT}}$ 激发到激光下能级，这里 E 是激光下能级的能量，T 是热容激光器工作瞬间的温度，k 是玻尔兹曼常数。于是，温升降低了给定泵浦功率下的可用增益，这类似于室温下运转 Yb^{3+} 三能级系统的情况。对于 Nd^{3+}，温度大约在 100～150 ℃之间(与起始增益损耗比有关)，就将产生明显的影响。

(3)达到最高工作温度后，需要冷却激光工作介质，即给热容激光器卸载。冷却时工作介质表面受到拉应力，选用的冷却时间应使表面应力不超过最大应力极限。

(4)对于 Yb^{3+} 这类三能级系统，由于激光下能级紧靠近基态，工作介质受热达到允许的最大温升前，不能存储足够的能量。因此，这类系统不适于热容模式工作。

(5)为了获得大的能量输出，热容激光器应工作在尽可能大的温度范围内(ΔT 大)。原则上可以从两方面来达到：增高激光发射结束时和降低激光发射开始时工作介质的温度。事实上，最佳的热容激光器总是希望激光发射结束时工作介质的温升尽可能高，而激光发射开始时工作介质的温度只要求低于满足激光性能需要的温度即可，并非越低越好。因此 Nd^{3+} 热容激光器的最佳工作情况是：激光发射开始时工作介质的温度在室温附近；激光发射结束时工作介质的最高工作温度在 100～150 ℃之间。

(6)为了增加热容激光器的输出能量，增大激光器的工作温度范围(ΔT)是有限的，有效的方法是增加工作介质的质量(ρV)，对某种确定的工作介质，就是要增加工作介质的体积(V)。

因为增加每一个脉冲的能量是有一定限度的，为了获得更高输出平均功率，还要通过增加热容激光器的工作重复频率来实现。由于玻璃的热传导很低，不能在间歇的短时间内充分冷却，因此必须采用晶体。

热容模式工作的一个缺点是需要一个间歇时间以便对工作介质进行冷却。如果用已冷却的工作介质代替受热的，那么就可以缩短激光系统运转的间歇时间。

2004 年，美国劳伦斯利弗莫尔国家实验室用 LD 泵浦孔径 100 mm×100 mm 的 Nd：GGG 晶体板条，四级模块串联而成的激光器，总的泵浦功率为 1.2 MW，获得约 30 kW (150 J/脉冲，200 Hz)的高平均功率输出，$\eta=25\%$，工作时间为 1 s。

国内中国工程物理研究院 10 所、中电科技集团 11 所等单位开展了基础性的研究工作。受器材规模的限制，总输出能量与国际最高水平还有差距，但却具有若干创新性的设计，在一定程度上减轻了热容激光器的缺点。采用全国产元器件，LD 端面泵浦 φ70 mm 的 Nd：GGG，单个模块输出 1.5 kW，泵浦功率 600 W，$\eta=25\%$，工作时间为 1 s。图 10 是热容激光器输出特性和工作照片。

千万不要简单地认为，只要在泵浦和激光发射期间不对工作介质冷却就构成了热容激光器。其实使热应力在工作介质表面形成压应力而不是张应力，才是热容激光器的关键。了解这一点，可以设计构成连续工作的“热容型”激光器。

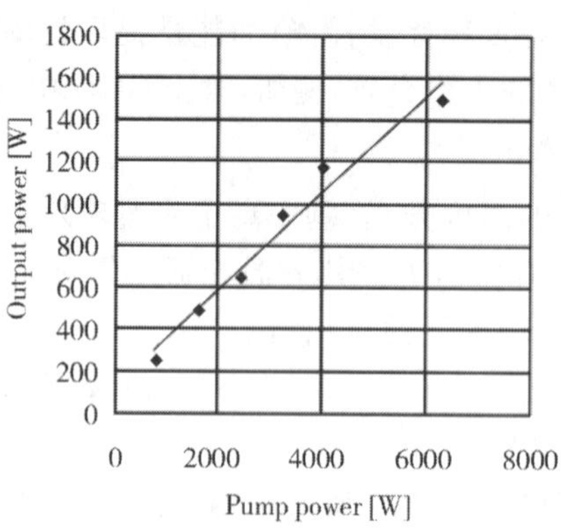

图 10　热容激光器输出特性和工作照片

(二)飞秒激光

飞秒激光(又常称为超短脉冲激光)是一项具有划时代意义的新技术。自 20 世纪 80 年代初诞生以来,在物理、化学等基础学科研究中发挥了重大革命性影响,近几年来,随着飞秒激光技术的发展,在许多领域中获得了重要应用,如利用飞秒激光实现新的频率标准、激光受控核聚变点火、量子光学、微纳加工等。天津大学在飞秒激光技术产生和应用上做了许多工作,近两年在飞秒激光的非线性频率变换、太赫兹产生等应用研究获得重要进展。

1. 频率变换和调谐

这是激光技术领域的一个重要课题,目前通用的方法是利用倍频、混频、光参量等在非线性光学晶体中实现频率转换。由于飞秒激光脉冲宽度极短,相对应的光谱极宽,采用上述方法频率变换的效率很低。利用光子晶体光纤的优异非线性可实现宽带、高效率频率变换和可调谐。

(1)国际上首次在非对称纤芯光子晶体光纤中实现了飞秒激光超宽带(400～900 nm)连续可调谐超连续光谱输出[1](图 11),是目前飞秒激光所能实现的最宽连续可调谐激光。

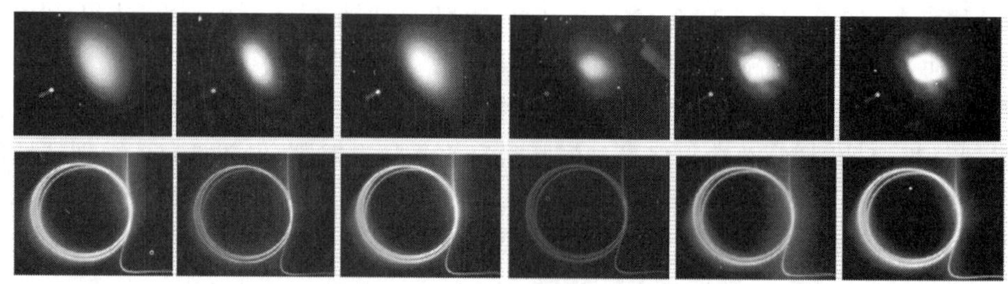

图 11　光子晶体光纤输出的连续可调谐超连续光谱

(2)首次提出并从实验上获得了多芯结构光子晶体光纤中多波长的频率上转换,该工作被 Optics Express 作为当期封面刊出(图 12)[2]。

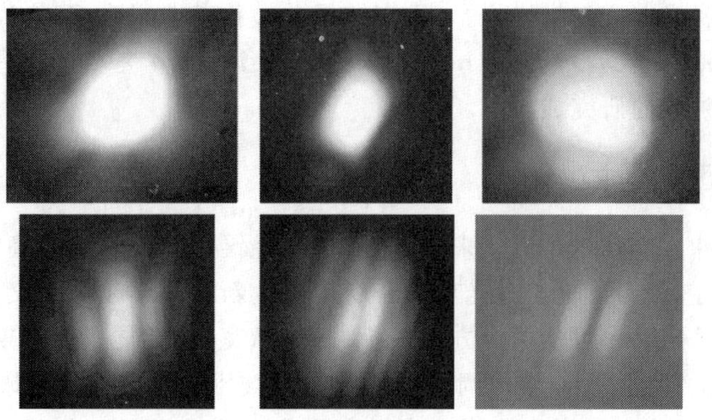

图 12　多芯结构的光子晶体光纤中多波长的频率上转换

(3)利用特制的光子晶体光纤，首次实现飞秒激光环形模式下的频率上转换输出，为捕获分子和细胞提供了一种新途径（图 13）[3]。

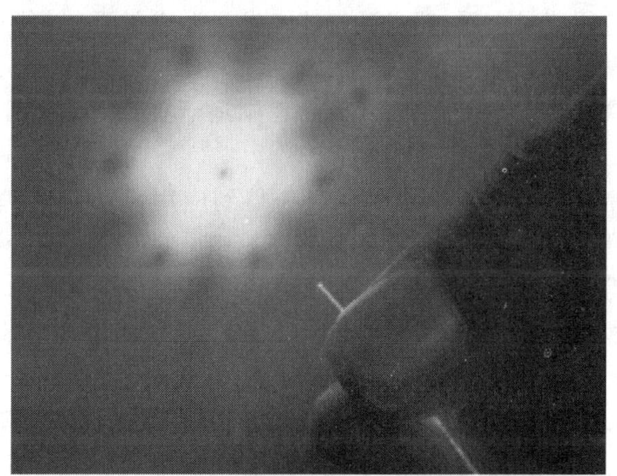

图 13　飞秒激光环形模式下的频率上转换输出

2. 太赫兹波

THz 波（太赫兹波）是频率在 0.1～10 THz 的电磁波。具有类似 X 光的穿透能力，但几乎不损伤被作用的物质。它可以作为一个“探针”获得各种物质的“指纹”谱，研究物质的结构特性。由于技术上的困难，长期以来成为一个很少涉足的领域，以至被称作“THz 空白”。飞秒激光技术的出现为 THz 波的产生提供了一种很好的激发源和独特的探测方法，形成了 THz 波时域光谱技术（THz Time-domain spectroscopy，THz-TDS）。

我国自然科学基金于 2003 年启动 THz 重大项目及相关的资助项目，标志着我国 THz 波研究工作的正式启动。天津大学在深入理论和实验研究的基础上，首次将小波变换技术引入 THz-TDS，创造了 THz 小波变换时域光谱技术（THz-WDS）[4]，可将光谱成分作时域展开，大大提高了原有 THz-TDS 的功能。2006 年研制成功我国第一台 THz-TDS 实验样机[5]。在对 THz 波段功能器件传输特性的研究过程中，首次观察到 THz 波段亚波长深度金属光栅透射谱增强[6]，研究结果并被推荐收录在 *The August* 2006 *issue of Virtual Journal of Ultafast Science* 上，*Virtual Journal* 是美国物理学会的刊物，专门刊载前沿研究领域的研究成果[7]。

(三)超强超短脉冲激光

超强超短脉冲激光技术是近年来强激光领域前沿研究方向之一，高峰值功率输出一直是所追求的目标，因为可聚焦激光功率密度是产生新物理学领域和交叉学科的决定性因素。提高激光输出功率可从两个方面入手：压缩脉宽，提高能量。早期，主要手段是压缩激光脉冲宽度。20 世纪 60 年代调 Q 技术和锁模技术的发展把激光脉冲宽度缩短到纳秒和皮秒($1\ \mathrm{ps} = 10^{-12}\mathrm{s}$)，激光峰值功率提高了几个数量级。20 世纪 80 年代初飞秒激光技术诞生($1\ \mathrm{fs} = 10^{-15}\mathrm{s}$)，激光峰值功率又大幅提高。但输出能量的增加却不明显，主要原因是不能通过放大方式提高飞秒脉冲的能量。20 世纪 80 年代初中期，啁啾脉冲放大(Chirped Pulse Amplification，CPA)技术被采用才得以突破。

从技术特点和应用背景上看，超强激光技术发展形成了两个主要分支：以钕玻璃为功率放大介质的大能量皮秒脉冲激光和以掺钛蓝宝石为功率放大介质的高功率飞秒脉冲激光。前者主要针对聚变快点火研究需要，而后者则适于更快时间过程的强场物理和相关领域研究。

超强超短脉冲激光在诸多前沿学科研究中得到应用，形成了一些全新的学科领域。它可以提供高达 $10^{20} \sim 10^{22}\ \mathrm{W/cm^2}$ 的聚焦功率密度，在实验室中产生前所未有的强电场、强磁场、强高压等极端物态条件。电场可达到 $10^{12}\ \mathrm{V/cm}$，相当 200 多倍氢原子第一玻尔半径库仑场，磁场达到 $10^6\ \mathrm{T}$，光压达到 $10^{17}\ \mathrm{Pa}$。这种极端物态条件开创了强场物理研究新领域，派生出了诸多交叉学科，如电子加速、离子加速、脉冲中子源、超短脉冲相干 X 射线辐射、阿秒物理、超强电磁辐射、高能量密度物理、激光天体物理、快点火聚变等。

2006 年，上海光机所研究的超强超短脉冲激光输出达 860 TW，属国际先进水平。2004 年，中国工程物理研究院建成 SILEX-Ⅰ型超强超短脉冲激光装置[8-11]。2005～2006 年，在该装置上进行了大量实验研究工作，取得了一批重要的研究成果，这是世界上第一台稳定运行功率高达 300 TW 的实用装置。

SILEX-Ⅰ激光装置中创建了脉冲压缩系统精确调整的新技术手段，首次将光束超高斯整形和像传递技术引入到飞秒激光系统，光束质量接近衍射极限，脉宽 27 fs。该装置具有 5 TW、30 TW、300 TW 三级输出能力，每级都配有实验靶室，可以满足多种应用研究的不同需求。利用小 F 数聚焦镜，能够获得 $10^{21}\ \mathrm{W/cm^2}$ 的峰值功率密度。在 SILEX-Ⅰ装置研制中进行了可靠性设计和严格的质量控制，因而从国际所有同类的装置中脱颖而出，成为当前世界上稳定运行功率最高的飞秒激光装置。SILEX-Ⅰ激光装置(图 14)。

SILEX-Ⅰ装置不仅吸引了国内许多单位进行合作研究，而且还引起了国际激光等离子体物理和高能加速器界知名科学家的瞩目，并开展合作研究。日本高能物理所和原子能机构先进光子学所分别与该实验室签署长期合作研究协议，并已进行了多轮实验研究。此外，美国、法国、韩国、以色列、意大利、俄罗斯、德国等国著名实验室的科学家也都建立了合作研究关系。SILEX-Ⅰ已经成为国际性的用户装置，所形成的研究群体在国际上占有重要地位。

图 14 SILEX-Ⅰ飞秒激光装置(左图)、激光聚焦光斑(右上图)和真空靶室(右下图)

两年多来，在 SILEX-Ⅰ装置上已进行了数十轮实验，包括电子加速、质子加速、团簇产生中子、超短 X 光源、飞秒激光大气传输、飞秒激光损伤机理、材料动力学特性等实验研究。

激光尾场加速产生高能电子束是当前国际学术界利用飞秒激光装置进行研究的重点。日本田岛教授于 1979 年提出尾场加速概念，获 2005 年诺贝尔物理学奖提名，是领域的领军人物。他得知 SILEX-Ⅰ装置消息后，先后派出数批理论和实验物理学家来实验室合作研究，并联合美国有关实验室共同进行多边尾场加速实验，获得了重大进展，如产生近 10^9 eV 电子束的最新研究成果，观察到高功率密度时相对论等离子体的新奇物理现象和特征，为国际学术界所瞩目。

田岛教授给课题组写信，赞扬说“SILEX-Ⅰ装置上实验所观察的物理现象正是我们多年来理论研究和数值模拟所希望看到的”，以前“所有那些实验所用激光器都运行在 50 TW以下，只能是尝试性的实验，而 SILEX-Ⅰ运行在 200～300 TW，你们才是这场革命的开端，希望把革命继续下去，我们有最好的理论家，双方应该长期进行合作研究”。

(四)巨型高功率大能量激光

激光惯性约束聚变(Inertial Confinement Fusion，ICF)是人类未来获取能源的最可能的手段之一。用于聚变研究的巨型高功率固体激光驱动器的研制是一项技术复杂、投资巨大、建设周期长的综合性科学工程。但是面对这样的挑战，以美国的国家点火装置(NIF，共 192 束，三倍频激光输出总能量 1.8 MJ)和法国的兆焦耳激光装置(LMJ，共 240 束，三倍频激光输出总能量 1.8 MJ)为代表的新一代激光驱动器的研制仍然克服了重重困难，一步步走到了工程建设的轨道上，并已经取得阶段性重要进展。

在惯性约束聚变研究领域，几年前我国已完成了神光-Ⅰ、神光-Ⅱ装置的建造。根据总体规划，拟在 2012 年左右完成神光-Ⅲ激光装置的建造。这是一套输出 48 束激光、三倍频激光输出总能量达 180 kJ、脉宽 3ns 的巨型高功率固体激光驱动器。其主要任务是为高能量密度科学实验研究提供一个强度足够高的、均匀的、干净的、可调控的辐照场，完成激光聚变点火前的相关物理研究，确定聚变点火的总体技术路线。神光-Ⅲ激光装置提供的极端辐照场，也将为不同前沿科学领域的基础研究创造特殊的实验条件。该装置的工程建造，还将带动我国光学材料、精密加工、强光薄膜、精密光学检测技术与相关产业的发展，带来良好的经济效益和社会效益。神光-Ⅲ激光装置的建成，将使我国在高功率固体激光驱动器研制领域获得跨越式发展，为开展 ICF 研究提供良好的条件，并将使我国成为世界上少数几家拥有巨型激光装置的国家，在惯性约束聚变研究领域进入世界先进行列。但受到建设规模和元器件负载能力等因素的限制，其总体输出能量约为 NIF 或 LMJ 的 1/10，距国际最高水平仍有相当差距。

与 NIF 和 LMJ 一样，神光-Ⅲ激光装置同属于新一代高功率固体激光驱动器，其基本特征是以较大幅度提高系统能量转换效率、减小装置总体规模为主要设计目标，采用以多程放大技术、组合式结构为主要标志的一系列新原理、新技术优化组合的新型激光驱动器。因此，神光-Ⅲ激光装置的研制是一项技术先进，规模巨大，涉及多学科领域的综合性科学工程项目。为了降低建造这种巨型装置的风险，并能及早开展一些初步的科学实验，首先建了造神光-Ⅲ主机的原型装置(以下简称原型装置)，其主要任务如下：

(1)全面演示、综合考核用于神光-Ⅲ激光装置的主要光学元器件、关键单元技术与总体技术方案和相关工程问题，为装置的工程设计奠定必需的技术基础。

(2)建成输出能力为万焦耳量级的高功率激光装置，为高能量密度科学实验研究服务。

(3)通过研制原型装置，带动国内光学加工能力建设和相关支撑技术的发展，为神光-Ⅲ主机装置工程实施奠定必需的基础。

(4)探索与研究降低神光-Ⅲ主机装置造价和提高工程管理效率的有效途径。

(5)在神光-Ⅲ主机建成后，作为神光-Ⅲ主机继续改进提高的技术实验平台和进一步发展主机装置升级的实验平台。

上述原型装置的任务定位决定了它既是一台科学原型样机，同时又是一台用于激光聚变研究的实验装置，大大增加了装置研制与建设的难度，是对我国强激光技术与工程、光学工业极大的挑战。

原型装置采用了以“4×2 组合口径和四程放大构型”为特征的总体技术路线和一系列先进技术，主要包括带 900 光束翻转的四程放大技术、全光纤全固化前端技术、紧凑型等离子体电极电光开关、光束全场控制技术(包括脉冲强度、时间波形、空间波形、相位分布和偏振态等)、高强度三次谐波转换技术、位相光学元件等，同时较大幅度地提高了装置的工作负载，在满足高能量密度科学实验研究的基础上，可较大幅度地提高装置能量转换效率，降低装置造价。原型装置既借鉴了以 NIF、LMJ 激光装置为代表的新一代高功率固体激光装置的先进技术，也结合我国实际情况，具有一定的创新和特色。

图 15 是神光-Ⅲ原型装置总体布局，图 16 是原型装置实验大厅，图 17 是靶场系统及真空靶室照片。原型装置由前端、预放、主放、靶场、光束控制与参数测量、计算机集中控制等六大主要部分组成，主要技术指标如下：

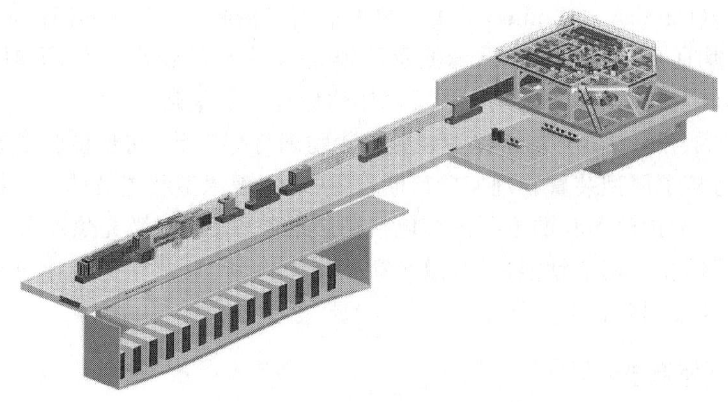

图 15　神光-Ⅲ原型装置总体布局示意图

图 16　神光-Ⅲ原型装置实验大厅图

图 17　神光-Ⅲ原型装置靶场系统及真空靶室照片

(1)激光束数:8 束;

(2)光束口径:290 mm×290 mm(零强度束宽);

(3)激光波长:0.35 μm;

(4)输出能量:1.2 kJ/1 ns/0.35 μm/束,≥1.8 kJ/3 ns/0.35 μm/束;

(5)脉冲宽度:1.0～3.0 ns 矩形脉冲,并具有一定的整形能力;

(6)光束发散角:70 μrad(95%脉冲能量);

(7)打靶方式:八束对打、八束并打;

(8)打靶精度:30 μm(RMS);

(9)能量分散度:10%(RMS);

(10)束间同步精度:30 ps(RMS)。

2005 年原型装置基本建成,并开展了单束高强度实验,首轮八束三倍频激光打靶物理实验,取得了阶段性重大进展。预计到 2007 年 6 月,可以实现 8 束光总体达标。

2005 年 11 月,获得八束基频光输出 24 kJ,实现了 8 束基频光出光的阶段目标,并验证了原型装置输出能量的控制能力,束间能量分散度 2.6 %。

2006 年 6 月,利用原型装置任意抽取出的一束光,使用国内生长、加工和镀膜的大口径 KDP 晶体(330 mm×330 mm),获得了单束输出三倍频 2.75 kJ 的国内最高输出能量,并且三倍频平均通量达到 3.4 J/cm^2,演示了神光-Ⅲ主机的输出负载,同时掌握了稳定、高效的三倍频转换技术,为实现原型装置总体达标打下了基础。

2006 年 7 月至 10 月,开展了原型装置首轮物理打靶实验,初步检验了原型装置的主要性能,调试考核了原型装置物理实验诊断设备,为实现原型装置总体达标提供了宝贵的实验判断结果。本物理实验的主要内容包括靶瞄准精度检测、激光焦斑分布与调节性能检测、靶面时间同步与调节性能检测、激光穿孔能力检测、激光能量与脉冲时间波形的调控能力考核以及腔靶耦合实验。

(五)深紫外激光[12-14]

深紫外激光指波长短于 200 nm 的激光。使用非线性光学晶体产生高次谐波获得全固态深紫外激光光源具有操作方便、线宽窄、波长可调等优点。深紫外激光波长短、光子能量高,可聚焦成很小的光斑,用于材料加工可获得精细的结构;用于医疗可使创面更细小,对周围组织破坏更少。深紫外全固态激光光源在先进制造、科学研究等领域已获得重大的应用,并正在开拓新的应用领域和方向。

我国的人工晶体材料,特别是应用于光电子技术领域的非线性光学晶体,一直处于世界先进行列,某些方面国际领先。中科院理化所、物理所在深紫外激光晶体生长、应用上做出了卓有成效的工作。自 20 世纪 90 年代以来,发现了一系列可用于深紫外谐波产生的新型非线性光学晶体。其中 KBBF($KBe_2BO_3F_2$)晶体是到目前为止,唯一能使用倍频方法产生深紫外激光输出的晶体。

由于 KBBF 晶体结构上的各相异性,增加 c 方向的厚度很困难。通过 KBBF 相关研究和生长方法的改进,例如采用特殊设计的白金坩埚,成功地生长出厚度超过 3 mm 全透明的 KBBF 单晶(图 18)。

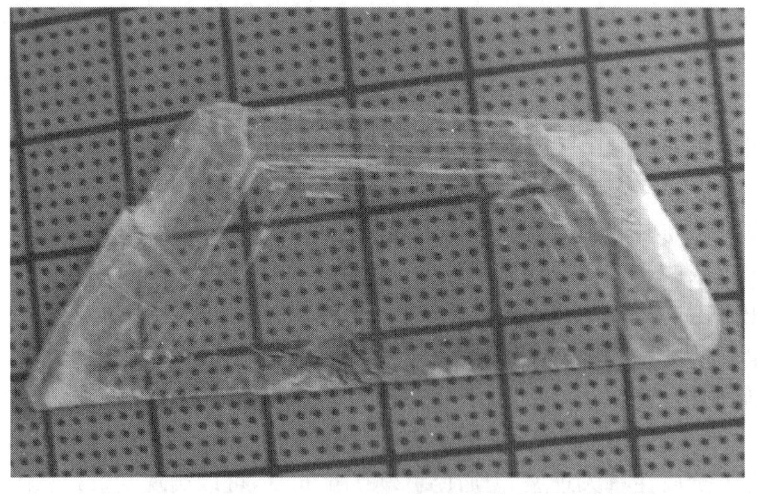

图 18 20 mm×10 mm×1.8 mm 尺寸的 KBBF 单晶体

在国际上首次提出 KBBF 棱镜耦合技术,并获得了中、美两国专利。并制作成功光接触 KBBF-CaF_2 棱镜耦合器件(图 19)。

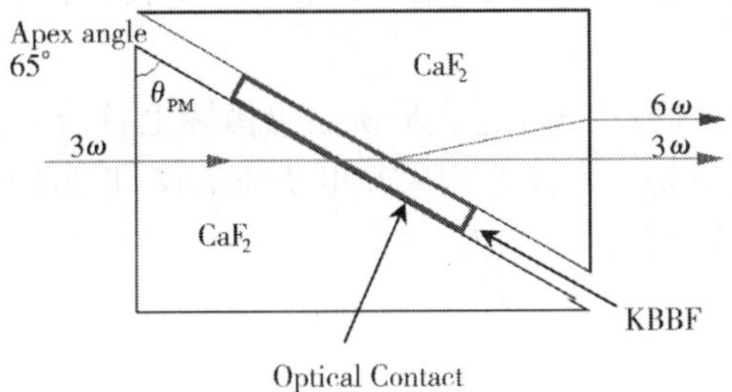

图 19　KBBF 棱镜耦合器件原理与器件

使用这种 KBBF 棱镜耦合器件,和东京大学物性所合作,首次实现了 Nd:YVO_4 激光的 6 倍频谐波光输出(177.3 nm),输出功率达 3.5 mW,并成功将这一新型光源应用于光电子能谱仪(图 20),获得了超高分辨率(0.36 meV)的电子能谱,为当前国际最高分辨率,清晰地观察到超导电子对在费米面附近的凝聚(图 21),测量出 $CeRu_2$ 化合物超导体在 3.8 K 超导态时,Cooper 电子对和超导能隙的形成。科学家们预计,这些超高分辨率能谱仪的建造成功,将为未来高温超导体的理论解释及其他凝聚态体系物理机制研究提供重要数据。

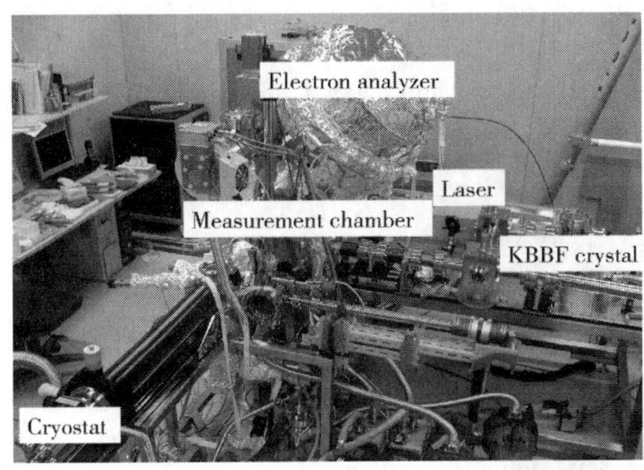

图 20　使用 177.3 nm 激光的超高分辨率能谱仪

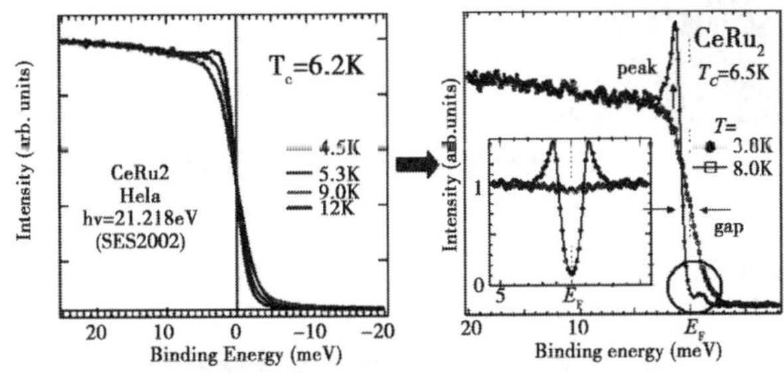

Superconducting gap was clearly observed by laser-PES
Kiss et al, Phys. Rev. Lett. 94, 057001.(2005)

图 21　$CeRu_2$ 超导体在超导态时 Cooper 电子对的形成和超导能隙

2005 年 3 月 2 日，中日双方分别在北京和东京召开了新闻发布会，向全世界公布了使用 $Nd:YVO_4$ 激光 6 次倍频光，成功地建造了超高分辨率光电子能谱仪，分辨率高达 0.36 meV。

最近中科院物理所、理化所合作，使用同种光源，进一步研制出国际上首台角分辨超高分辨率光电子能谱仪，正计划建造自旋分辨的超高分辨率光电子能谱仪，将为固体中电子的强关联相互作用的研究提供更先进的设备。

（六）高平均功率激光晶体

与最常用的固体工作介质 Nd:YAG 相比，Nd:GGG 具有无核芯，可获得较大的截面积；受激发射截面较小，可储存更大的能量，放大级可提取更高能量；密度较高等优点。与玻璃相比，Nd:GGG 的热导率约为玻璃的 10 倍，发射截面、破坏应力是玻璃的 5 倍。因此 Nd:GGG 比 Nd:YAG 和玻璃都更适合热容模式工作。若取 $\Delta T = 100$ ℃，可得 $E_{out}/V \approx 500\ J/cm^3$；若工作重复频率为 200 Hz，每个脉冲发射能量为 500 J(100 kW)。若工作时间为 10 s，所需 Nd:GGG 的体积应为 2 000 cm^3。考虑到需要良好的光于厚度的 3 倍以上，因此晶体直径最小应为 20 cm，就当前的工艺技术水平来说，是有可能达到这样尺寸的。

2005 年，北京奥依特公司产生高质量的 Nd:GGG 晶体，直径 75 mm、等径长度 60 mm（图 22）。单片 φ70 mm×10 mm 晶体 1 064 nm 激光连续输出 1.5 kW。

Nd:GGG 晶体元件（直径 70mm, 厚度10mm）

Nd:GGG 晶坯（直径 75mm, 等径长度 60mm）

图 22 国产 Nd:GGG 晶体元件和晶坯

（七）激光全色显示

激光作为全色显示系统的光源具有天生的色度学优势[15]（图 23）：激光为线状谱，色饱和度高，显示的色彩更鲜艳，更接近自然色彩；激光的谱线丰富，可以实现大色域；激光系统的输出功率高，容易实现大屏幕，且亮度高；激光的方向性好，分辨率高。正因为激光全色显示技术具有以上优势，它是继黑白、彩色、数字显示技术后的新一代显示技术。

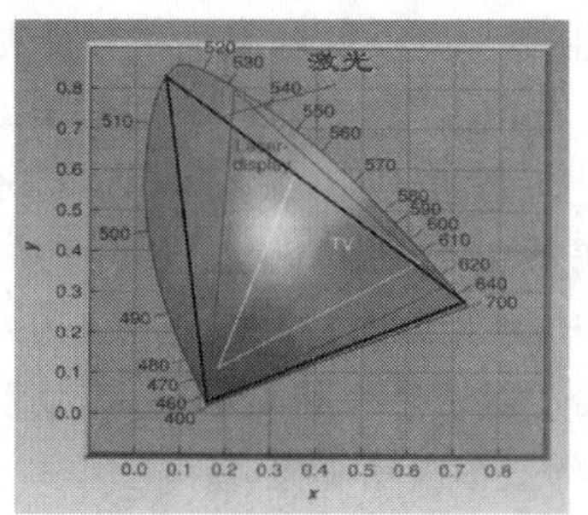

图 23　色度三角形

20 世纪 90 年代中期，德、日、美、韩等发达国家都在大力进行激光全色显示的研究，在 1998 年国际无线电博览会上，德国的 LDT 公司展示了扫描式激光电视的原理演示样机，表现出很好的视觉效果；日本 Sony 公司、美国的 Laser Power 公司和韩国的 Samsung 公司等也在积极进行研究，都在争取早日抢占前期国际市场。但均受限于红绿蓝三基色 DPSSL 输出功率的限制，因此，研究重点不约而同地转到高功率的红绿蓝三基色 DPSSL 研究上。

在国家“863”新材料领域“八五”、“九五”和“十五”重大项目和中科院知识创新等的持续支持下，由中科院物理所等单位协同研制大色域激光全色显示系统，图 24 是系统实验光路示意图。

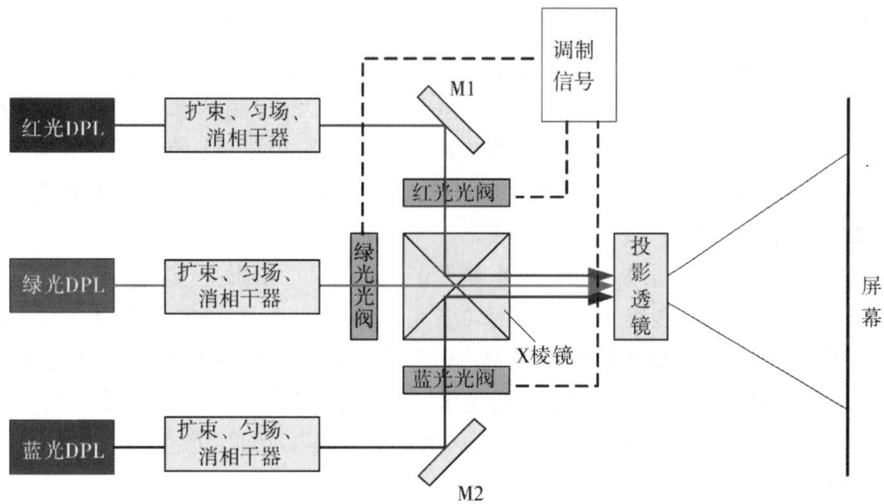

图 24　激光全色显示系统实验光路示意图

2005 年成功研制出了 84 英寸、140 英寸大屏幕激光显示样机，展现出色彩艳丽的动态图像。84 英寸激光显示系统样机参加了 2005 年上海工业博览会，荣获“创新奖”。

根据计量院测试结果计算，我国研制出的激光显示的色域是荧光粉显示的 2.5 倍以上，是目前世界上实现的最大的色度三角形。

研制成功的全固态激光全色显示系统实现了色域覆盖率 73.6%(实测)、色域 235 % NTSC，为当前国际上最广色域的大屏幕(6 m^2)激光全色显示系统。

主要创新成果有：采用控制 Nd 离子发射谱线和谐波倍频的方法，在国际上首次实现了 7.6W 的高功率准连续 440 nm 蓝光输出，28 W 的准连续 669 nm 红光输出[4]，13.8 W 的连续 660 nm 红光输出，这些工作被 *Laser Focus World* 作为可见光激光的技术突破报道；通过控制 Yb 离子发射谱线的方法和谐波倍频的方法，并结合盘片技术，实现了 4.2 W的 515 nm 连续绿光输出；采用复合棒技术结合 LBO 倍频技术，实现了 3.8 W 连续 473 nm 蓝光输出；首次采用微光学动态位相调制技术，消除了干涉条纹和散斑。这些成果总体水平达国际先进，色域覆盖率国际领先。

激光显示技术是目前世界上公认的可实现大色域、高饱和度的光电显示技术，是显示技术的跨越式发展。中科院院长路甬祥在视察激光显示时指出："激光显示技术是显示技术领域的一次革命，目前已处于初步应用的阶段，要面向广大用户的需求，抓紧时间推动激光显示技术实用化的进程。一方面要与特殊用户联系，应用到奥运会、指挥系统等特殊场合；另一方面要与企业合作，最终将此项技术推向广泛的消费型用户[16]"。

三、展望

1. 克服"热效应"

当前，固体激光器中的热管理仍然是一个无时不在的、头等重要的大问题，尽管以往的研究取得了重大进展，但并没有"完全"解决问题，很多场合下仍然是个不易克服的工程技术难关[17]。

从 Nd:YAG 的能级(图 1)可以看出，即便泵浦光与吸收带完全匹配，由于量子缺陷(E_4-E_3 和 E_2-E_1)，工作介质中仍然要产生无用热。因此，用 808 nm 的 LD 泵浦 Nd:YAG 输出 1 064 nm 的激光，产生的无用热达 32%，最高的光—光转换效率只有 75.9%。除了量子缺陷外，还有激光淬灭、能级的量子效应等造成的热损耗。为了减少或消除量子缺陷造成的无用热，发展了以下几种方法。

(1)准三能级系统。如果是三能级系统(没有能级 2)，则 E_2-E_1 这部分能量消耗完全免了，但起码要把基态能级 1 上 1/2 的粒子泵浦到能级 3 上，才能在能级 3 和 1 之间形成粒子集居数反转，产生激光的阈值很高，不实用。准三能级系统的能级 2 很靠近能级 1，产生激光的阈值要比三能级系统的低很多。通常在室温下能级 2 上已有粒子数分布(对于四能级系统，室温下能级 2 上粒子集居数接近于零)，因此，产生激光的阈值仍然远高于四能级系统的。

(2)直接泵浦。把基态粒子直接泵浦到激光上能级 3，而不通过能级 4，消除了 E_4-E_3 能量损耗。

(3)热助推。由于环境的热把基态上的粒子激励到斯托克斯能级上，将这些粒子直接泵浦到激光能级 3 上，因此热耗比直接泵浦的还要低。

(4)辐射平衡。用激光介质中的反斯托克斯荧光去平衡由于斯托克斯频移受激辐射产生的热，并维持激光和光泵光强的平衡。

(5)非线性效应(例如光参量放大)不是基于能级跃迁，可以避免量子缺陷带来的无用热。

最有代表性的准三能级系统是 Yb:YAG 晶体。它的吸收带在 941 nm,而激光跃迁在 1.029 μm,量子缺陷小,产生的热<10%,这是已知 1 μm 离子中产生无用热最低的。在同样输入功率下,Yb:YAG 中产生的无用热只有 Nd:YAG 中的 1/4(仅考虑量子缺陷一项),特别适于高平均功率应用。但 Yb:YAG 是准三能级系统,终端能级在基态上约 600 cm^{-1},阈值高,室温下的再吸收不容忽视。对这种工作介质的冷却、泵浦功率密度和均匀性等的要求都比 Nd:YAG 的苛刻得多。

块状 Yb:YAG 激光器的输出平均功率已超过千瓦,但高平均功率脉冲(脉宽纳秒级)激光器的综合性能不如 Nd:YAG 激光器的,且研究进展缓慢。在光纤激光器中,Yb^{3+} 准三能级系统获得了成功。由于纤芯直径与输出功率和光束质量的矛盾,如何进一步大幅度地提高光纤激光器输出的平均功率和峰值功率是当前需要解决一个重要课题。

直接泵浦和热助推虽然是很好的方案,但对 LD 的亮度、线宽、中心波长的准确性、随环境温度的漂移以及泵浦结构等都非常关键,目前还未能进入应用领域,只有在追求最大的效率,或要求在高平均功率工作时产生的热量最小,才采用直接或热助推泵浦。今后,需要改进 LD 以及研究一些新晶体。

在辐射平衡系统中因为辐射过程中的量子缺陷为零,因此没有过剩的热。如果建成这种激光器,其输出平均功率、光束质量都将非常高。遗憾的是目前还没有建成这样的激光器,相关的理论也有待完善。

采用光参量放大技术来获得低“内热”的高能、高功率激光是一种吸引人的方法。目前已有初步成果,但技术上还不成熟,其优点还未发挥出来。主要是没有用于参量放大的大口径的非线性介质。另外,参量放大对于泵浦光的单色性、时间同步精度、幅度稳定性等有很高的要求。这些都有待今后的研究、发展。

2. 工业应用激光惯性约束聚变研究

当前,激光惯性约束聚变研究采用的激光器是灯泵浦的巨型钕玻璃激光系统。为了充分散热,发射两个激光脉冲间的间隔需几小时,工作频率很低,成为最终工业应用的障碍,采用 LD 泵浦是一种可选择的解决办法。预计 LD 泵浦的巨型激光系统的工作重复频率可高达 12 Hz,每次发射脉冲能量 4×10^6 J,工作寿命达 30 年,从电能到三倍频激光能量的插头效率大于 12%。

3. 陶瓷激光介质

应该特别引起注意的是陶瓷激光材料的发展,采用陶瓷烧结技术获得大块 Nd:YAG 多晶的激光性能已接近单晶。2005 年,D. W. Trainer 用 LD 泵浦陶瓷 Nd:YAG 板条输出平均功率达 5 kW。尽管目前陶瓷 Nd:YAG 的性能还不能全面与单晶的相比,但其潜在优点是明显的:价廉,制备周期短且不需要用昂贵的铂金坩埚;掺杂浓度、杂质类型几乎不受限制;可以制成任意形状、超大尺寸、多功能组合的工作介质。另外,现在有的很难生长的单晶,用陶瓷烧结技术就容易制成。例如,Y_2O_3 的热导率是 YAG 的 2 倍。Yb:Y_2O_3 可能是一种重要的激光材料,但它的熔点非常高,约 2 430 ℃,生长晶体很困难。而陶瓷工艺所需温度低于熔点,3 mm 长的 Yb:Y_2O_3 陶瓷已研制成功,并获得 4.2 W 的激光输出。

高平均功率激光系统急需高光学质量、高热导率、大尺寸的激光工作介质，陶瓷技术的发展，对传统的晶体生长工艺将带来巨大的冲击，在激光技术领域引发重大的变化。

4."流体"激光介质

如果将固体激光介质中的掺杂离子(如 Nd^{3+} 等)制成纳米颗粒，并溶于某种流体中，制成新型的"固体激光介质"，于是可以通过流动的办法方便地更换激光介质，从而克服"热效应"。这是一个很有意义的想法，如果成功，将给固体激光技术带来重大的变化。

5. 大型科研用固体激光

以 SILEX-Ⅰ装置为代表的超强超短脉冲激光与国际、国内的合作，在强场物理研究等应用领域上将有所突破，获得一些新成果。

预计 2007 年神光-Ⅲ原型装置将实现 8 束出光，总体达标，并开展物理打靶实验，为神光-Ⅲ激光装置的最终建成打下基础。

6. DPSSL 产业化

我国 DPSSL 技术的发展已有近十几年的历史了，特别是近两年来，向国产化、工程化迈出了一大步，并引起了国家、部门和应用单位的高度重视。随着国产 LD 质量的提高和售价的进一步降低，今后几年我国 DPSSL 产业化必将有更快的发展。

7. 激光全色显示

大屏幕激光全色显示可能展现在 2008 的奥运会和 2010 的世博会上。

四、建议

(1)加速 DPSSL 的产业化；

(2)克服"热效应"理论和工程研究；

(3)研究功率合成(重点是相干合成)技术以保持高光束质量情况下提高输出功率，不仅是光纤激光器所急需，对其他类型的激光器也一样。受工作介质、非线性等因数的影响，单路激光系统的输出功率总是有限的；

(4)提高 LD 的效率。

采用 LD 代替闪光灯泵浦大大减少了进入工作介质的无用热，激光器总体效率大大提高。但目前 LD 的效率大约只有 50%，它本身成了一个大热源。而且，对 LD 的热管理要求远高于对闪光灯，由于要求高亮度，LD 的堆积密度要求不断提高，因此，单位体积内的热耗非常高，给有效散热带来困难；LD 的中心波长随温升明显变化，将导致泵浦效率降低，甚至激光器工作失败。因此提高 LD 本身的效率是一个迫切需要解决的问题。

(5)千瓦级光纤激光器国产化。

在先进制造行业，采用光纤激光器的比块状介质激光器优越，因此可能获得很大的经济效益。目前我国千瓦级光纤的质量还需提高，以尽快满足市场增长的需求。

(6)新材料开发、研究。

参考文献

[1] HU M L, WANG C Y, et al. Tunable supercontinuum generation in a high-index-step photonic-crystal fiber with a comma-shaped core. Optics Express, 2006, 14(5): 1942-1950.

[2] HU M L, WANG C Y, et al. Multiplex frequency conversion of unamplified 30-fs Ti:sapphire laser pulses by an array of waveguiding wires in a random-hole microstructure fiber. Optics Express, 2004, 12(25): 6129-6234.

[3] HU M L, WANG C Y, et al. A hollow beam from a holey fiber. Optics Express, 14(9): 4128-4134.

[4] 邓玉强，邢岐荣，等. THz 波的小波变换频谱分析. 物理学报，2005，54(11)：5224.

[5] 天津大学. 太赫兹(THz)时域光谱仪. 科技查新报告，天津市科学技术信息研究所. 2006.

[6] XING QIRONG, LI SHUXIN, TIAN ZHEN, et al. Enhanced zero-order transmission of terahertz radiation pulses through very deep metallic gratings with subwavelength slits. Appl. Phys. Lett., 2006, 89, 041107.

[7] http://www.vjultrafast.org.

[8] PENG H S, HUANG X J, ZHU Q H, et al. 286-TW Ti:sapphire laser at CAEP[C]. High-Power Lasers and Applications, Proc. SPIE, 2004, 56(27): 1-6.

[9] PENG H S, ZHANG W Y, ZHANG X M, et al. Progress in ICF programs at CAEP[J]. Laser and Particle Beams, 2005(23): 205-209.

[10] PENG H S, HUANG X J, ZHU Q H, et al. SILEX-Ⅰ: 300-TW Ti:sapphire laser[J]. Laser Physics, 2006(16): 244-247.

[11] PENG H S, ZHANG W Y. High-power solid-state lasers and high-energy-density physics at CAEP. J. Korean Physical Society, 2006(49): 305-308.

[12] CHEN C T, LU J H, et al. Second-harmonic generation from a $KBe_2BO_3F_2$ Crystal in the deep ultraviolet. Opt. Lett., 2002, 27(8): 637.

[13] T KISS, et al. Phys. Rev. Lett. 2005 (94), 057001.

[14] CHEN C T. New borate crystals promise deep-UV harmonic generation. Laser Focus World, 2004, 2: 91.

[15] 许祖彦. 光电晶体与全固态激光器及其应用[J]. 中国工程科学，1999，1(2)：72-77.

[16] 中科院网站. 新闻报道[EB/OL]. [2006-6-8]. http://www.cas.cn/.

[17] 周寿桓. 固体激光器中的热管理. 量子电子学报，2005：497-509.

撰稿人：周寿桓

雷达技术发展

一、雷达学科发展回顾

(一)发展概况

自20世纪90年代以来,随着微电子技术、数字技术、计算机技术、软件技术和固态电子技术等的发展,雷达技术进入了快速发展时期,摆脱了“仿制”,走上了自主研制的道路,研制和生产了一批高性能雷达,包括多功能相控阵雷达、高分辨率机载合成孔径雷达、脉冲多普勒雷达、精密跟踪测量雷达和超视距雷达,等等,满足了国民经济建设、社会发展、科学研究和国防安全的需要。

在神舟五号、六号载人航天工程中,包括多部精密跟踪测量雷达的航天测控网,对载人飞船的发射、运行和回收进行了全程跟踪测量,为载人航天工程保驾护航。在这个分布在广大范围内(包括远洋)的测控网中,有超远程跟踪与目标特性测量雷达(采用了单脉冲、相控阵、脉冲压缩、脉冲多普勒、多极化等技术),大型远洋船载精密跟踪雷达(采用了船摇前馈和速率陀螺反馈相结合的船体稳定技术、双波段同轴引导快速捕获目标技术)、可移动式非相参精密测量雷达(接收机采用0～π调制的双路单脉冲形式、角伺服系统为力矩马达驱动)、机动型相参精密测量雷达(实现了数字化和自动化,可以测量目标坐标和目标特征数据)和车载式相控阵多目标单脉冲精密跟踪测量雷达(采用空间馈电透镜式稀布阵,可同时跟踪10个目标)。其中,车载式相控阵多目标单脉冲精密跟踪测量雷达是专为载人航天任务研制的。这是因为载人航天测控不同于以往的“两弹一星”测控任务。“两弹一星”测控通常只需跟踪单个目标,因此采用由抛物反射面天线构成的单脉冲精密跟踪测量雷达即可;而载人航天不仅需要测量火箭和飞船的分离,还要跟踪测量飞船各组成部分的分离,并对返回通过大气层“黑障区”的飞船进行快速搜索、捕获和跟踪测量,预测飞船的着陆点;在发射阶段如出现意外,宇航员会使用逃逸舱飞离火箭系统,此时还要即时发现并跟踪测量逃逸舱的飞行轨道和精确落点,以便救援。因此,载人飞船航天测控网就需要可跟踪测量多个目标的相控阵单脉冲精密测量雷达。

在洪涝灾害监测评估、三峡工程建设、西部大开发和北京奥运场馆规划等工作中,机载合成孔径雷达(SAR)提供的雷达图像发挥了很好的作用。

在全国建立的气象测报网中,一批高性能的气象雷达已担负了监测和预测灾害性天气的重任。特别是在1998年大洪水之后开始建立的新一代多普勒天气雷达监测网,已发挥了效益。例如在2001年,设在龙岩的天气雷达就很好地观测到了台风“百合”从低气压发展为台风,再到减弱及再加强的全过程,成功地监测和预报了这次台风,减少了损失。计划在全国布网的新一代多普勒天气雷达,能够探测的对象包括降水、热带气旋、雷暴、中尺度气旋、湍流、龙卷、冰雹、冻雨、冻结层、融化层等,并具有一定的晴空回波探测能力,是目前其他大气探测手段无法取代的重要探测系统，大大提高了天气预报的实时性和准确率。此外，气象雷达已应用于机场，为保障飞行安全和提高飞行效率作出了贡献。

在北起大连港南至湛江港的海上交通运输线路上，以及从南通港到南京港的长江黄金水道上，都建立了船舶交通管制系统。其中的港口监视雷达和船用雷达对保障船只航行和进出港口的安全、畅通起到了重要作用，促进了我国航运事业的发展。

在空中交通管制系统中，国产航管雷达已开始担负起航空交通管制的值班任务，为确保空中交通安全畅通和提高空域容量作出了贡献。

高频地波超视距雷达在海洋监测中已发挥了巨大作用。

各种各样的高性能雷达还广泛应用于国防安全的各个方面，如防空预警、监视战斗空间、武器引导，等等。由于军事斗争的激烈对抗性，军用雷达的性能需要不断地改进提高，功能不断扩展，因此军用雷达技术的进展比民用雷达快得多。

（二）发展现状

经过“八五”、“九五”、“十五”的发展，我国的雷达技术有了长足进步，显著缩小了与国际先进水平的差距。总的来说，地（海）面雷达技术已达到了相当高的水平，机载雷达技术取得了很大进展，星载雷达技术也有了一个良好的开端。

机载合成孔径雷达（SAR）技术已从单一的 X 波段发展到 P、L、S、X、Ku 波段，从单极化发展到多极化，运载平台从固定翼飞机发展到直升机和无人机，分辨率从十米级提高到米级，工作模式从单一的条带模式发展到条带、聚束、扫描等模式。完成了几代实时成像处理器的研制，测绘带宽从几千米发展到几十千米。2002 年 10 月启动了环境与灾害监视小卫星星座 SAR 雷达卫星的研制工作，星载 SAR 技术已取得了很大进展。

在相控阵雷达技术方面，无源相控阵雷达技术已趋于成熟，航天测控网中的车载式相控阵单脉冲精确跟踪测量雷达就是一部 C 波段无源相控阵雷达，采用空间馈电透镜式稀布阵，大大减少了移相器的数量，平均功率为 10 kW，可以同时跟踪 10 个目标。S 波段以下有源相控阵雷达技术也达到了实用程度。目前，上述相控阵雷达技术不但应用于地面雷达系统和车载雷达系统中，也应用到了船载雷达系统和机载雷达系统中。

在气象雷达方面，测风雷达覆盖了 C 波段和 L 波段，采用的体制有一次雷达和二次雷达；风廓线雷达有 P 波段对流层风廓线雷达和 L 波段边界层风廓线雷达；天气雷达（测雨雷达）能覆盖 C、S、X 波段，具有常规、多普勒和全相参多普勒三种体制。在我国新一代多普勒天气雷达网中，共布设了一百多部高性能的 S 波段和 C 波段全相参多普勒雷达，能够定量探测降雨回波强度、空气径向移速、速度谱宽和降水物相态等信息。其中 C 波段全相参多普勒天气雷达，能提供在距离 450 km 范围内、高度 24 km 范围内的天气目标（如热带气旋、雷暴、中尺度气旋、龙卷风、冰雹等）的位置和强度变化，在 200 km 范围内能对气象目标强度进行定量测量，在 150 km 范围内能对目标位置、强度、多普勒速度和谱宽等参数进行准确测量。该雷达采用了 14 位数字中频接收机、随机相位编码退距离模糊和双重复频率退速度模糊技术，并具有全数字故障检测系统。

在船舶交通管制系统中已运用了多种港口监视雷达，其技术性能一代比一代先进。其中，HSR-1128 港口监视雷达，工作在 X 波段，采用了波导裂缝阵列天线和双波束、频率分集、极化分集以及去相关杂波抑制技术，具有较高的分辨率、测量精度和抗杂波干扰能力。

在空中交通管制雷达方面，已研制出航管一次监视雷达，二次监视雷达和合装一、二次雷达，有的航管雷达已开始试用，其系统性能和可靠性已达到很高的水平。

(三)发展述评

雷达技术发展到现阶段，已经有了较成熟和较完善的理论基础，以及丰富的实践经验；尽管如此，雷达技术仍受一些基本物理规律的约束，很难出现“奇迹”。相反，雷达技术的每一项重大技术进步都需要经过数年甚至十多年的艰苦努力。

现阶段雷达技术发展的基本取向是提高雷达性能和扩展功能，以满足经济、社会和国防安全的需要。例如，提高雷达灵敏度(改善检测方法和抑制背景干扰的技术)和增大有效功率孔径积的技术，可以增大探测距离或更好地探测小目标(包括“隐身”目标)。发展脉冲多普勒技术，有利于从强地杂波中检测出低空飞行的目标并提取目标参数；对于暴雨区的强对流天气的三维结构，也只有通过多普勒技术才能探测。正在迅速发展的合成孔径雷达技术，不再将观测对象视为“点”目标，仅测量它的位置和运动参数；而是通过获得目标和场景的图像，测量目标的其他特征参量，如形状、大小、物理特性甚至细微结构，从而扩展了雷达测量目标参数的范围。合成孔径雷达技术已从最初的专业应用发展成为一种新的雷达功能——成像，并应用于不同的雷达。更多的雷达技术进展是为了提高雷达探测目标的精度、分辨力、抗干扰能力、对目标的识别能力等。

雷达技术的进展涵盖了从系统设计到基本组成部件的整个范围，但是主要的进展是雷达系统技术、天线微波技术、高功率发射技术、高性能接收和信号处理技术以及高速数据处理技术。例如，在天线方面，由于脉冲多普勒雷达等要求天线具有高增益和低副瓣，使波导裂缝阵列天线得到了迅速发展，副瓣电平优于－40 dB 的行波阵波导裂缝天线已研制成功并获得实际应用；然而，天线领域最引人瞩目的发展是相控阵天线技术，已研制和应用了无源相控阵(只在天线阵的每个单元接入一个移相器，而发射机和接收机仍为集中式)、半有源相控阵(除每个天线阵单元接入一个移相器外，还将全部单元分组，每组接有一个发射机末级和接收机前端)和有源相控阵(天线阵的每个单元都有一个发射机/接收机组件——T/R 组件)。在发射机方面，工作频率在 4 GHz 以下(主要是 P、L 和 S 波段)的全固态发射机(一般采用硅微波双极功率晶体管)已成熟并获得了实际应用，提高了雷达系统的性能和可靠性。在接收机方面，中频数字技术和高稳定度频率合成技术获得了普遍应用，直接数字频率合成(DDS)技术和去调频技术也在宽带接收机中获得了应用。

雷达的工作频率从微波波段向两端扩展：高端向毫米波和激光方向发展，低端向短波方向发展。已出现了毫米波雷达、激光雷达和短波超视距雷达，满足了一些特殊需求。

二、2005～2006 年度雷达学科的新进展及应用情况

(一)微波遥感成像雷达

(1)先进机载合成孔径雷达(SAR)关键技术与装备的开发取得重大进展。

(2)星载合成孔径雷达系统技术达到实用水平，L 波段一维相扫技术已成熟，已应用于“遥感卫星”；S 波段环境与灾害监测合成孔径雷达技术及系统取得很大进展；X 波段相控阵技术也取得进展。这些星载合成孔径雷达将用于构建我国的环境与灾害监测小卫星星座，用于环境监测和灾害预报。

(3)机载合成孔径技术在地形测绘中获得实际应用，达到了 0.5 m 分辨率，并实现了多极化、多频段同时成像，已应用于国家测绘局的地形勘察和大比例尺地形测绘工作中。

(4)逆合成孔径雷达(ISAR)成像技术取得突破，获得了较大的成像距离、较高的成像分辨率和目标识别能力。

(二)空间和空中目标探测雷达

(1)深空目标探测雷达取得了新进展，具有超远程作用距离和高的测量精度，可对卫星、飞船、空间站以及行星等进行跟踪测量。

(2)中远程固态有源相控阵雷达实现了更高性能，包括增大了探测距离和提高了测量精度和多目标能力等。

(3)数字相控阵雷达技术取得了重要进展，使多波束的形成和控制更加灵活。

(4)有源相控阵雷达技术在条件复杂、要求苛刻的应用领域，获得了实际应用。

(5)光控相控阵天线技术取得进展，为宽带相控阵的应用提供了技术支撑。

(三)气象雷达

(1)新一代多普勒天气雷达在全国的布网应用取得了新进展。

(2)边界层风廓线雷达技术已达到实用水平。其中车载式 L 波段边界层风廓线雷达采用了固态有源相控阵平面阵列天线、脉冲多普勒数字中频接收机、高速可编程信号处理和数据处理技术，还具有丰富的气象分析软件、机内监测系统和无人值守全自动遥控系统。

(3)测风激光雷达系统技术已通过科研成果鉴定。它采用了双边缘频率检测技术，可以获得高时空分辨率、高精度的实时三维大气风场数据，可用于解决严重影响航空安全的低空风切变检测问题。其探测高度可达 10 km，垂直距离分辨率 30 m，风速测量精度优于 2 m/s。

(4)车载式 X 波段全相参多普勒偏振气象雷达技术达到实用水平。该雷达是一种多参数气象雷达系统，不仅可以测量气象目标的强度、速度和谱宽，而且还能定量分析粒子形状、相态、尺度谱和排列取向等微物理场信息，以及径向路径累计雨水总量信息，具有广泛的应用潜力。

(四)交通管制雷达

(1)S 波段固态一次监视雷达系统取得重大进展，其系统性能和可靠性达到较高水平，已进入试用阶段，将逐步装备机场。

(2)新研制的航管二次监视雷达技术已基本成熟。

(3)港口监视雷达技术取得了新进展，提高了作用距离和分辨率。

是进口设备。我国自主开发空中交通管制系统及其航管雷达起步较晚，进展缓慢，主要是管理和技术攻关经费投入不足等问题造成的。从我国雷达技术总体水平来看，研制航管一次雷达和二次雷达不存在不可逾越的技术障碍。新研制成功的S波段全固态一次监视雷达和全固态单脉冲二次监视雷达就是一个例子，其系统性能和可靠性都接近国际先进水平。

四、雷达学科战略需求分析

根据全面建设小康社会的总目标，雷达学科要努力为解决制约国民经济、社会发展和国防安全的重大问题提供技术支持。这些需要雷达学科提供技术支持的重大问题就是雷达学科的战略需求，主要有以下几个方面。

(一)生态与环境监测及资源勘探

在我国经济多年高速增长的同时，生态系统和环境也在不断退化，资源紧缺现象加剧，形势严峻。改善生态系统与环境，加强资源勘探增储与综合区划工作，是事关经济社会可持续发展和人民生活质量的重大问题。从长远发展考虑，我们必须在整个生态系统和环境有所好转、资源足够的前提下实现经济的持续快速增长，这就对包括生态与环境监测、资源勘探与综合区划等在内的科学技术提出了战略需求。尤其要大力发展各种高性能的合成孔径雷达技术。

在生态与环境监测方面，应重点发展大尺度环境变化准确监测与预警技术、海洋生态与环境监测技术、森林植被监测评估技术、流域水环境与区域大气环境污染监测技术等。

在资源勘探和综合区划方面，要重点发展航空地球物理勘探技术、大深度探地技术、资源(包括农林)综合评估与区划技术等。

雷达技术在其中起着重要作用，已有不凡的表现。但是，要完全满足这些战略需求，还必须加大雷达技术的研究开发力度，加快雷达技术的发展步伐。尤其要大力发展各种高性能的合成孔径雷达技术。

(二)交通运输管理与安全保障

交通运输是国民经济的命脉。当前我国交通运输的管理和安全技术还不能满足交通运输业高速发展的需要。以空中交通运输为例，我国民用航空运输量以平均每年10%的速度增长，2005年的空运总量已达世界第三；但是在空中交通管制方面仍以程序管制(通过飞行员报告、领航计算和标图等方法掌握航空器的航行诸元)为主，只在飞行流量较大的北京、广州、上海等地区以及京广、京沪、沪广等航路实施了雷达管制，而是基本上是进口设备，采购费用高，维护困难大。全面建设小康社会对陆、海、空交通运输管理和安全提出了更高要求。为确保交通运输安全、快速、顺畅和便捷，需要建设自动化、智能化的交通管理系统，重点开发新一代空中交通管理系统、城市交通管理系统、高速轨道交通控制技术和交通事故预防预警技术等。雷达技术将在其中发挥重要作用。

在空中交通管理系统方面，我国将实现全国主要航路高度6 600 m以上雷达双重覆盖；东部地区 3 000 m 以上、中西部地区航路高度 6 600 m 以上甚高频覆盖；全国航路和主要航线高度 6 600 m 以上导航覆盖。为此，要加强雷达管制的设备投入，扩大雷达覆盖范围，提高雷达信息处理、交换、传递能力，搞好通信保障，力争到 2015 年前实现我国大部分区域的雷达管制，达到世界发达航空国家水平。实现雷达管制后，可以大大提升空中交通管理的自动化水平，能及时准确地掌握航空器的位置及飞行状态，从而使航空器之间的安全间隔大大缩小，飞行器密度和空中交通流量大大增加。

(三)气象灾害等重大自然灾害的监测预警

我国是一个幅员辽阔、地形和气候复杂的大国，自然灾害严重，给国民经济和人民生命财产造成了重大损失。据统计，我国每年因各种气象灾害使农田受灾的面积就达上千万公顷，受干旱、暴雨和热带风暴等重大灾害性天气、气候影响的人口约达 6 亿人次，平均每年因气象灾害造成的经济损失约占国民生产总值的 3%～5%。因此，加强对重大自然灾害的监测和预警，可以起到稳定社会和减少国计民生损失的重大作用。为此，要重点研究开发台风、暴雨、洪水、地质灾害、地震、森林火灾、溃坝、决堤等重大灾害的监测和预警技术。

首先要加强研究气象灾害的监测和预警技术。气象雷达对突发性、灾害性气象的监测和预警具有重要作用。我国从 1998 年开始建立新一代多普勒天气雷达网，原计划 2010 年前完成 126 部的布网任务，现在看来还要增加气象雷达数量。我国从 2001 年开始建设对流层风廓线仪网，预计 2020 年前完成。这些气象工程对雷达技术都提出了高要求。今后的气象探测，不但要观天，还要测地、探测太空。在系统建设上，要由地面气象雷达与太空的气象卫星组成综合系统，实现空基系统与地基系统的互补，并向着以空基系统为主的方向发展。这些战略需求对雷达技术提出了更高的要求。

对于地震、溃坝、决堤、森林火灾等重大自然灾害的监测和预警，星载合成孔径雷达技术将发挥重大作用；但要真正发挥作用，还需要进行艰苦的研究开发工作。

(四)国家重大科技专项

在《国家中长期科学和技术发展规划纲要(2006－2020 年)》中共列出了 16 项重大专项，其中包括高分辨率对地观测系统、载人航天与探月工程等。这些专项是我国今后 15 年科技发展的重中之重，对整体提升综合国力有至关重要的作用。高分辨对地观测系统、载人航天与探月工程对雷达技术提出了高要求，急需发展远程雷达、多波段多模式合成孔径雷达等。

(五)国防安全

国防安全是关系国家主权、领土完整、领海领空权益和社会稳定的大事，也是雷达技术的重点服务领域。雷达在现代化国防中的作用主要表现在三个方面：首先，它是现代化作战指挥系统(亦称指挥、控制、通信和情报侦察系统，即 C3I 系统)中能够实时、主动、全天候获取信息的探测手段，是收集各种军事情报的传感器，是“千里眼”；其次，雷达已是各类作战平台(如飞机、舰船、战车、导弹等)武器系统的不可缺少的组成部分，是实现精确打击的主要手段，是发挥其作战效能的倍增器；第三，雷达是发展各类先进武器系统过程中的重要测试评估手段。可见，国防安全对雷达技术的需求是多种多样的，而军用雷达面临的挑战也是不同寻常的。目前军用雷达面临的四大威胁是电子干扰、低空超低空突防、反辐射导弹攻击和隐身目标。在敌我双方进行的雷达与反雷达对抗中，迫使军用雷达在技术上不断提高，不断发展。为确保国防安全，确保战时的信息优势，雷达技术需要不断满足新要求，依然任重道远。

五、雷达学科发展趋势与研究方向

(一)微波遥感成像雷达技术

合成孔径雷达(SAR)是一种主动式微波成像雷达，由于它具有全天候、全天时、高分辨率、宽测绘带以及可穿透植被和土壤的能力，有着广泛的应用前景，如洪水监测、地形测绘、城市规划、环境监测、农作物评估、资源勘探和军事应用等。毫无疑问，SAR 技术将会快速发展，星载 SAR 因监测范围广，将会成为未来的发展重点。

合成孔径雷达引起平台相对于固定的地面目标运动而形成合成孔径，实现成像；反过来，若雷达固定而目标运动，则以目标为基准可视为雷达在等效反方向运动，也能形成合成阵列，据此也可对目标成像，通常称为逆合成孔径雷达(ISAR)技术。逆合成孔径雷达技术可用来对空中、空间和海上目标成像，已成为一个新的研究热点。

未来 5～10 年，微波遥感成像技术应着重研究以下问题：

(1)高分辨率 SAR 及图像解释技术；

(2)低频率机载 SAR 的探地能力；

(3)动目标的检测、定位技术；

(4)SAR 定标技术(是 SAR 对地定量观测的关键技术)；

(5)SAR 小卫星及星座，星载 SAR 实时图像处理技术；

(6)多参数、多模式 SAR 综合技术及应用；

(7)SAR 干涉测量技术；

(8)机动目标高分辨率逆合成孔径雷达(ISAR)技术；

(9)逆合成孔径雷达三维成像技术。

(二)空间和空中探测雷达技术

相控阵技术为空间和空中探测雷达带来了许多优越性，因此各种先进的空间和空中探测雷达越来越多地采用了相控阵技术，这种情况反过来又推动了相控阵技术的发展。相控阵雷达技术的下一步发展方向是：

(1)有源相控阵雷达技术，尤其是 X 波段的有源相控阵雷达技术，以满足一些高端需求；

(2)宽频带相控阵技术，主要用于高分辨率雷达，也可实现雷达与其他电子设备的综合利用；

(3)低/超低副瓣相控阵天线技术；

(4)数字相控阵技术；

(5)共形相控阵天线技术；

(6)毫米波相控阵天线技术；

(7)天基相控阵技术；

(8)低成本相控阵技术。

(三)气象雷达技术

气象雷达是大气监测的重要手段之一，在突发性、灾害性气象的监测、预报和警报中具有重要作用。气象雷达技术的发展重点应是：

(1)在多普勒天气雷达的基础上增加双线偏振，可以获取更多有关降水粒子形状、相态、尺度谱和排列取向等信息；

(2)相控阵技术在气象雷达中的应用，尤其是用于监测生命周期较短的龙卷风、下击暴流等，与先进算法相结合，可增加对灾害天气的预警时间；

(3)双多基地气象雷达技术，可以在几十公里范围内有效获取高分辨率大气二维或三维风场；

(4)星载气象雷达技术；

(5)毫米波多普勒气象雷达技术；

(6)激光气象雷达技术。

(四)航管雷达技术

国际民航组织在20世纪80年代末曾提出建立新一代空中交通管理系统(CNS/ATM)，主要采用的是自动相关监视技术——根据飞机将其GPS接收机获得的导航定位信息传送给地面控制中心来确定飞机的准确位置，同时以二次监视雷达作补充监视。这意味着航路监视一次雷达将逐步被淘汰；但为了对非合作目标进行监视，在机场终端区仍保留一次监视雷达。美国从20世纪90年代开始就在按此构想建立新一代空中交通管理系统，即一次监视雷达只用在机场，但是将要采用的一次监视雷达是性能价格比更高的雷达，称为TASS系统，它将以前的机场监视雷达(ASR)、终端多普勒气象雷达(TDWR)和低空风廓线雷达综合在一起，其核心的技术是相控阵天线。不过，"9.11"事件之后，航路监视一次雷达的命运有了改变，认为航路监视一次雷达可用来为防止恐怖袭击和国土防空提供重要信息。

目前，发达国家的空中交通管理系统已实现雷达组网监视，飞机一旦投入运营就会受到航管雷达的连续监视：飞机在机场移动受到场面活动监视雷达的监视，飞机起飞/降落受到精密进近雷达的监视，飞机在机场附近飞行受到机场一次监视雷达(ASR)和二次监视雷达的监视，飞机在城市之间的航路上飞行受二次监视雷达和航路监视一次雷达(ARSR)的监视。

从空中交通管制发展的需求来看，航管雷达应重点发展的技术有：

(1)S模式二次监视雷达技术；

(2)新一代一次监视雷达技术；

(3)新型精密进近雷达技术；

(4)小型地面活动监视雷达及其组网技术；

(5)机场终端区多种雷达的综合一体化技术；

(6)可靠性、维修性、使用性和无人值守技术。

(五)探地和安全监测雷达技术

探地和安全监测雷达正在成为一个研究热点。目前使用的探地雷达主要是冲击脉冲超宽带雷达技术，可用于公路、桥梁、管线等工程建设，以及地下勘探和文物考古等领域。探地雷达技术是我国“十一五”期间的一个发展方向，除应用于上述领域外，还可应用于探月工程中。

透过墙体探测生命体(活人)的雷达可用于安全保卫、灾后救援、人质解救和反恐等。

探地和安全监测雷达需要研究的关键技术有：

(1)超宽频带大功率信号产生及发射技术；

(2)超宽带接收机技术(如多通道和多 A/D 数字处理技术等)；

(3)先进的信号处理和数据处理技术；

(4)探地和安全监测目标识别技术；

(5)超宽频带雷达理论和设计技术。

(六)其他值得关注的雷达技术发展动向

雷达种类多，应用范围广，所采用的技术不尽相同，但有一些技术是值得重点关注的，主要有以下两点。

1. 多功能一体化和数字化

随着微电子技术、数字技术以及相控阵技术的发展，传统的雷达系统正在发生变化，数字化不断向射频前端推进，天线收发已经并将继续引入数字处理内容，信号和数据处理的界限越来越模糊，雷达体系正从流程型向网络型转变，体系结构变成开放结构，总线或网络也应用到了雷达系统中。这些发展进一步促进了雷达向多功能、综合化和一体化方向发展。不但可以用一部雷达来完成多种功能，而且雷达还可以与同一大系统(如防空系统、飞机上的电子系统)中的其他电子设备(如通信、导航、敌我识别/二次监视雷达)综合，具有代表性的例子是 F-35 的有源相控阵雷达系统 AN/APG-81 及其与通信导航识别系统和电子战系统的高度综合，许多通用模块为这些设备共用，这些共用模块加入不同的软件就可实现不同的功能。

2. 网络雷达技术

网络雷达由若干分散设置的基本单元和将它们连接起来的网络组成，与一部通常的雷达相比，它具有许多优越性，但需要解决一些特殊的技术问题。网络雷达目前还处于实验、开发阶段，需要解决的关键技术有：

(1)目标定位算法；

(2)高灵敏度多普勒频率接收与处理系统；

(3)系统时间同步与对准技术；

(4)运动平台的定位技术；

(5)大容量数据通信技术；

(6)自动化、智能化管理控制技术。

参考文献

[1] 王德纯，丁家会，程望东，等.精密跟踪测量雷达技术.北京：电子工业出版社，2006.

[2] 郑新，李文辉，潘厚忠，等.雷达发射机技术.北京：电子工业出版社，2006.

[3] 王小谟，张光义，等.雷达与探测.北京：国防工业出版社，2000.

[4] 许小峰.中国新一代多普勒天气雷达网的建议与技术应用.中国工程科学，2003.6.5（6）：7-14.

[5] 佚名.国内空管雷达技术发展与建议[EB/OL].[2006-09-19].http：// www.airnews.cn.

[6] 林红梅，冯晓芳.我国空中交通管制向全部实现雷达管制迈进[EB/OL].http：//www.gmw.cn/03pindao/keji/2004-06/01/content36733.htm.

撰稿人：陆军　李承延　李盛沐

微波技术发展*

一、引言

随着无线移动通信、无线网络在全球范围的所有领域内的迅速应用及高新科技和军用的需求，近年来微波技术得到了急速发展。它的发展体现在以下几个方面：①与微波有关的产业，包括集成电路、天线、器件、材料迅速发展，特别在中国内地，出现了大批效益良好的企业；②与微波有关的国际学术会议的次数和参加人数、会议的参展企业数大大增加；③与微波相关的仪器、CAD 工具、材料等的需求迅速增加；④微波技术及电磁场理论，包括传播、遥感、电磁兼容、场与物质的作用、电路设计等，向更大的应用空间和更小的物理尺度的发展，并在新的挑战下进一步发展。本文就微波技术这两年发展的主要情况作详细介绍。

二、学科进展

（一）电磁场理论和数值方法

电磁场理论是微波技术的基础，基于电磁场理论、现代计算方法和先进计算机技术的电磁数值仿真已经同理论研究、科学实验并驾齐驱成为科学新发现、技术新发明的三大重要手段之一。随着电磁仿真技术的发展，各种商用软件得到广泛应用，目前用得最多的是基于矩量法的 IE3D、基于 FDTD 的 Fidelity、基于有限元的 HFSS 和 CST、基于电路模型的 ADS 等。

但是通用软件不能适用于某些特殊情况，或者虽然能用，但效率不是很高，例如对于复杂环境下电大尺寸复杂目标的散射，地表、雪地、海面等随机粗糙面的散射，包含对电子束与微波场相互作用的电子器件的模拟分析，以及结构复杂的新型三维人工介质等效介质参量的提取，等等。因此研究适用于相关特殊情况的模拟计算方法仍然是电磁场的一个活跃领域。

在计算方法的研究方面，国内对于三大计算方法，即矩量法（MOM）、有限元法（FEM）和时域有限差分法（FDTD）的研究已相当广泛和深入，特别是近年来在基于 MOM 的快速多极（FMA）和多层快速多极算法（MLFMA）及相关混合算法的研究方面已接近或达到世界先进水平，但是对于计算方法本身的研究仍未有穷期。今后数年，在 FDTD 的多重网格、PEEC（部分等效元法）的全波全介质应用、时域有限元、时域积分方

* 对参加本学科编写的冯正和、金亚秋、年夫顺、娄采云、张汉一、杜正伟、陈文华、许林健、郑剑锋、杨立、朱继文等学者和老师致以衷心的感谢。

程方法(TDIE)以及各种高效混合数值方法等方面还有很多问题需要进行研究。

电磁场可视化是电路/天线设计、电磁兼容(如各种数字、模拟器件的电磁分布、空间电磁场分布等)设计和电波传播研究的重要方法。因此结合电磁场数值方法和实验而得到的可视化技术是当前研究的重要内容之一。

(二)微波集成技术

RFIC(射频集成电路)是随着无线通信技术发展而出现的电路器件,目前主要的发展方向包括:①工作频率更高、尺寸更小,集成度更高,成本更低的新器件研究;②专用测试技术和高频封装技术的发展。本文将从IC技术的角度对该领域近期出现的一些新动向进行简要的综述和分析。

1. 半导体工艺

随着半导体工艺的飞速进步,MOS管的沟道长度大大缩小,工作频率提高,大大降低了功耗,成为RFIC的一种经济性很好的平台。目前随着各芯片制造工艺迈入65 nm时代,65 nm CMOS已经实实在在地呈现在人们面前,其技术已经应用到处理器、SRAM等数字芯片中,预计近几年65 nm CMOS也将应用到RFIC中。亚深微米CMOS电路已经可以工作在40 GHz,甚至达到100 GHz,这一进步可以实现数据率在100 Mbps到10 Gbps的无线通信芯片甚至是毫米波芯片,如Tiebout[1]等人已报道了集成有LNA和混频器、PLL的RFIC样品,采用0.13 μm CMOS工艺,针对17.1 GHz～17.3 GHz的ISM/WLAN频段应用;Olivier Dupuis[2]等发表的24 GHz LNA,采用90 nm CMOS工艺。在无线数据通信方面,手机(2.5G)、无线局域网(WLAN)、蓝牙(Bluetooth)等RFIC商用产品已经广泛采用90nm CMOS工艺。CMOS技术的发展为低成本的RFIC向微波高频段发展提供了可能性,这样可以降低微波波段RF器件的成本,因此RF CMOS技术对传统上微波频段占据统治地位的GaAs技术构成了挑战。

化合物半导体方面,GaAs是目前大功率微波器件,单片微波芯片的主要应用领域。而近来Ⅲ-Ⅴ族氮化物半导体,如GaN、AlN、InN、nGaN和AlGaN等,受到了人们的关注。这些材料的电子饱和速度很高,工作频率可以到亚毫米波和准光波段,在高频和大功率电子器件等方面有着广泛的应用前景。由于这些化合物半导体材料在单晶衬底制备、加工工艺等方面存在一定的困难,一般以单个器件为主,相应的IC成本与硅基CMOS工艺相比没有优势.

硅锗(SiGe)材料的出现为半导体材料和工艺增添了新的活力。硅互补型金属氧化物半导体(Si CMOS)工艺因其低廉的成本、较好的一致性是大规模数字集成电路制造的基础,而硅锗互补型金属氧化物半导体/硅锗双极互补型金属氧化物半导体(SiGe CMOS/BiCMOS)既有硅互补型金属氧化物半导体(CMOS)工艺的优点,又有良好的高频性能,特别是SiGe HBT的出现是SiGe器件的工作频率可直接应用到微波频段,而其成本和噪声性能是砷化镓(GaAs)材料无法比拟的。随着对SiGe HBT,硅锗场效应晶体管(SiGe FET)的研究,SiGe器件的高频性能、低噪声性能、功率和线性性能将得到展现,为进一步降低收发信机的成本、提高其集成度打下了基础,展现了SiGe技术的无线领域广阔的应用前景。目前,SiGe HBT的f_T超过100 GHz,2 GHz下噪声系数小于0.5 dB,可满足移动通信的要求。SiGe的崛起将大大改变传统的Si、GaAs的市场分划。

2.系统芯片向高性能与高集成度方向发展

系统芯片(SoC)是近几年IC设计业发展的热点和未来半导体业发展方向。随着IC工艺达到并跨越90 nm节点,数字芯片的工作速度大大提高,同时功耗也大大减少。市场对射频和数字基带的集成度要求越来越高,因此,可以将RF前端与数字基带部分集成起来制成RF SoC,形成单芯片解决方案。这将大大减少整个通信系统中的器件数量,从而降低成本,减小体积并提高功能和集成度,同时提高可靠性。这将改变以往通信系统的芯片中射频和基带处理两个芯片解决方案的格局,有望引起产业链的变革。目前已经有多家厂商推出单芯片的SoC产品,如Marvell的超低功耗90 nm WLAN单芯片解决方案88W8686,TI推出基于数字射频技术(DRP)的单芯片超低功耗90 nm Bluetooth网络芯片、GSM/GPRS手机芯片以及数字电视(DTV)芯片,未来的手机系统将是一个多系统的单芯片方案,越来越多的功能,如WLAN、GPS、DTV等将集成进单芯片手机中。

3.系统级封装与测试技术

近年来兴起的系统级封装(SiP)技术采用直接方式在最小的空间整合一系列异构技术,例如各种硅IC和分立元件。现在的SiP可以将微处理器、存储器(如EPROM和DRAM)、FPGA、电阻器、电容和电感器合并在一个容纳多达四个或五个芯片的封装中,这样将进一步减少PCB的尺寸面积。在更大范围内,SiP还可以弥补系统级芯片(SoC)技术开发和非返回工程学(NRE)成本过高以及上市时间过长等方面的不足。例如,Skyworks公司的集成策略是将以前由多家公司独立提供的分立有源和无源器件、功率放大器、RFIC、混合器、开关、SAW滤波器,甚至数字IC集成或组合成一个模组,最终形成以前端SiP或SoC以及基带处理器组成的完整解决方案,以最小空间和优化的性能提供给最终手机用户。在其提供的GSM/GPRS方案中,已实现将114个元器件缩减到43个部件,节省了2/3的体积,BOM费用也降低了5美元。另外Anadigics则提供了一种全新的SiP情况,将RFIC、功率放大器、开关以及其他相关的电子装置和组件与散热器、微处理器/控制器、电容器、电感器以及滤波器集成到一个单独的模块中。工程师们正在把射频电路与模拟及数字电路通过SiP技术封装成在一起,随着裸片I/O数量的增加,并发开关噪声(SSN)和基底串扰成为影响性能的主要因素,同时也会带来信号与电源完整性挑战,设计师必须平衡时序、信号和电磁完整性。

集成度的提高意味着需要在更小的空间内放置更多的电路模块和配置更多的引脚,这样要求更多的测试路径来保持足够的速度和吞吐量,同时还要求在有限的生产空间内提高测试系统密度。这些因素推动了测试技术的快速发展。此外,为了降低生产成本的制造商转而采用更多的预先测试,以便在生产过程中尽早淘汰掉不合格的部件。因此,今后将会出现综合具备了RF、模拟、数字、嵌入式存储和扫描能力而且能与片上探针台接口的ATE(自动测试设备)以满足测试的需要。

4.低温共烧陶瓷(LTCC)

作为用于SIP的无源电路集成技术,LTCC技术包括制造工艺和电路设计技术,近年来得到了很大发展。

(三)天线和天线阵列、电波传播

目前,世界各国在推动第三代移动通信系统产业化的同时,已把研究重点逐渐转入 Beyond 3G(三代后)或 4G 的新一代移动通信技术、无线宽带分组通信技术等的研究,旨在使无线通信的频谱效率、容量和速率有十倍甚至百倍的提高,即从目前 Mbps 提高到 Gbps 的量级,这就要求在概念和技术上寻求创新和突破。

无线通信系统在频谱效率、信息容量和传输速率等方面的发展,对天线提出了更高的要求。从最初的用于便携移动设备的鞭状天线,到现在的手机终端双频段小型化天线,天线在向着多频段/宽频带、小尺寸、高效率、低成本、易集成的方向发展。随着无线通信的发展,尤其是未来的后 3G 和 Ad-Hoc 网络的发展,为了更好地提高通信性能,对抗多径衰落和邻近用户干扰,在用户终端对智能天线的需求变得越来越迫切。一些简化的智能天线得到新的研究和发展,例如寄生电调天线和可重构天线。为了满足恶劣无线通信环境和有限频谱带宽下移动通信高容量、高数据率、高覆盖率、高频谱效率、高可靠性的要求,近年来,UWB/SP 无线通信技术在国际上引起了极大的研究热潮,其中的一个难点就是超宽带天线的设计;另外,国内外正在大力开发的多输入多输出(MIMO)技术也是可能的重要技术突破点之一。

下面就多频段/宽带移动终端天线、可重构天线、超宽带/短脉冲天线、多输入多输出移动终端天线方面的发展情况作一介绍。

1. 多频段/宽带移动终端天线

为使通信系统能在多个频段同时应用,包括多个通信频段、同一通信终端上的多种无线服务,例如 GPS、蓝牙、WLAN 等业务,多频/宽带天线成为关键问题。此外,针对各种商业、民用及军事的不同需要,移动通信终端天线的共形化、小尺寸、高效率、低成本、易集成成为新的研究热点。由于天线的带宽、尺寸、效率三者是相互关联和制约的,因此如何将三者综合考虑,寻找平衡点以达到最佳的效果,是移动终端天线设计中研究热点。

2. 可重构天线

在未来的 4G 以及 Ad-Hoc 等无线通信系统中,为进一步提高的无线接入系统的容量和性能,可采用具有一定智能的天线,例如寄生电调天线。寄生电调天线通常只有一个射频通道,却能够通过周围寄生单元的电抗加载值的变化使天线辐射在整个平面内扫描,具有低成本,系统简单等优点。寄生电调天线是可重构天线的一种。可重构天线包括频率可重构、方向图可重构、极化可重构和同时具有几种可重构特性的天线,它的研究涉及天线单元、天线阵列和控制算法。在最近几年的国际会议和学术期刊当中,关于可重构天线的文章数量迅速增加,得到广泛的重视,它的有效分析和设计理论还有很多工作有待完成。

可重构天线一个重要的问题是选择性能优越的开关并集成到天线当中。随着近年高性能、低功耗的微电子机械(MEMS)开关和一些 PHEMT 等工艺的 GaAs 开关的出现,使得可重构天线的发展有了更好的前景。MEMS 开关具有理想的开关特性、隔离度比较高、功耗低、易于集成。而现在移动通信中广泛采用的 GaAs 开关的性能也得到了显著改善。

3. 超宽带/短脉冲天线(UWB/SP)

近年来,超宽带/短脉冲无线通信技术在国际上引起了极大的研究热潮。它具有能在家庭、办公场所等短距离范围内提供高速传输以及无需占用额外的频谱资源等一系列的优点,从而为组建个人网(PAM)以及满足全球对更大带宽的强烈需求提供了理想的途径。

UWB/SP系统要处理的是短脉冲时域信号,其频谱范围极宽,为了保证信号经天线辐射和接收后时域波形不畸变,即要求高保真,因此不仅要求天线在频域上为超宽带,而且要保证天线的相位中心具有超宽带不变特性。

4. 多输入多输出(MIMO)天线

下一代移动通信技术、无线宽带分组通信技术等的研究,旨在使无线通信的频谱效率、容量和速率有十倍甚至百倍的提高。多输入多输出(MIMO)技术则是可能的重要技术突破点之一。MIMO系统在发射和接收端采用多天线以控制信号的空间分布,在同频、同时条件下利用多天线提供并行的子信道以增加系统容量或通过空间分集以提高信号传输的质量。

(1)自适应MIMO技术。

MIMO技术的一个重要的发展趋势是采用自适应多天线技术。传统MIMO系统需要与天线个数相同数量的价格较高的射频收发器。而自适应MIMO系统使用的RF收发器的个数将比天线的个数少,具有可重构天线的MIMO系统根据环境/信道条件自动选择、调整使用的天线单元以获得小的空间信道相关性和大的信道容量。

(2)宽带小型化多天线技术。

移动通信终端多天线系统受到移动终端,特别是手机尺寸仅为1个波长甚至更小的甚为苛刻的限制,且要求天线小型化并力求与移动终端设备共形。如果再要在如此苛刻的尺寸限制下安放多个天线及其相应的控制电路以支持自适应MIMO技术,则在天线单元、控制电路小型化方面提出极为困难的要求。目前移动通信系统和个人通信系统手机所用天线的标准结构是单极天线或内置的PIFA,这两种天线显然不能适应多天线系统的需要。

因此,在移动终端特别是在手机终端中,一方面要求天线单元本身尺寸进一步小型化和高效率;另一方面要解决原本工作频带较宽的单个天线单元在应用到多天线系统中以后,部分天线单元的工作频带变得较窄的问题,以实现手机尺度下宽带的多天线系统。此外,天线单元之间的互耦/隔离度是影响天线效率的关键指标,在天线单元匹配良好的情况下,互耦/隔离度决定了天线的效率,而且影响天线单元间的相关性和天线的方向图,从而直接影响MIMO通信系统的容量和质量。

(四)太赫兹(Terahertz,THz)技术

太赫兹波是指频率在0.1～10 THz①,或波长为3 000～30 μm范围内的电磁波在频域上,太赫兹波处于宏观经典理论向微观量子理论的过渡区,填补了电磁光谱中微波和红

① 1 THz=10^{12} Hz。

外波的空隙。由于太赫兹所处的特殊电磁波谱位置，它有很多优越的特性，有非常重要的学术和应用价值，使得全世界各国都给予了极大的关注。国际科技界认为太赫兹辐射是一种新的、有很多独特优点的电磁辐射；是改变未来世界的十大科技之一；太赫兹为科学技术的创新、国民经济发展和国家安全等方面提供了一个非常诱人的机遇。

目前国际上有约 200 个研究组从事有关太赫兹辐射的研究，美国的国家基金会(NSF)、国家航天局(NASA)、能源部(DOE)国防部(DARPA)和国家卫生学会(NIH)，从 20 世纪 90 年代中期开始，对太赫兹研究项目持续进行了较大规模的资金支持，美国几十所著名大学及国家实验室都在从事太赫兹的研究工作；欧洲国家利用欧盟的资金组织了跨国家的多学科参加的大型合作研究项目；亚洲的韩国和我国台湾地区也在太赫兹辐射研究领域每年投入了数百万美元的经费；俄罗斯已设立了一个全国性的"太赫兹研究计划"开展太赫兹源及其应用的研究工作；2005 年 1 月 8 日，日本政府宣布十年科技战略规划，把太赫兹研究项目列为十大国家支柱技术战略目标的首位，政府及企业也给予了很大的资金投入。我国已有十几个科研院所、高校开展了太赫兹技术的研究和应用，并取得了一定的成果，2002～2006 年，国家自然科学基金会共设立了几十个面上项目。2003 年，组织了"太赫兹波段的物理、器件及应用研究"重大项目，几个科研院所及高校参与项目的研究工作，取得了卓有成效的研究成果。

太赫兹辐射源和探测器、传输和聚焦是关键技术，其中最关键的是 THz 波的产生和探测。

目前产生 THz 波辐射源的方法可以分为三类：半导体 THz 源，真空电子学 THz 源和基于光子学的 THz 源。量子级联激光器、共振隧道二极管、半导体超晶格振荡器等属于半导体 THz 源。基于真空电子学的 THz 源主要包括：自由电子激光器、高能加速器 THz 源、纳米速调管阵列、THz 真空器件以及电子回旋脉塞等。其中，基于自由电子激光器或者使用高能加速器的 THz 源能够获得迄今为止最大功率的 THz 辐射。基于光子学产生的 THz 辐射源，包括：利用飞秒激光脉冲激发光电导偶极天线产生 THz 波；利用电光晶体的光整流效应产生 THz 辐射；利用非线性晶体里光学差频过程产生可调谐的窄线宽 THz 波，但是转换效率低。

国外经过 20 多年的发展，已经研制了各种 THz 辐射源和探测器。基于半导体的 THz 源有体积小、易于集成等优点。半导体太赫兹量子级联激光器在 2.07 THz 频率下，辐射功率达 200 mW，最高工作温度为 137 K，连续波工作的最高温度是 97 K、波长为 2.1 THz。基于自由电子激光器和真空器件的 THz 源在 2005 年 1 月报道用 1 MeV 静电加速器可以在 0.15～6 THz(500 μm～2 mm)获得功率为 1 kW 准连续波 THz 辐射。而 Jefferson 实验室报道了采用紧凑的高能电子加速器产生 THz 波的实验结果。电子从电子枪里出射后，最后被高能加速器加速到 80～160 MeV，辐射出功率高达 100 W 的 THz 波(而该激光器可以产生的红外、紫外光分别是 10 kW 和 1 kW)。由于高能加速器的体积被缩小，因此整个 THz 产生系统能够被装载在一架波音 747 上。俄国和日本研制的真空迴旋管 THz 辐射源在 0.88 THz 处获得了平均功率几千瓦的输出。体积小、结构紧凑、频率调谐、便携式 THz 辐射源更利于 THz 波应用要求，基于光学技术的 THz 辐射源易于达到上述要求，也是今年的一个研究热点。英国和澳大利亚的研究人员利用非共线相位匹配参量技术在掺氧化镁的铌酸锂中产生纳秒脉冲宽度、峰值功率和平均功率分别为 1 W 和 1 nW 、窄线宽(100 GHz)、1.2～3.05 THz 范围调谐的 THz 波,采用泵浦光源是二极管泵浦的波长为 1.06 μm Nd:YAG 激光器,在两倍泵浦阈值时转换效率达到 50%,这是迄今为止采用光学方法获得的最高转换效率。而美国的两个大学与空军研究实验室共同研制了光纤激光器泵浦平均功率为 3.3 μW,重复率 100 MHz,调谐范围在 1.78～2.49 THz 的高功率小型 THz 源。

在这一年里,我国的研究成果是:基于高功率 THz 辐射源是这项技术应用,特别是国防应用的一个关键问题。中国工程物理研究院基于射线直线加速器技术建成了我国首台 THz 源。该 THz 源的辐射频率为 2.6 THz,谱宽为 1%。

中国科学院上海微系统与信息技术研究所信息功能材料国家重点实验室 THz 课题组曹俊诚研究员与加拿大国家研究院微结构研究所合作,采用半导体共振光学声子设计和双面金属波导结构研制成功了激射波长频率为 2.9 THz 的量子级联激光器盖。该合作小组,采用抛物带有效质量近似和三维漂移—扩散器件模拟方法设计了 THz QWIP,并首次实现了一种能工作在光子能量小于 34 meV 的 THz QWIP,其峰值探测频率为 7 THz(波长 43μm)。

整合 THz 产生和检测系统搭建的 THz 时域光谱(THz-TDS)系统,通过记录 THz 辐射电场的时间波形,进行傅立叶变换以后,可以得到 THz 辐射电场的频谱。这种方法类似于傅立叶变换红外光谱技术(FTIR),不同的是 THz-TDS 直接测量电场,而 FTIR 所测量的是一个互相关信号。因此,利用这一技术,可以方便地测量被测样品的复介电常数、载流子浓度等信息,进而可以对各种材料的物性和所发生的相互作用过程进行细致的研究。THz 成像可以达到较高的空间分辨率,获得微波成像难以得到的高分辨清晰图像;THz 波的光子能量很低,穿过物质时不易发生电离,所以可用于安全的无损检测,很多凝聚态物质和生物大分子的振动和转动能级落在 THz 波段,在 THz 波段表现出很强的吸收和谐振,可以通过 THz 光谱测量获得其特征光谱,用于区分材料的结构和种类等。这种独到的技术特点,使得相干 THz 辐射脉冲在物理、化学、电子科学、材料科学、层析成像和环境监测以及天文科学研究等领域有着广泛的应用前景。首都师范大学进行了毒品、航空影星材料等非接触检测,中科院物理所基于 THz 时域光谱(THz-TDS)研究了光学晶体铌酸锂($LiNbO_3$)在 THz 频率范围的波谱,测出这种晶体在 THz 波下的大双折射现象,为 $LiNbO_3$ 用于制作 THz 波段的调制器等器件打下了基础。中国科学院紫金山天文台基于 SIS 隧道结混频技术、超导 HEB 热电子混频技术和亚毫米波超导接收机开展了天文科学和大气物理研究,这是目前 THz 应用最为成功的一项技术。

作为有待进行全面研究的最后一个电磁波频段,THz 电磁波具有其独特的性质和广阔的值得开发的应用前景。

今后,THz 波的产生和探测依然是 THz 研究领域的前沿。针对目前量子级联 THz 激光器目前效率较低,输出功率也比较低,而且需要工作在低温条件下等问题,大有可发展的余地。基于光子学方法的研究,一方面集中在提高转换效率上,另一方面集中在使用 1.55 μm 光纤激光器进行泵浦上。同时也要重视真空电子学在 THz 领域可能有重要的贡献。在 THz 波的探测技术方面,既要重视发展室温的 THz 探测技术,如各种类型的混频器、直接检测器,也要重视灵敏度高的、低温的监测系统。研究 THz 信号与物质的相互作用,从中发现新的物理效应,据以提出新型的 THz 信号检测器,还应该注意研究 THz 波段频谱仪。

(五)新型人工电磁介质(Metamaterial,EBG)

近年来,以负折射率介质(左手材料)为代表的新型人工电磁介质引起了人们越来越广泛的关注,成为非常热门的研究领域之一。自 2000 年起,基于负折射率介质具有多种奇妙特性(如负折射效应、倏逝波放大等),提出了许多基本的物理问题以及预示了巨大的应用前景,负折射率介质已成为电磁波和光电子学等方面国际会议的热点主题之一。同时许多欧美国家的政府与研究所均已认识到了以负折射率介质为代表的新型人工电磁介质这一领域的巨大潜力,高度重视人工电磁介质的研究开发,如 24 个欧洲大学参与了欧共体联合协调项目 METAMORPHOSE,美国各大基金会(如 DARPA、NSF、ONR、AFSOR、ARO 等)都已开始大力支持以负折射率介质为代表的新型人工电磁介质的研究。同时工业界也积极与各大学开展人工电磁介质的科研合作,如美国的波音公司加强与加州大学 San Diego 分校在该领域的合作。2003 年负折射被美国 *Science*(2003,12)评为当年的十大科技突破之一。

1. 人工电磁介质(Metamaterial)背景及原理

左手材料(LHM)的概念最早由前苏联的 V. G. Veselago 在 1968 年提出,在他的论文当中推测了左手材料的存在以及这些材料独特的电磁特性,Veselago 证明了在左手材料中电场、磁场和波矢量形成左手关系。在左手材料中可以存在电磁波的群速和相速不同向,即存在所谓的后向波。因此,在左手材料中能量以离开源的方向传播,而波前却往相反的方向传播,这种现象是与负折射率相关联的。

虽然 Veselago 很早就预言了左手材料的存在,但是直到 2001 年 UCSD 的 R. A. Shelby,D. R. Smith,S. Schultz 等在 *Science* 上发表了题为"Experimental Verification of a Negative Index of Refraction"的论文后,左手材料才真正地被实验加以验证。UCSD 的研究小组通过由开缝谐振金属环和细线组成的左手材料证实了负折射的概念,此后不久 MIT 的研究小组重复他们的试验,进一步证实了他们的发现。

在此基础上,很多学者进一步研究了基于开缝谐振金属环的特性和应用。开缝谐振金属环属于有损和窄带结构,这给左手材料在微波当中的应用带来了困难。于是,很多学者意识到利用传输线方法来实现左手材料是一条更加有效的途径,不但可以降低损耗,也能增加左手材料的带宽。

同时兼具左手特性和传统右手特性的电磁介质称为混合左右手电磁介质,这种人工介质材料在微波领域已得到广泛研究和重视,并被成功地应用于各种微波器件的研制当中。为了进一步了解人工电磁介质材料的基本原理和特性,可以利用经典的传输线理论来加以分析。

从不同材料的散射曲线可以发现,对于右手材料,群速和相速是同向的;而对于左手材料,则正如前面所讨论的那样,二者是反向的;对于混合材料来说,在不同的频率范围内存在右手材料区域和左手材料区域,并且在两个区域之间还存在一个禁带,而这一特性是左手材料和右手材料所不具备的。当工作频率低于平衡点时，其折射系数为负值。

为了获得具有左手材料特性和混合材料特性的人工电磁介质，集总式和分布式元器件被用来实现这些结构。左手材料可以由串联电容和短接电感所组成。

2.人工电磁介质在微波领域中的应用

人工电磁介质所具有的负介电常数和负磁导率特性在自然界中都是不存在的，因此在微波领域当中有着广泛的应用前景。尤其是在利用传输线实现人工电磁介质的方法提出后，人工电磁介质材料的带宽特性得到了增加，进一步拓宽了人工电磁介质的应用范围。在近年的国际期刊和国际会议中，人工电磁介质材料已经成为重要的热点话题，同时也探索了很多人工电磁介质新的应用领域。在天线、移相器、滤波器等方面都已进行了相关的研究，下面将从这几方面分别加以介绍。

(1)人工电磁介质在天线中的应用。

人工电磁介质材料的传播常数由该结构中的串联电容和短接电感决定，因此改变串联电容则可以获得不同的传播特性。利用这一特性，可以研制具有波束方向可调的漏波天线。例如，在人工电磁介质传输线的每个单元中引入了两个并联的变容二极管，通过给加上不同的偏置电压，得到不同的串联电容值，传输线的传播常数也发生相应的改变。根据漏波天线的原理，辐射波束方向图的方向取决于相临单元之间的相位差。可见，加载不同的偏置电压，则可使波束在空间内扫描。

利用人工电磁介质材料的电感特性来对电小天线进行加载，可以有效地改善电小天线工作在容性状态下辐射效率较低的问题。如利用人工电磁介质材料做成球形天线罩，并把偶极子或者单极子天线放置在球心位置上，理论分析和数值仿真结果都表明，人工电磁介质材料的加载很大限度地改善了电小天线的辐射效率。

(2)人工电磁介质在移相器中的应用。

人工电磁介质材料不但可以调整传播常数，还能够在更短的传输距离内实现给定的相移。利用人工电磁介质材料设计的移相器与传统传输线移相器比较，构成的移相器具有更小的尺寸，这对于器件的小型化和集成具有十分重要的意义。另外，人工电磁介质移相器的相移特性具有很好的线性，这也为移相器的宽带设计提供了新的方法。

同样地，将人工电磁介质材料应用到功分器当中，也将能够非常有效地减小相位延迟线的长度，相应的整个功分器的尺寸也得到明显降低，为器件的集成提供了有利条件。

(3)人工电磁介质在定向耦合器/滤波器中的应用。

人工电磁介质材料在其他器件中也会有广泛的用途，如定向耦合器，能够工作在超过50%的带宽内，而传统的传输线耦合器的带宽则不超过10%。

在滤波器中使用人工电磁介质材料中常见的开缝金属环作为滤波器的谐振单元，通过优化人工电磁介质的特性来控制各谐振单元间的耦合系数，从而获得了结构紧凑的新滤波器结构。

人工电磁介质材料具有负的介电常数和负磁导率提供了一种全新的人工电磁介质，它所具有的特性为微波领域提供了崭新的空间，并将被广泛地应用到微波器件的研制当中。当然，人工电磁介质材料的设计和加工还有很多问题需要解决，这些都将是今后人工电磁介质技术发展的重点。在人工电磁介质方面还存在许多挑战：①发展宽带、低耗的三维左手介质，特别是发展可剪裁、拼装的三维左手或复合左右手结构；②发展加工这种结构的新技术，例如，强化了的 LTCC、MMIC、MEMS、纳米技术等；③发展非金属的左手结构，以便向光频发展；④发展各种有效的异向介质数值计算方法。

3. EBG 结构及其在微波中的应用

在过去的 20 年中，对材料光学的控制又取得了突破性的进展，科学家们从理论证明了一种新的介质材料——光子晶体(Photonic Crystal)[1-2]的存在。它是一种介质在另一种介质中周期排列所组成的特殊结构，能够产生光子带隙(Photonic Band-gap，PBG)。对光而言，PBG 结构将阻止特定波段内光波的传输。1989 年，S. John 与 E. Yablonobitch 率先在实验室中制得了光子晶体，并在 6.5 GHz 的微波频段上观察到了一个带宽超过 2 GHz的禁带。

由于光子带隙的特性可以在很宽的频率范围内得到实现，近几年来，对其特性的研究扩展到了毫米波和微波波段。而且在这个波段上，可以很容易地制造 PBG 结构。例如，可以在普通的微带基片上，利用电磁场方法设计出周期性孔阵，使之满足 Bragg 条件，从而实现光子带隙，而且在微波频段可用多种精密测量仪器，更容易验证理论。因此，最近几年在微波领域对 PBG 结构进行研究逐渐成为了一个热点。在微波频段的光子带隙结构又被称为电磁带隙(Electromagnetic Band-gap，EBG)结构。

电磁波在 EBG 结构中的活动类似于电子在半导体中的活动。这些人工制造得到的周期性介质能够控制电磁波在其中的传播，即当电磁波的频率落在一定的范围内时，电磁波不能在 EBG 结构中传播。这个频率范围即称为电磁带隙，类似于半导体结构中的禁带。正是由于 EBG 结构的这种特性在微波中的巨大应用价值，引起了微波学术界的极大兴趣和关注[3]。利用 EBG 结构可以抑制谐波[4]、改善功率效率[5]、抑制表面波[6-7]，等等，因而可以构成多种高性能的微波电路，例如，宽频带带阻滤波器[8-9]、宽频带反射器[10]、高 Q 谐振器[11-12]、TEM 磁壁波导[13]、雷达或天线的防辐射罩，等等。但是 EBG 结构受其自身电特性的影响往往尺寸较大，极大地增加了系统面积，为其在微波电路中的集成带来了很大的困难。因此，如何减小 EBG 结构的尺寸，设计小型化的新型 EBG 结构，成为目前广泛关注的一个问题。

(六)空间微波遥感

电磁场与波作为信息传输、信息获取与信息诠释的手段，形成了空对地观测与地球空间遥感、现代通信、广播电视、雷达探测遥控制导与电子对抗、目标成像与探测识别、全球定位系统 GPS 和地理信息系统 GIS 等信息高技术，也形成了地球观测与环境遥感的信息科学基础理论。空间遥感是在空间平台上用电磁波与地球大气、地表、海洋环境相互作用的散射与辐射来进行观测。它从可见光摄影开始、经过红外热辐射探测，到 20 世纪 70 年代已发展到微波、毫米波遥感。由于微波的全天候特点，能穿过云层，还可能探测地下结构，随着空间分辨率的不断提高，微波遥感已成为空间遥感发展最前沿的技术。

通过电磁波(微波、毫米波、红外与光波等)在地球环境中散射辐射传输与传播，对从多源海量数据获取到科学的定量信息转化要有更高层次的研究。它包括复杂环境的理论建模、数值模拟与大规模计算、数据传输收集、数据验证、数据挖掘、多维数据同化、多源信息融合、反演算法与结构重构、图像自动智能化处理、数字化信息系统等。从而实现在国民经济(农业、环境、水利、气象、海洋、地质、地矿等)、国防技术和人民社会生活中的广泛应用。

空间遥感与对地监测当今的前沿特点是"微波"加"多源"(光、红外、微波,多通道、多极化、多系列、多用途、主动与被动等,全球 GEOS 系统)。

今天中国空间微波遥感的研究开始全面启动(风云气象卫星 FY-3,4、海洋卫星 HY-2,3、环境卫星 SAR、探月等),已到了从光学向微波转折的关键期,今后的 5～20 年将凸现微波遥感的作用,凸现中国与国际在该领域对话的能力。

在国家重点基础研究计划(973)"复杂自然环境时空定量信息获取与融合处理的理论与方法"支持下,由复旦大学牵头的课题组从电磁波与复杂自然环境相互作用的遥感信息机理研究出发,以复杂环境散射辐射信息建模与数值模拟作为理论支撑,利用遥感数据图像资源,提出空间遥感数据标定验证与多源信息融合的有效新手段与新方法,实现大气、陆地、海洋、目标与环境遥感科学信息的获取与处理,在空间遥感信息机理、星载遥感数据验证理论与方法、多源融合技术及其在大气遥感与气象业务、陆地水文环境与数据同化、目标与环境信息获取等几个方面取得了全面的研究进展,在中国有关探月、风云气象卫星、环境卫星等遥感与对地观测研究中发挥了作用,提高了我国遥感科学研究在国际上的影响。

今后的目标是:从电磁波谱的光、红外到微波(包括 VHF、UHF、毫米波、太赫兹),在多尺度(区域性、全球性)、多极化、多通道、多时相、多类别、对地球表层的多学科(地球、信息、航天、电子、电波、计算、智能处理)交叉上形成新的大遥感科学。站在国际发展前沿,掌握独立自主的关键技术,形成新方法与新手段及其集成,随着中国自主业务化有效载荷的发展,切实地落实地球圈与国家安全领域的应用。并将在深一层次上,作新一轮的交叉学科组合的基础科学研究,取得集总的实效。

(七)微波毫米波测试仪器

微波毫米波测试仪器经过"九五"和"十五"两个五年计划的快速发展,形成了以矢量网络分析仪、频谱分析仪、合成扫频信号源、噪声系数测试仪、频率计、功率计以及综合测试仪为主体的技术体系,产业化取得了突破性进展,初步形成规模化生产能力,通过多年技术积累和技术改造,具备了一定的技术基础和工业基础,已初步掌握仪器核心技术,拥有自主知识产权,总体水平达到或接近国际先进技术水平。宽带同轴矢量网络分析仪测试频率覆盖 30 kHz～60 GHz,毫米波波导矢量网络分析仪测试频率覆盖 40～170 GHz,在脉冲和连续波两种状态下测量微波毫米波网络的幅频、相频和群时延特性;宽带同轴频谱分析仪测试频率覆盖 9 kHz～50 GHz,毫米波波导频谱分析仪测试频率覆盖 40～170 GHz,信号分析带宽 10 MHz;宽带同轴合成扫频信号源测试频率覆盖 10 MHz～60 GHz,毫米波波导信号源测试频率覆盖 40～170 GHz,调制带宽 10 MHz;宽带噪声系数测试仪测试频率覆盖 10 MHz～40 GHz;宽带微波频率计测试频率覆盖 1 Hz～40 GHz,脉冲频率测量到 18 GHz;宽带同轴功率计测试频率覆盖 10 MHz～40 GHz,测试功率－65～30 dBm,测量平均功率和脉冲峰值功率,毫米波波导测试仪器测试频率覆盖 40 MHz～170 GHz；微波综合测试仪集信号源、频谱分析仪、功率计、频率计和网络分析仪于一身，测试频率达到 18 GHz。VXI 总线微波测试模块成体系发展，其中，频谱分析仪、信号源、频率计、功率计、微波开关矩阵、功率放大器等模块的测试频率全面覆盖到 20 GHz，技术水平处于国际领先地位，基本满足微波自动测试系统对基本测试模块的需求。

三、微波应用

(一)无线系统中的多天线技术

为充分利用频谱资源，多天线技术是当前的热点研究方向。它可以根据变化的信道传播和网络条件的可重构能力、多用户分集，以及设计适于仿真的方法和对信道特性、干扰和实施损耗等进行精确建模等，正广泛地用于各种通信、电子对抗、侦察、卫星等各个领域中。多天线系统从不同需求出发，可采用不同技术，如自适应天线、智能天线、多入多出天线(MIMO)、分布式天线等。

多天线技术的主要特征是将天线特性(甚至包括信道特性)作为系统的内在特性进行设计以提供预期的性能，来有效地利用频谱，降低建立无线网络的费用，增强服务质量，以及实现通过多媒体无线网络的可重构、鲁棒性和透明操作。

1. 研究热点

目前的研究集中于：设计和发展更先进的智能天线处理技术以适应变化的传播和网络条件，并且增强对网络故障的鲁棒性；设计和发展创新的智能天线策略以优化系统层的性能以及不同无线系统和平台之间的透明传输；对已提出的算法和策略的实际性能评估依赖于准确的信道和干扰表达，以及引入合适的性能准则以及仿真方法；分析在下一代无线系统中实施智能天线技术的可实施性、复杂性和费效。

在一个多发多收天线系统中，将要发送的数据组编码和调制为复星座的符号。在对天线单元进行空时加权后，每一字符随即被映射到对应的发送天线上，再通过无线信道的传输、双工、加权、解调和解码，以恢复发送的数据。

文献中已经有大量的基于 MIMO 的传输方案，以通过最大化分集、数据率和信干噪比来提高频谱效率和链路质量。这些方案都取决于发送端或者接收端可获得的特定的信道状态信息。发送端的信道状态信息可以通过反馈或者对接收信道的估计获得。

无需发送端 CSI 的发送方案通过引入空域编码或者利用空间复用增益来使用空域。前一种方案即空时编码，通过每一个天线发送相同信息的一个不同的完全冗余的编码增加空时的冗余度。接收的信号可以利用最大似然解码器进行检测。空时码最早以空时网格码的形式提出，需要在接收端利用多维度的 Viterbi 算法进行解码。该编码可以提供与发送天线数目相同的分集增益以及依据码的复杂度而定的编码增益，却并不降低频谱效率。空时分组码提供同空时网格码相同的分集增益，但是并不提供编码增益。然后，空时分组码却是通常优选的编码方案，而非空时网格码，这是由于空时分组码的解码仅需要线性处理。两个发送天线的 STBC 方案(Alamouti)已被采纳为第三代移动通信标准的一个部分。空时编码技术通常假定接收端具有完全的 CSI。此外,酉空时编码和差分空时编码也被提出,其在通信链路的任何一端都不需要 CSI。

分层空时结构通过在对角分层、水平分层或者垂直分层中发送不同的编码数据来利用空分复用增益。接收机必须对空间信道进行解复用以检测发送的符号。在发送端具有完全信道状态信息的情况下,发送方案可以通过将功率聚集在期望的方向,而降低其他方向的功率并且满足发送功率限制来优化系统的信干噪比(SINR)。在大多数情况下,发送端仅具有部分信道状态信息。结合空时编码和波束形成的混合方案已经被提出。

在多用户的情况下,即当基站同共享该可获得资源(频率、时间、编码,等等)的多个用户通信时,智能天线收发信机的设计更加具有挑战性,其目标在于优化干扰的影响,该优化极度依赖于所采用的多址接入的规范。

对于不同的多址方案,文献中提出了不同的多用户接收策略。当同一资源(频率、时间、编码,等等)被两个或者更多的用户使用时,在仅可以通过其空间信道图案进行空间分离时,SDMA 可以在极端小区间干扰的情况下增加容量。在多用户、多小区的情况下,可以通过增加小区间资源的复用系数进一步增加频谱效率。

2. 天线和信道的匹配

(1)物理层的可重构。

为了使得无线通信收发信机满足在多参量连续变换的环境中运行的需求,需要开发可重构的自适应技术,用来在多变的环境中改变收发信机的结构和参数,并且获得最优的性能。

智能天线收发信机的可重构特性可以被视作一种根据所关注的特定性能参数(例如发送端的 CSI 可信度、天线相关性)的变化,智能的切换收发信机构架的能力。其中的一个例子或许就是利用 MIMO 信道的空间分集和复用之间折中的设计。近来,提出了一些原创的实现方案以实现可重构性,通过在收发信机的设计中引入参数化,譬如参照天线相关性和 CSI 的可信度。

(2)多用户分集。

在多用户的情况下,所谓的机会方法获得了广泛的关注。其基本思想在用户复用的过程中,倾向于将信道分配给那些更有可能实现成功传输的用户,总的流量最大化就可以实现。在 LOS 环境的空间信道中,机会波束形成方法指向系统中具有最高新信干噪比的用户。另外,在丰富多径环境中,机会方法可以通过将信道分配给具有最大即时信道容量的用户以利用分集。不同于传统的利用智能天线以稳定独立各个链路的信道的波动,在慢时变的信道中,机会方法在发送端通过随机的改变发送权值以引入人工衰落。

(3)信道建模。

多天线技术的有效性依赖于极度变化的环境特性,包括传播、天线阵列配置、用户行为、干扰环境、可获得的信号带宽和 QoS 需求。因而,建立实际 MIMO 信道模型已描述高度变化的传播环境显得尤为重要。

文献中,MIMO 信道建模已经被广泛深入地研究,特别是仿真复杂度、精确性和易用性等方面。取决于信道模型是否基于对实际的物理电波的传播进行表述和处理,MIMO 信道模型可以分为确定性模型和随机模型。确定性模型通常利用电磁波的出发到达角、多径数目、角度功率谱等对信道进行建模，而所谓的全波模型则通过离散化电子波的传播环境以获得特定点的电磁场数值；随机模型通常利用每个天线对传输函数的概率密度分布和联合概率密度分布对信道进行建模。作为二者的折中，基于几何的随机模型根据散射环境中的几何特性引入随机模型。

干扰模型往往在智能天线收发信机的性能分析中作为变数出现，而非基本的工作假设。这样的方法很难辨清伴随干扰的实际问题的本质，以及干扰对智能天线容量的真实影响。显而易见，干扰的建模必须基于系统级的仿真结果，其需要考虑小区间和小区间干扰对智能天线的影响、载荷失衡以及混合的服务环境等。

最后，实施损失建模，例如信道估计误差、反馈量化和延迟、实际天线波版图以及互耦，通路的非线性也需要仔细考虑以确定进一步实施方案的关键参数。

3. 应用

多天线技术已经是当前 3G 标准的一个部分，并且未来更多地将考虑采用多天线技术。此外，IEEE WLAN/MAN(802.11n 和 802.16)标准也倾向于采用智能天线技术。

然后，实施费用随方案的不同有所变化，而有效成本的实施方案仍然是智能天线技术的重大挑战。在基站端，改进的天线结构(可能采用 MEMS 技术、微型开关或者左旋材料)、电缆结构，以及有效的低成本射频/数字信号处理构架尤为重要。在移动端，智能天线技术的应用受到很大的限制，无论在系统性能、造价，还是物理尺寸方面。有效的智能天线算法设计，小尺寸、低功耗的 RF 结构，以及低功耗的 DSP 方案都是可以期待突破的领域。此外，天线结构、RF 构架和 DSP 的方案都需要适应一个在较宽范围内变化的应用环境。

(二)无线标签(RFID)

RFID(Radio Frequency Identification)，即射频识别，又称电子标签，是一种通过无线电讯号识别特定目标并读写相关数据，而无需识别系统与特定目标之间建立机械或光学接触的通信技术。RFID 技术近年来得到了迅速发展，它广泛地应用于物流、商业、生产、动物及家庭等领域。RFID 技术包括芯片、天线及读写算法。根据不同的应用目标，它采用不同频率、不同方式、不同天线配置。低频率的 RFID 已得到广泛应用，高频段(900MHz、2.45GHz、5.4GHz)RFID 技术目前正成为研究的热点。我国科技部已把它列为重大研究课题。

RFID 技术包括了以下信息技术基础设施：

(1)射频识别标签，主要由存有识别代码的集成线路芯片和收发天线构成。由于被动式标签具有价格低廉，无需电源的优点，现在主要的射频识别标签为被动式。

(2)射频识别读写设备。

(3)相应的信息服务系统，如物流数据库等。

与传统的条码(Barcode)技术相比较，射频识别技术拥有许多优点，包括：①读取过程不需要视距接触(line of sight)；②通讯距离长；③存储容量大；④可同时读取多个标签。

在电子商务领域，射频识别技术被看作为继互联网和移动通信两大技术大潮后的又一次大潮。RFID 技术引用范围广泛，例如在物流管理中，射频识别技术可以实现从原材料采购、半成品与制成品之生产、运输、销售等所有供应链环节之即时监控，准确掌握产品相关资讯等。根据 Venture Development Corporation 的统计，射频识别技术的市场年增长率已经连续三年超过 40%，预测到 2007 年全球市场份额将达到 47 亿美元。

目前，RFID 在技术上尚面临的主要挑战包括：

(1)射频识别标签的天线匹配。传统的天线设计将端口匹配到 50 Ω 阻抗，然而 RFID 集成电路通常表现为较小的电阻和较大的电抗。目前市场的 RFID 标签主要是被动式的。被动式标签没有内部供电电源，其内部集成电路通过接收到的电磁波进行驱动，这些电磁波是由 RFID 阅读器发出的。当标签接收到足够的信号时，可以向阅读器发出预先保存在标签中的数据。在这种情况下如何充分利用阅读器发送来的能量将紧密关系到 RFID 系统有效工作距离的长短，天线端口和集成电路之间的共轭匹配就显得非常重要。

(2)射频设备的兼容性。随着射频识别的普及，不同标签和读写设备之间的兼容性也将成为值得关注的问题。比如说，目前尚未制定出针对 UHF 频段标签使用的全球规范，北美、欧洲、东亚地区有各自的频率分配，所以此类标签还不能够在全球统一使用。而 UHF 频段标签的应用目前也最受人们注意，特别是此类标签主要应用在物流领域，而全球范围内的物流配送要求能智能切换到各工作频段的 Smart RFID System 的出现。

(3)射频标签的成本降低。目前射频标签的成本还较高，只有在大规模应用中才能降低它的单位成本。目前的一个热点是研究纸张作为介质材料在射频标签中应用的可能性，因为纸张是工业生产中最便宜的原料之一，而且适合大规模制造。然而这牵扯到印刷工艺、材料工艺、电子技术等多个领域，需要跨学科的合作才能获得突破。目前乔治亚电子设计中心(Georgia Electronic Design Center，GEDC)展示了世界上第一枚基于纸介质的 RFID 标签样本[1]，提供了朝这个方向发展的参考思路。

(三)光子微波(RoF)

近年来，无线信号光纤传输技术(Radio over Fiber，RoF)受到广泛重视而得到迅速发展。RoF 技术实现了光纤网络的巨大容量和无线接入网络的适应性与移动性的有机结合，能为无线网络提供“最后一公里”无缝接入，从而可以实现真正意义上“任何人在任何时间与任何地点以任何形式的通信”的需求。RoF 系统与传统的微波无线传输系统比，体积小、重量轻、成本低，损耗小、抗电磁干扰、大带宽、低色散、高容量，能够实现射频微波在光纤中无衰减、无信道间相互干扰的传输，有效解决了宽带无线通信网络发展所面临的难点问题，并实现无线信号在光网络构架系统与无线通信系统之间的无缝连接。此外，RoF 系统非常灵活，适用于各种调制方案、各种载波频率。

RoF 技术可广泛应用在无线个人通信网络、卫星通信、宽带无线局域网、宽带视频分配网络、智能交通系统、相控阵雷达等通信和军事领域，具有诱人的应用前景。宽带无线接入是无线移动通信系统的重要组成部分。为了实现“时时、处处、事事”都可以接入网络的目标，要求未来的无线通信技术能够传输更高的数据率，覆盖面更广，如室内及大的公共建筑内等有大量数据需求的地方。传统的无线通信技术采用建立天线基站的方式，这样就要求基站的数目庞大，加上基站上各种复杂的调制解调、数据处理设备，成本昂贵、体积庞大。RoF 技术被认为是解决上述难题的有效技术，它使调制解调器及控制电路移至中心站，与基站分离，简化了基站结构，而且通过共享中心站设备和信号处理功能，在基站中仅需实现光电和电光转换，从而有效简化远程天线单元，节省了大量的建设和维护费用，方便了传输信号标准的升级，使系统具备更高的带宽和抗电磁干扰等特性。RoF 技术还提供了超高速无线数据有效低成本传输的解决方案，易于实现现有无线接入网络的范围扩展。目前，RoF 技术已经成功地实现了无线移动通信系统覆盖范围的低成本扩展，例如应用于人口密集的大商业中心、大的写字楼、机场内；室外应用于地铁、隧道、高速公路等无线信号不易覆盖的区域。

随着现代社会经济的高度发展，交通安全问题成为世界各国亟待解决的主要问题之一。智能交通系统(Intelligent Transportation System，ITS)是未来交通的发展方向，它以交通的安全、高效和舒适为目标。为满足日益严重的交通和环境保护需求，提高交通资源的使用效率和安全性，减少资源的消耗和环境污染，交通系统必须具有超大信息量的传输通道和信息控制集成系统。RoF 技术的诞生无疑为智能通信系统的实现提供了一个现实途径。基于总线结构的毫米波 RoF 系统在中心站与沿着公路/铁路建立的本地基站之间实现大容量控制信息的传输，提供道路监控、交通信息服务与管理、自动计费等，有的还包括公交信息系统、商业车辆管理系统、电子泊车系统等智能交通管理信息；然后由基站天线向快速运行的交通车提供信息传输。

毫米波雷达是现代战争的重要军事装备，其优点是角分辨率高、频带宽、多普勒频移大和系统体积小，目前被广泛应用在军事火控系统和地空导弹制导系统中。尤其因为毫米波在高空传输损耗很小，而地面探测高空目标则会被很强的大气吸收所遮挡，毫米波雷达在高空探测飞机和导弹上的应用十分有效，而且提高了雷达的生存能力。但是，毫米波雷达作用距离受器件功率限制和外界云、雨等引起的衰减影响很大，给毫米波雷达的远程控制和信号处理带来了很大的难度。而基于毫米波的光微波器件和 RoF 技术能有效解决上述难题，同时具有大带宽和抗电磁干扰能力，成为下一代军事雷达系统的重要方向。

此外，基于光纤传输高频无线信号的 RoF 技术在天体探测、生物医学等科学研究领域也具有广泛的应用前景。综观国内外 RoF 技术的发展，可以看出，信息时代对巨大信息量日益增长的需求是推动 RoF 技术发展的原动力；而光子微波器件的进步是 RoF 技术发展和走向应用的基础。把光子技术和微波技术紧密结合起来，重视相关器件和系统结构、性能研究是 RoF 技术发展的关键。

四、预测与建议

电磁场与微波技术是一个有悠久历史的学科方向，但百年来对它的研究经久不衰，其原因是由于场的问题是现代物理的基本要素，它渗透到现代科技的各个层面。迄今为止，仍有许多问题需要探索。从基本原理而言，人类已进入纳米和生命科技时代，介观现象的研究、宏观和微观的统一、材料的研究和开发、生物和生命现象等都与电磁场密切相关，这些需要科技工作者深入研究，国家也应该加大投入。

随着无线通信、国防科技的迅速发展，随着微波技术在国民经济、社会生活、国防建设的广泛应用，随着人们对电磁空间这一有限而又关乎国家安全的资源认识的不断提高，微波技术及其应用、频谱资源的充分利用和保护会越来越成为整个社会关注的热点。我们应尽快作出规划，从各个层面上进行研究。

（1）基础电磁场理论的方面，鼓励和支持交叉学科的研究，如新频段的开发、电磁空间的应用和保护、新的器件物理研究、电磁场与物理各学科的交叉研究、应用中加强基础理论的研究等。

（2）加强微波器件，基础微波产业的研究。

（3）开拓微波技术的新应用，加强微波与不同领域技术和产业的结合。

（4）国内外华人在微波领域中已形成一支很大的队伍，我们应进一步加强联系，充分发挥他们的作用，形成学术和产业的结合、国内和国外的结合，实现华人在微波领域作出重要贡献。

参考文献

[1] ANGELIKI ALEXIOU, MARTIN HAARDT. Smart Antenna Technologies for Future Wireless Systems: Trends and Challenges. IEEE Communications Magazine, Sept. 2004: 90-97.

[2] PAULRAJ A J, GORE D A, NABAR R U, BOLCSKEI H. An Overview of MIMO Communications——a Key to Gigabit Wireless. Proceedings of the IEEE, Vol. 92, Issue 2, Feb 2004: 198-218.

[3] ANTHONY LAI, CHRISTOPHE CALOZ, TATSUO ITOH. Composite Right/Left-Handed Transmission Line Metamaterials. IEEE Microwave Magazine, Sept. 2004: 34-50.

[4] STONE M R, NAFTALY M, MILES R E, FLETCHER J R, STEENSON D P. Electrical and Radiation Characteristics of Semilarge Photoconductive Terahertz Emitters. IEEE Transactions on Microwave Theory and Techniques, Volume 52, Issue 10, Oct. 2004: 2420-2429.

[5] XU F, JIN Y Q. Imaging Simulation of Polarimetric SAR for a Comprehensive Terrain Scene Using the Mapping and Projection Algorithm. IEEE Transactions on Geoscience and Remote Sensing, Volume 44, Issue 11, Part 2, Nov. 2006: 3219-3234.

[6] FENG XU, JIN YAQIU. Multiparameter inversion of a layer of vegetation canopy over rough surface from the system response function based on the mueller matrix solution of pulse echoes, IEEE Transactions on Geoscience and Remote Sensing, Volume 44, Issue 7, Part 2, July 2006: 2003-2015.

[7] WANG A Z H, FENG HAIGANG, et al. A review on RF ESD protection design. IEEE Transactions on Electron Devices, Volume 52, Issue 7, July 2005: 1304-1311.

撰稿人：冯正和

微电子技术发展

一、2005～2006年度我国微电子技术进展回顾

(一)概　述

电子信息产业已经成为我国国民经济的支柱产业[12]，微电子技术是信息技术的基础和心脏，也是当代发展最快的技术之一。微电子技术的发展极大地推动了航天航空技术、遥测传感技术、通讯技术、计算机技术、网络技术及家用电器等相关产业的迅猛发展。它不仅关系到人民的日常生活和国家的经济发展，而且和国防安全息息相关。微电子技术的发展水平已成为衡量一个国家科技进步和综合国力的重要标志之一。集成电路是微电子技术的核心，其发展水平直接关系到整个信息产业的发展。从国家战略和国民经济发展的全局出发，我国在"十五"计划中将集成电路技术列为重大项目，在"十一五"规划中再次将集成电路技术列在重大项目的第一位，计划投入大量资金予以支持。在良好的国家政策引导下，在过去一年多里，我国微电子技术从集成电路设计到微电子核心制造设备等众多领域都取得了突破性的进展，多项技术达到或接近国际先进水平，拥有了一批具有自主知识产权的研究成果，产生了多个经济增长点，为国民经济的持续稳定增长作出了重大的贡献。

集成电路产业在国民经济中所占比重继续增大：2005年是"十五"计划的最后一年，根据中国半导体行业协会的统计[85]，全年国内集成电路产业总产量约261.1亿块，同比增长19%，全行业共实现销售收入702.1亿元，同比增长28.8%。2001～2005年的5年间，中国集成电路产量和销售收入的年均增长速度超过30%，创全球同期最高水平，超额完成了"十五"计划的预期目标。2006年是"十一五"计划的开局之年，据信息产业部统计，仅1～9月份集成电路的产量已达274亿块，超过了去年全年的产量，平均增速达34%，为"十一五"计划开了好头。

产业结构趋于合理，并逐步向国外先进标准靠拢：我国在集成电路领域最先发展的是封装测试业，走了低成本战略发展道路。2004年以来，IC产业调整结构，在保持快速增长的前提下，封装测试业在整个IC产业链总产值中的比例下降，IC设计业、IC芯片制造业发展迅猛。2005年，国内IC设计行业销售收入首次突破100亿元，达到124.3亿元，同比增长52.5%；芯片制造业333.09亿元，同比增长28.5%；封装测试业销售收入344.91亿元，同比增长22.1%。IC设计和芯片制造业在国内集成电路产业中已占半壁江山，其中设计业所占比例已经达到17.7%，芯片制造业所占比例达到33.2%，封装测试业在国内集成电路产业中所占的份额首次下降到50%以下，虽然封装测试业在IC产业中的比例仍然较大，但三业结构已逐渐靠近国外先进标准，产业结构日趋合理。

产业规模进一步扩大，形成了几个有竞争力的IC产业区：

(1)长江三角洲地区。

以上海、江苏、浙江为主的长江三角洲地区，初步形成了开发、设计、芯片制造、封装测

试及支撑和服务业在内的完整的 IC 产业链。IC 业界所期待的，关乎产业发展环境的“聚集”效应在这里显现，并在整个中国 IC 产业格局中举足轻重。

(2)京津环渤海湾地区。

以北京为中心，包括天津、河北、辽宁、山东组成的京津环渤海湾地区，与长江三角洲的整体产业优势相比，仅仅是一个地理上的概念。京津环渤海湾地区借助地理相近的特点，形成了集成电路产业发展的另一区域优势。

(3)珠江三角洲地区。

正在成为国内乃至全球的电子制造业中心的珠江三角洲，在 IC 产业的几个区域中，占尽市场之利。以深圳为例，2001 年该市直接使用的 IC 产品总价值超过 25 亿美元，约占全国市场的 15%，通过深圳市场流通到全国的 IC 产品达 40 亿美元以上，约占全国的 30%。依托珠三角地区电子信息产业的巨大市场，珠三角的集成电路产业就有了腾飞的翅膀。

(4)西部地区。

随着国家西部大开发战略的实施，以西安、成都、重庆为主的西部将不断迎来新的发展机遇。西部有人才积淀和科研院所集中的优势，更有两个国家集成电路设计产业化基地，目前西部地区的 IC 设计单位已经发展到三十余家并且还在快速增加，发展设计业将成为西部的首选。

(二)2005～2006 年度我国微电子技术的研究成果及其应用情况

1. 集成电路设计

(1)“龙芯”2E 在 2006 年 9 月通过了由“十五”“863 计划”信息技术领域专家组组织的验收[5]，专家组认为“龙芯”2E 高性能通用 CPU 芯片在单处理器设计方面已达到国际先进水平，是具有自主知识产权的 CPU 芯片。“龙芯”2E 通用 64 位处理器是我国大陆地区第一个采用 90 nm 技术设计的处理器。该处理器最高主频达到 1.0GHz，峰值运算速度达到每秒 40 亿次双精度浮点运算。中科院计算所在“863 计划”的支持下，继 2002 年研制成功“龙芯”1 号嵌入式处理器芯片后，在 2003 年、2004 年、2005 年分别研制成功“龙芯”2 号的不同型号“龙芯”2B、“龙芯”2C、“龙芯”2E，每个芯片的性能都是前一个芯片的 3 倍，实现了通用处理器设计的跨越式发展。目前，“龙芯”2E 已经开始数万片的小批量生产，预计今年年内将供应市场。而“龙芯”2E 的大批量版本“龙芯”2F 预计年底流片。与“龙芯”2E 相比，“龙芯”2F 的性能将提升 20%～30%，功耗下降 30%～50%，同时将更多的外围功能集成到芯片上，进一步降低成本。“龙芯”2F 性能相当于 2GHz 奔腾 IV，而功耗仅有 2～4 W，基于“龙芯”技术的中小学生计算机研制已取得了阶段性成果。“十一五”期间龙芯课题组正在进行“龙芯”3 号面向服务器的多核处理器设计，该处理器计划将于 2008 年用于曙光超级计算机。高端通用处理器不仅涉及国家在信息领域的竞争力，还关系到国家的经济安全和国防安全，是一项战略性的技术。“龙芯”的研制成功为我国科技自主创新能力的提升作出了贡献。

(2)中国第三代移动通信(3G)标准 TD-SCDMA(时分—同步码分多址：Time Division-Synchronous Code Division Multiple Access)产业联盟(TDIA)主要芯片成员——鼎芯通讯(上海)有限公司 2006 年 10 月 29 日宣布，开始提供其自主研发的 TD-SCDMA 射频与模拟基带工程样片。这是鼎芯继2004年12月推出震动全球业界的“中国射频第一芯”,2006年4月在本土企业中率先成功实现TD-SCDMA网络通话后的又一重大技术突破[12]。

射频芯片是通信产业链的关键核心芯片,也是通信、信息系统中最重要和开发周期最长的芯片部分,因其设计难度最大、人才经验要求最高、创新风险最大,而向来为欧美所垄断,中国乃至亚洲此前尚未有突破。鼎芯的射频收发和模拟基带与展迅等公司的数字基带芯片相互配合,最终完成了完整的3G芯片产业布局,填补了中国3G产业链的最后空白。由于这是全球首款达到国际先进水平的CMOS TD-SCDMA射频芯片组,芯片设计业顶级技术峰会“国际固态电子电路大会”(ISSCC)有史以来第一次发布来自中国大陆企业的完整核心芯片。

2.微电子材料

继有研硅股2004年成功拉出14英寸硅单晶后,大庆佳昌科技有限公司经过两年的努力,于2006年4月,采用自主创新的WLEC法技术,成功拉制出国内第一颗直径200 mm砷化镓单晶,实现了我国大直径8英寸砷化镓单晶生长技术零的突破。目前8英寸单晶砷化镓的生长技术世界上仅有德国FCM公司、日本住友公司拥有。佳昌科技的这项成果填补了国内空白,在国内半导体材料界引起了轰动。佳昌公司承担的“高速集成电路用砷化镓单晶及抛光片产业化示范工程”项目是国际上第一个采用WLEC法工艺生产优质砷化镓单晶的产业化项目。该项目一期建设已经完成,并已投入生产,预计2007年5月将全部完成,届时年产能力将达到5万片6英寸砷化镓单晶片,可以为我国国防和军事提供优质的砷化镓衬底,降低砷化镓器件和电路的制造成本,8英寸砷化镓单晶的产业化正在研发之中。

3.集成电路关键制造设备的研制

2006年9月28日国家“863”计划集成电路制造装备重大专项“100 nm高密度等离子体刻蚀机和大角度离子注入机”通过项目验收。该项目的考核测试结论表明:国产刻蚀机与注入机设备的设计参数、硬件性能参数、工艺基本参数等技术指标,均达到国际同类130～100 nm生产设备标准,从而实现了国内集成电路制造装备的重大技术跨越。业主北京北方微电子公司和北京中科信公司与中国最大的集成电路代工厂——中芯国际公司分别签订了刻蚀机和离子注入机的批量采购合同,这也是中国国产主流集成电路核心设备产品首次实现销售,标志着我国集成电路制造核心装备研发取得了重大突破,并在产业化方面迈出了可喜的一步。更为重要的是这两种设备的技术水平与当前我国集成电路制造业主流技术的更新基本同步,可以使未来二三年我国集成电路制造业从180 nm向130 nm和90 nm升级时使用国产装备,有助于扭转我国集成电路制造装备受制于人的局面,对提升我国集成电路制造装备的自主创新能力和核心竞争力具有重要的战略意义。

二、国内外微电子技术发展状况对比[1-2]

(一)国外硅基微电子技术研究现状

硅微电子技术已经发展到了纳米技术时期,根据ITRS(The International Technology

Roadmap for Semiconductor)2005 年版的预测，在未来的 10 年中，半导体技术仍将遵循摩尔定理，按照等比例缩小规则，向 32 nm 和 22 nm 的技术迈进。然而，随着器件尺寸的缩小，短沟道效应日益难以控制，漏电流不断增大，载流子沟道迁移率下降，阈值电压不稳定以及多晶硅耗尽引起的器件性能下降等一系列问题，成为决定摩尔定理能否延续的关键。作为一门应用性极强的学科，近两年国际硅微电子学的研究也主要集中在这些具体的问题上。

微电子材料方面的研究[11]

1. 应变硅技术[17,19,22]

在深亚微米 MOS 器件中，由于栅氧化层等效厚度小于 10 nm，垂直表面方向的强电场使沟道载流子迁移率明显退化；沟道区的掺杂浓度接近 $10^{18}\,cm^{-3}$ 量级，电离杂质引起的库仑散射加强，也会引起迁移率下降，最终导致 IC 性能退化、工作速度下降。随着器件尺寸不断缩小，这一影响将会越来越严重。应变硅技术是目前普遍采用的一种由 IBM 公司发明的提高深亚微米 CMOS 器件载流子沟道迁移率的方法，Intel 公司在业界首次将该技术引入 90 nm 的实际工艺中，生产 Prescott 微处理器。根据 ITRS 的预测：应变硅技术将在 65 nm 和 45 nm 技术节点中继续使用，实际的工艺发展也与预测相符，Intel 在其 65 nm 和最近公布的 45 nm 工艺中都采用了应变硅技术。该方法是通过在 MOS 器件的沟道层中产生应力，发生应变，使硅的导带和价带能级发生分裂，从而增大载流子迁移率。在硅中引入应变对 CMOS 器件制造工艺的影响很小，因而这项技术被业界普遍接受。到目前为止，引入应变的方法主要有两种：

(1)局部应变技术[20]。

也称单轴应变技术，相对来说研究比较成熟，已经在工艺中实践，最早是通过在 PMOSFET 的源/漏区局部外延生长 SiGe，在 NMOSFET 的源/漏区局部外延生长 SiC，分别沿沟道方向引入了单轴压应变和张应变，以提高载流子的迁移率(1)如图[22]，用这种技术使短沟道器件的电流驱动能力提高了 60%～90%。后来，又采用了一种更简单的方法：在器件上方生长 SiN 帽层，通过工艺控制在 PMOSFET 的沟道中引入压应变，而在 NMOSEFET 的沟道中产生张应变，而且应变强度高于早期的技术。此外，研究发现，当氮化物被去除掉后，应变还能保持，这就导致了当前研究的另外一个热点：记忆应变技术。Intel 在其 90 nm 工艺中，结合使用了两种技术，对 PMOSFET 采用了外延生长 SiGe 源/漏的技术，引入压应变，对 NMOSFET 生长了产生拉应力 SiN 帽层，在沟道中诱发出张应变，使得 CMOS 电路中的两种载流子迁移率都得到增强。

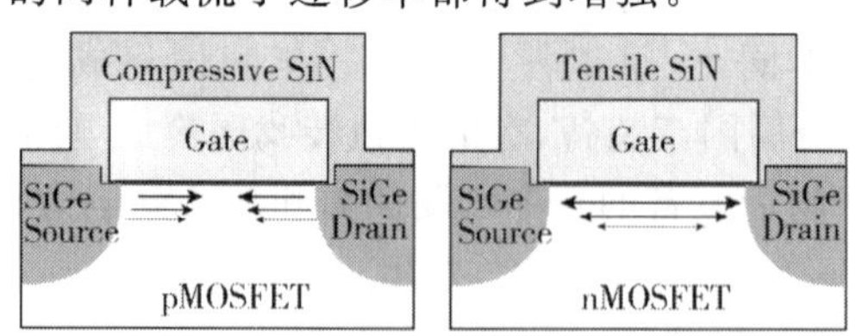

图 1　综合了源/漏外延和帽层方法的应变技术

(2)全局应变技术。

全局方法引入的应变都属于双轴晶圆级抗拉应变，双轴抗拉应变可消除平面内与垂直谷之间的导带退化，这可以降低平面内的电子有效质量从而使谷间散射减少，子带分裂提高，并使载流子的迁移率增强。

1)衬底应变技术[15-16]主要利用 Si 和 SiGe 的晶格常数不同原理,如图 2[13],当 Si 外延生长在弛豫 SiGe 上时,生长平面内的 Si 原子的晶格便被拉伸而形成张应变层,只要应变层的厚度不超过临界厚度,张应变将使硅导带能级发生分裂,增大电子迁移率。目前主要是通过引入“虚”SiGe 衬底来减小 SiGe 层中的螺位错对迁移率产生影响,核心工艺是先在衬底上外延生长一层 Ge 含量变化的缓冲 SiGe 层,然后紧接着生长 Ge 含量恒定、低位错密度和应变弛豫的 SiGe 层。缓冲层中 Ge 的侧面分布非常关键,因为它决定了由硅-锗硅界面不匹配位错发展出来的螺位错的弛豫、产生和限制,有多种生长缓冲层的方法[13,14,18]:组分渐变缓冲层,低温生长缓冲层和位错过滤技术等。此方法引入的是全局双轴张应力,理论上来说当 SiGe 层中的 Ge 含量达到 35%时,价带的重空穴和轻空穴带也会分裂,从而使空穴的迁移率增大,但是到目前为止,这种方法对增强空穴的迁移率依然是无能为力。虽然电子迁移率得到了提高,但是 SiGe 层的热导率比体硅低,所以器件中的自热效应很严重。另外,锗硅衬底中的锗对这种技术在实际中的应用会造成一些困难,例如,热导致锗外扩散到应变硅层并降低其中的应变;当锗到达栅氧界面时,表面的陷阱密度会大大增加,降低了晶体管的性能和可靠性,使得应变硅器件的闪烁噪声比相应的体硅器件要大得多[24]。这些问题使得基于“虚”SiGe 层的全局方法应用前景不太明朗。

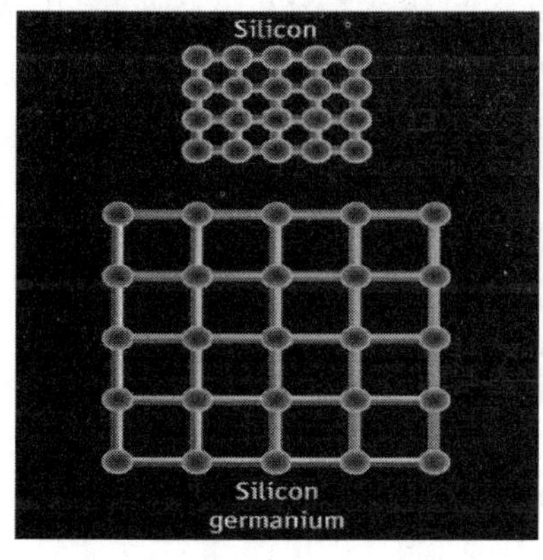

(a)应变前的 Si 和 SiGe

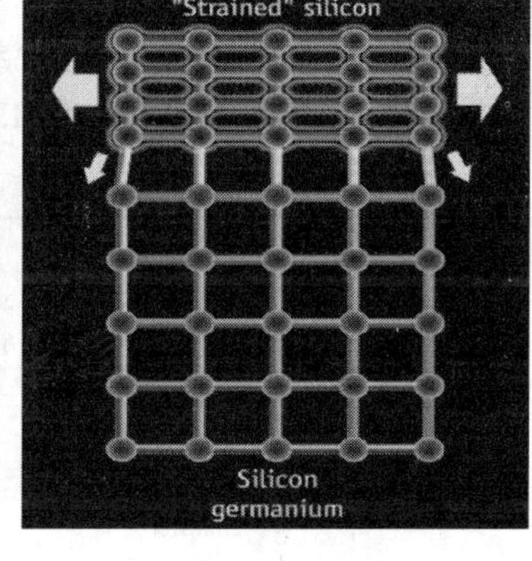

(b)应变后的 Si 和 SiGe

图 2　应变前后的 Si 和 SiGe 对比

2)绝缘体上应变硅技术(Strained Silicon On Insulator,SSOI)是目前国际上的研究热点,将其用于 UTB(Ultra Thin Body)SOI 器件中,能使沟道载流子迁移率大幅提升,在超深亚微米集成技术中的应用前景广阔,有两种不同类型:直接在绝缘体上生长的应变硅(SSOI)以及在绝缘体上的弛豫 SiGe 上生长的应变硅(Strained Germanium On Insulator,SGOI)。由于 SSOI 具有应变硅的各种优点,且没有含锗衬底所面临的各种缺陷与工艺极限而越来越受关注。由 Soitec 公司开发的智能剥离(Smart Cut)层转移工艺,已经被证明是在绝缘衬底上生产高质量应变硅的最有效、最灵活的方法之一。制备过程见图 3[21]。实验已经证明 SSOI 晶圆中的硅应变不仅在层转移工艺过程中是完全保持的,而且在远远超过通常 CMOS 工艺的热处理过程中也是保持不变的。只要在 SiGe 中的 Ge 含量达到 20%,那么 SSOI 中电子的迁移率就可能增加 60%~80%。目前存在的主要问题是空穴的迁移率得不到提高。但是 A. V. Y. Thean 等人发现,利用局部弛豫应力的方法,可以将双轴应力转变到增强空穴迁移率的单轴方向上,从而使 PFET 的性能也得到加强。

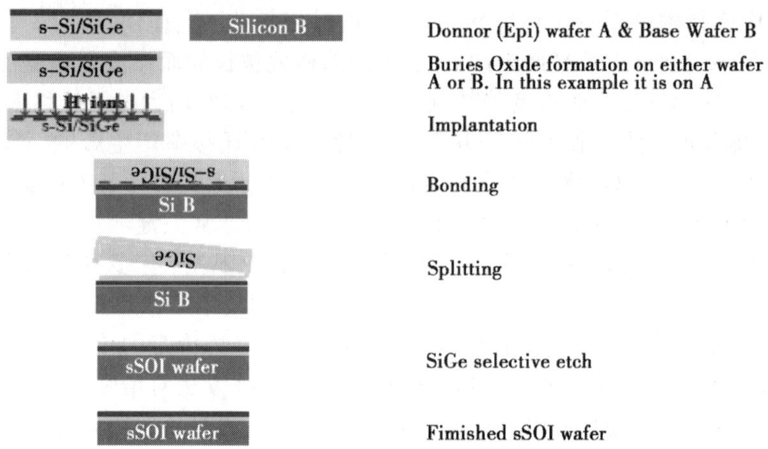

图 3 用 Smart Cut 方法制作 SSOI 衬底的步骤

(3)封装应变技术[24]。

这种方法本质上也是一种全局应变技术,但与前两种完全不同,它是将机械应力施加在封装用的基底上,应力通过介于基底和芯片之间的黏合剂传递给芯片,从而产生应变。黏合剂的选择非常重要,既要使芯片和基底结合牢固,又要让应力顺利传递。通过改变芯片的位置和施加应力的方式,可以产生单轴或双轴应变。

表 1[24] 250 nm 节点 MOSFET 饱和电流变化

Carrent change(%) At$\vert V_{GS}\vert-\vert V_T\vert=1V$		250nm node(L_G=240nm) Compressire 0.06% strain	Tensile 0.06% strain
NFET	Uniaxial// channel	−4.3	10.8
	Uniaxial ⊥ channel	−6.9	2.5
	Biaxial	−6.2	8.7
PFET	Uniaxial// channel	5.5	−8.8
	Uniaxial ⊥ channel	−6.8	4.8
	Biaxial	0.3	−0.9

表 1 是处于饱和区的单个 MOSFET 在封装 0.006%应力下电流增强的情况,其中 NFET 和 PFET 的沟道宽度分别是 4 μm 和 10 μm。很显然,拉应力在任何情况下都能提高 NFET 的性能,只有当单轴压应力平行于沟道、单轴张应力垂直于沟道时才能使 PFET 的性能有所改善。如果在版图布局时,让 PFET 和 NFET 的沟道互相垂直,就可以使 CMOS 电路的性能在封装应变作用下得到提高,这一点已经得到了实验证实。

2. 高 K 栅介质[25-36]

随着硅基 CMOS 工艺特征尺寸不断缩小,作为栅介质材料的 SiO_2 层厚度越来越薄,在 65 nm 技术节点[38], tox=1.1~1.9 nm;到了 45 nm 节点,tox=0.6~1.4 nm,仅为几个原子层的间距，由于 SiO_2 层太薄，氧化层中电场的增强将引起明显的直接隧穿电流，使栅极泄漏电流上升，造成 CMOS 电路的静态功耗增加；同时，在隧穿电荷通过超薄氧化层时，会造成氧化层损伤，很容易引起材料的介电击穿，使器件的可靠性严重退化；再者，进入深亚微米尺度后，CMOS 器件为了抑制短沟道效应、降低阈值电压，引入了双掺杂多晶硅栅结构，PFET 采用了 P^+ 多晶硅栅，其中的掺杂硼离子很容易穿过如此薄的 SiO_2 层进入沟道，这也会引起器件性能退化。虽然后来通过在 SiO_2 中掺 N^+ 形成 SiON 超薄栅介质，减轻了硼离子穿透问题，也在一定程度上提高了 SiO_2 层的可靠性，但由于 SiON 层的介电常数小于 7.8，到了 45 nm 节点，上述问题仍然存在，这已成为制约未来 CMOS 电路集成度提高的“瓶颈”，引起了各国半导体学界的极大关注。必须找到一种既能保持 MOS 纳米晶体管继续小型化进程，又能保证器件性能的材料取代现有的栅介质，而只有高 K 材料能达到这种要求，在保持栅电容相等的情况下，介质层厚度比 SiO_2 高。但要成为 45 nm以下的栅介质层还应满足以下条件[37]：①介电常数～20，以保证介质层有足够的厚度，防止直接隧穿漏电；②在整个 CMOS 工艺的过程中，始终保持是非晶态，减小漏电；③与Si 相比的带隙宽度要大，减小隧穿电流，同时与 Si 导带和价带间的势垒高度均应大于 1eV，减小热电子发射电流；④表面态密度和固定电荷密度低，抑制器件表面迁移率退化。

目前各国科研工作者的注意力主要集中在下面几种材料上：

(1) Hf 基材料[25,28,31]。

国际上普遍认为 Hf 基的 HfO_2 和 HfSiON 最有希望成为 CMOS 器件的栅介质，但是 Hf 基化合物相对于传统的 SiO_2 和 SiON 材料存在明显的缺点。当 HfO_2 或 HfSiON 与 Si 直接接触时，界面态密度很高，导致了载流子迁移率下降、阈值电压不稳定、驱动电流随工作时间衰减等一系列问题的出现。所以在 Hf 基栅介质层与硅衬底之间必须加入一层 0.5～0.7nm 厚的二氧化硅过渡层，形成如图 4 所示的叠层(stack)结构。

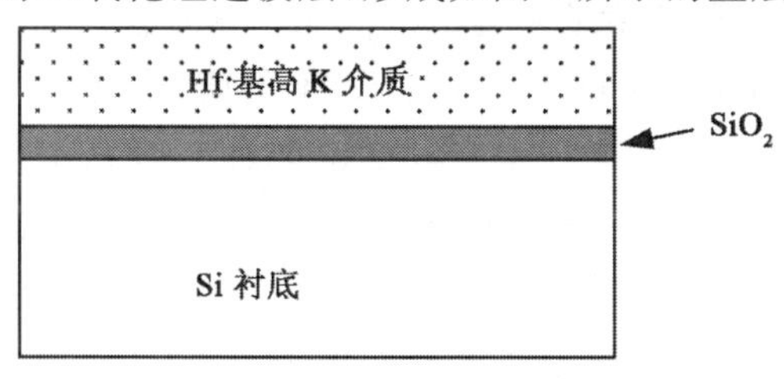

图 4　叠层结构

HfO_2 介电常数 K～25，禁带宽度 5.68eV。以 HfO_2 为栅介质材料的 MOSFET 栅漏电比等效厚度的 SiO_2 层小了几个数量级，击穿电压高，很有希望成为下一代栅材料。存在的问题是：结晶温度低(约 400～600℃)，与 CMOS 后续工艺中的高温过程不相容，负偏置温度不稳定性(Negative Bias Temperature Instability，NBTI)退化严重，界面陷阱导致阈值电压不稳定，平带电压飘移严重，并且阈值电压比较大。针对这些问题，有人在 HfO_2 中掺入 La[41]，将结晶温度从 400 ℃提高到 900 ℃，基本上接近了 CMOS 后续工艺的要求，介质层中的氧空位下降，NBTI 下阈值电压漂移明显改善。$HfLaO/SiO_2$ MOSFET栅泄漏电流比同样条件下的 poly-SiO_2 器件降低了 5 个数量级，比相应的

HfO_2/SiO_2 器件沟道电子迁移率增大了70%，诱发阈值电压不稳定的陷阱降低了一个数量级。另有实验表明[40]，对 HfO_2 进行应力释放和F化处理可以减少高K介质中的氧空位和界面电荷对阈值电压和载流子迁移率的影响。目前，有效功函数完全达到CMOS工艺要求PFET金属栅电极还没有找到，费米钉扎问题依然存在，阈值电压调节困难。

HfSiON被认为是更有希望的一种材料，其性能也是近期研究最多的。与 HfO_2 相比，它的 k 值在10～15之间，结晶温度高(约1 000 ℃)，与CMOS工艺相容，载流子迁移率高，几乎接近 SiO_2 栅器件，N注入HfSiO中有效地抑制了B离子穿透、结晶和相分离。等效栅氧化层厚度EOT(Effective Oxide Thickness)为1.2 nm的poly-Si/HfSiON栅器件已被集成到65 nm节点的低待机功率器件(Low STand-by Power，LSTP)电路中，而且研究中发现，如果在HfSiON的生长过程中采取特殊的工艺处理，HfSiON的质量可以满足65 nm以下电路的要求，而且不需要双金属栅[39]。

可以通过两种途径改善阈值电压，第一种是对沟道区进行离子注入可以减少表面态，降低表面陷阱，从而达到减小阈值电压数值的目的，有人在实验中通过对Poly-Si/HfSiON/SiO_2叠层栅NFET的沟道区注入As使阈值电压减小60 mV，对同样结构的PFET注入B使阈值电压的绝对值减小了370 mV。最近，又有人将As和B换成了N和F，注入与前面结构相同的NFET和PFET中，发现阈值电压有更明显的改善，分别为：290 mV和460 mV，而且没有造成迁移率下降[42]。第二种方法是通过调节栅电极的功函数，以减小阈值电压，这个问题在后面会给出详细的解释。存在的问题是：由于费米钉扎效应和表面态的影响，阈值电压值比较高，时变介质击穿TDDB(Time Dependent Dielectric Breakdown)寿命短，目前也没有找到合适的金属栅电极。

(2)La基氧化物[38]。

虽然Hf基化合物的应用前景被大多数人看好，但无论 HfO_2 还是HfSiON构成的叠栅结构中，在高K层与Si之间都存在一层0.5～0.7 nm厚的 SiO_2，而在45 nm节点，EOT的厚度只有0.7 nm左右，到32 nm节点，EOT的值将会更小，那么Hf基高K栅介质在亚32 nm节点的使用必然会存在很多问题。而且有研究结果证明，Hf基高K栅MOSFET的击穿特性与这层 SiO_2 层的质量密切相关[42]。所以一部分研究者认为，在32 nm以下节点，最有可能取代Hf基高K材料的将是 La_2O_3，介电常数是27，温度稳定性好，结晶温度高，相对Si的能带偏移大。如果将 Y_2O_3(介电常数是16，禁带宽度5.1 eV)插入到 La_2O_3 和Si之间构成叠栅结构，其温度稳定性将大幅提高，即使在高温过程中也不会在Si界面形成中间层。另有报道称[43]，LaYOx中的Y含量达到40%和70%时，在600 ℃退火，会生成六角相的晶体，介电常数达到25。

用高K栅介质替代 SiO_2 是国际上的一个研究热点，各国的研究者已经对其进行了深入的研究，取得了很多的成果，但是还有很多问题有待于解决和进一步地研究：①在引入高介电常数栅介质后，载流子的迁移率总是有较大幅度的下降；②高介电常数介质中以及与硅衬底的界面处往往存在着固定电荷，这会造成平带电压和阈值电压不稳定、载流子迁移率下降。虽然，通过离子注入可以减少固定电荷，但是同时也有可能使载流子的迁移率降低；③Hf基高K介质和衬底之间的 SiO_2 层对器件的击穿特性影响很大[38]。

3. 金属栅电极[37]

在 CMOS 电路的发展历史中，栅电极发生了多次变化，最早的 MOS 电路采用 Al 栅；为了减小寄生效应，发展了自对准工艺，Al 由于熔点低而无法使用，于是出现了重掺杂多晶硅栅电极；但是多晶硅电阻率较高，随着器件尺寸的缩小，栅电极寄生电阻的影响日益严重，同样是为了减小寄生效应，又出现了多晶硅—金属硅化物的复合栅。当 CMOS 工艺进入亚微米之后，为了抑制短沟道效应，降低阈值电压，采用了双掺杂多晶硅栅工艺，这又引起了 P^+ 多晶硅栅的硼穿透问题，为了抑制硼穿透介质层，需要高 K 介质，同时在超深亚微米 CMOS 器件中多晶硅耗尽越来越严重，如果换成金属栅则既可以解决多晶硅耗尽问题，也可以解决硼穿透和费米钉扎问题，同时还能降低栅极串联电阻；此外，采用金属栅电极，可以通过调节金属的功函数调整阈值电压，从而避免了通过沟道掺杂注入的方法调整阈值，实现沟道的零掺杂，解决沟道杂质涨落对器件性能的影响。从另一个角度来说，现在所研究的高 K 介质大多数与多晶硅的热动力学是不稳定的，所以采用金属栅是 CMOS 工艺发展的必然。根据 ITRS 的预测，电极材料的薄层电阻应为 4～6 Ω，功函数要附和 CMOS 器件的要求，在工艺过程中要与周围材料保持热稳定性、化学稳定性和机械稳定性，还要与栅介质材料有很好的黏附性，最重要的是要和 CMOS 工艺兼容。

目前研究较多的金属栅材料主要是下面几种[42]：W/TiN、W/TaSiN、Pt/TaC_x、Ni FUSI(FUlly SIlicidation，全硅化物)等难熔金属，如图 5[39] 双金属栅电极的使用增加了阈值电压调解的灵活性，但增加了工艺的复杂性，如何用简单工艺实现双金属栅电极是一个亟待解决的问题。另外，大多数难熔金属的功函数与 Si 不匹配，要达到满足要求的阈值电压，必须调节功函数，有多种方法被用于调节金属栅的功函数。最近，日本使用了一种特殊的设备，制成了组分渐变的 Pt-W 合金，使得金属功函数可以从 4.7 eV 连续变化到 5.5 eV，且在高温过程后，仍然能保持。但是这种方法对 La_2O_3 的调节范围大于 HfO_2。另有一种方法是将 La 掺入 HfN 中，使其功函数满足 NFET 的应用，而将 Al 掺入 TaN 中，以满足 PFET 的要求。目前 Ni FUSI 应该是最具竞争力的备选材料，和当前最热门的 Hf 基高 K 栅介质相容，Ni 本身是半导体技术的常用金属，很容易引入到现有的 CMOS 工艺中，但功函数问题依然存在，最简单的方法是利用 Ni 的多种合金态具有不

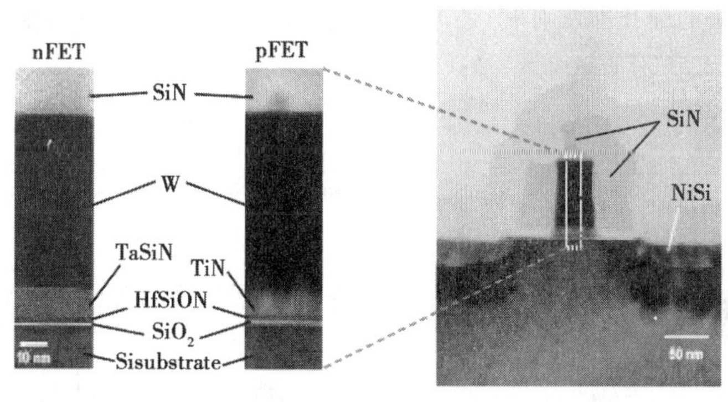

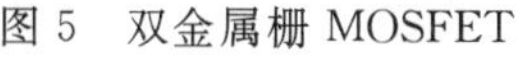
图 5　双金属栅 MOSFET

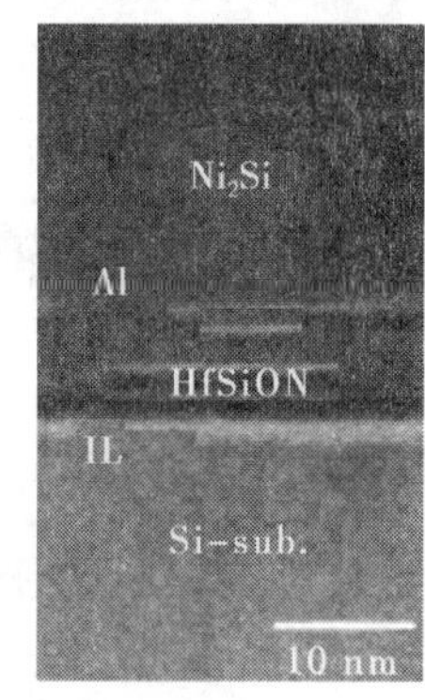

图 6　Ni FUSI/HfSiON 层间插入 Al 层的 CUOS 结构

同的功函数，在 500 ℃形成的 Ni_3Si，WF 是 4.8 eV，适合 PFET(～5.2 eV)，在 700℃形成的 $NiSi_2$，WF 是 4.4 eV，适合 NFET(～4.0 eV)，存在的主要问题是两种合金形成的温度不同，这对其在 CMOS 工艺中的实际应用造成了一定的困难。最近，有人将 Al 层插入 Ni FUSI/HfSiON 之间，(如图 6[42])，得到有效 WF 为 4.27 eV，恰好可以做 NFET 的栅电极。但是 Al 本身的不稳定性，又可能对器件的可靠性造成威胁。还有人将 Yb 注入 FUSI中[44]，功函数变为～4.22 eV，同时 NFET 的性能没有退化。

4. 新器件结构

(1)平面双栅器件[10,37,45-46]。

超薄硅 FD(Full Depletion，全耗尽)SOI 双栅 FET 在亚 50 nm 以下的应用是目前研究的热点。这种器件实际上是单栅 FDSOI MOSFET 的改进形式，它集中了 SOI 器件和双栅器件的优点，传统的 UTB FDSOI 器件，因其具有极薄的硅层，可以通过栅极对沟道形成良好的控制，减小了漏电和短沟道效应对器件的影响，采用本征或轻掺杂沟道，增大了沟道载流子迁移率和开态电流，改善了由掺杂的统计波动引起的阈值电压不稳定，存在的问题是：SOI 埋氧化层的热导率低，器件的自热现象严重，随着器件漏电压和栅电压的增大，功耗增大，硅膜体内的温度将高于环境温度，而载流子迁移率、阈值电压、碰撞电离、浮体效应、泄漏电流、亚阈值斜率等都将受到温度的影响，引起器件性能的退化。此外，器件的按比例缩小的范围不大，当硅薄层达到 5 nm 时，电子基态能量将会对厚度非常敏感，双栅器件则不存在这样的问题，而且双栅的引入进一步加强了栅极对沟道的控制作用，有效地抑制了漏/源电场向沟道区中的穿透，很好地控制了短沟道效应，亚阈值特性明显改善，同时驱动电流也大于单栅器件。两者优点的结合使得双栅器件在未来的深亚微米工艺中应用前景广阔，这种器件的研究是当前一大热点。如图 7 所示，双栅器件的总体结构类似于 metal-insulator-silicon-insulator-metal 结构，有两个独立的栅极位于上下两侧，称为前栅(top gate)和背栅(back gate)。如果前栅和背栅的栅氧化层厚度和电极完全相同，则称为对称结构器件，如果不同则为非对称结构器件，两者性能有差异，用于不同结构的电路中。这种两栅分开的器件也称为独立栅器件，它使电路设计的灵活性大大提高，如可用背栅调节阈值，这样在同一芯片上就会允许多种不同阈值的晶体管存在，对 SoC (System on Chip)的设计方法的简化非常有利；还可当做合并晶体管逻辑用在动态逻辑、施

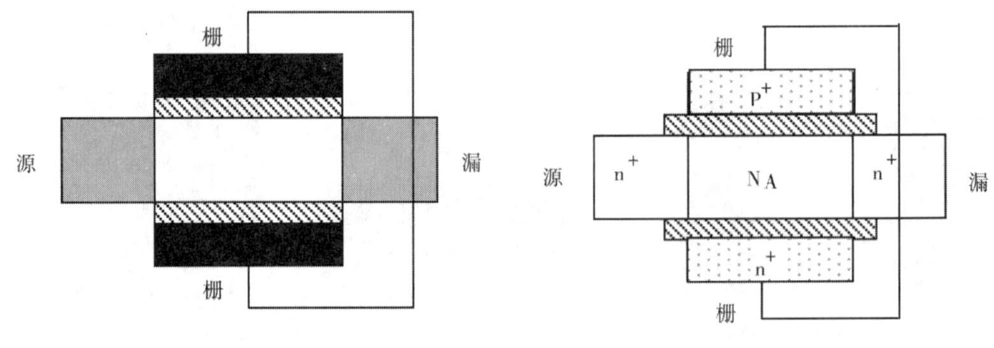

(a)对称双栅 FET　　(b)非对称多晶硅双栅 FET

图 7　对称与非对称双栅 FET

密特触发器和读出放大器的非关键路径中，减小有效开关电容，提高速度，降低功耗。目前对这种器件的研究主要集中在器件理论模拟和工艺实现上，工艺方面要解决的主要问题是：如何在背栅上形成高 K 介质金属栅接触，并使背栅和前栅自对准，如果在栅长的 1/4以内不能对准，器件的性能将会有 20% 的下降，为此，开发出了多种工艺实现自对准[47]，但都还存在一定的问题。

(2)非平面双栅结构(FinFET)[48]。

虽然平面双栅 FET 是当前研究的热点，但它和体硅 CMOSFET 存在一个共同的缺点：属于平面型器件，按比例缩小的范围有限，而具有非平面结构的器件在提高集成度方面会更有优势，其中最有潜力的是双栅 FinFET，根据数值模拟的结果，FinFET 双栅结构可以使器件尺寸缩小到 10 nm，甚至更小。如图 8[48] 所示，器件的核心部分是一个沿 Z 方向竖起的极细的鳍(Fin)，鳍的两侧是自对准的双栅，总的栅宽是鳍高的 2 倍，电流沿平行晶片表面的 X 轴方向流动，这种器件电学性能优越，几乎不受短沟道效应的影响，漏电小，驱动电流大，而且可以通过增加平行鳍的个数，形成多 Fin 器件，增大总的栅宽度，提高电流驱动能力。据报道，在 32 nm 节点 FinFET 电路比相应的体硅 CMOS 电路功耗低，性能也更好。但是 Fin 结构，使器件的散热能力受限，自热现象严重；此外，过大的驱动电流会使电路的动态功耗增大，这些对器件在电路中的使用很不利。另外，高昂的制造成本也是一个不利的因素。

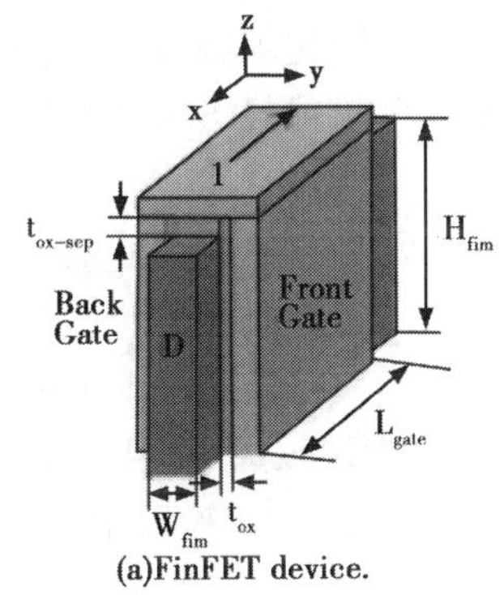

(a)FinFET device.

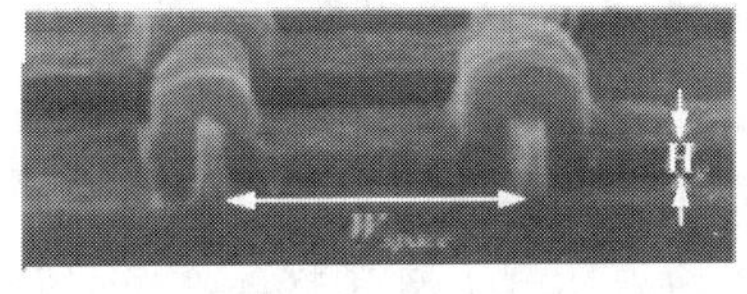

(b)Multi-fin device

图 8 非平面双栅结构

如果将 FinFET 的前栅和背栅连通，就构成了三栅器件，这种器件通态电流很大，在版图布局上和传统的平面 CMOS 器件非常相似，可以直接替代高性能电路中的单栅体硅 CMOS 器件，最近，Intel 公司综合了应变沟道、高 K 介质金属栅、源/漏提升等技术制作了如图 9 的 Tri-gate 器件，表现出了极好的短沟道和驱动电流特性，这给非平面器件的实用化带来了希望。图 9 左边是 Intel 提供的三栅器件阵列的俯视图，右边是原理图[2]。

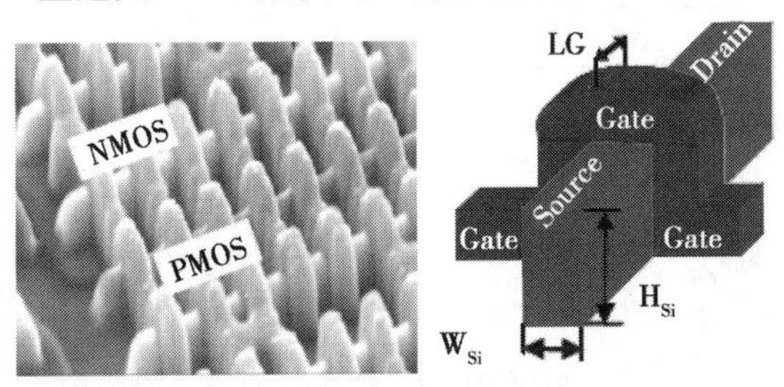

图 9 Tri-gate 器件

3. 其他结构

锗材料中，载流子的低场迁移率远大于硅，禁带宽度却小得多，因此有人提议如果用锗充当沟道[50]，迁移率和阈值电压问题将迎刃而解，新加坡在这方面的研究占有优势，但是目前还没有合适的介质层，并且锗和当前硅工艺的兼容性也是一个问题。此外，SON[49] (Silicon On Nothing)器件因导热性方面的优势，也有可能用于未来的集成电路中，Intel 在这方面的研究水平较高。

(二)国外硅基微电子技术发展趋势[1-4,8,51]

在等比例缩小规则即将达到物理极限、摩尔定律也即将走到尽头这一特定情况下，未来的 10～15 年中，国外微电子技术的发展将集中在以下两方面。

一方面是继续沿着摩尔定理指引的方向，在纳米 CMOS 技术的基础上，不断缩小尺寸，提高单芯片集成度，提升电路的速度和性能[52,54]。这一部分工作将主要集中在对微电子材料、器件结构、集成技术和制造设备的研究上，随着加工尺寸的缩小，加工技术复杂程度提高，研发资金的投入将会越来越大，多方力量合作，联合研究开发将成为一种必然的趋势，新技术产业化的时间会拉长[55]。另外，新型系统构架和封装技术的研究工作将会在大范围内开展，以充分开发利用一代技术的优势，解决当前设计落后于工艺，封装落后于设计的尴尬局面，采用多核技术开发的处理器，已被证明比单核技术优势明显，开发高性能的三维集成(System in Package，SiP)[60-63]技术也可以减轻 SOC 设计复杂度不断增加而带来设计的压力。

另一方面，针对后摩尔定律时期的研究将会全面开展[65-71]。从目前的情况来看，单分子器件、硅纳米线、自旋量子器件等都有可能用于后摩尔定律时期的集成技术，但是基于自组装技术的纳米微电子器件最具发展潜力，由于有多年纳米技术研究的积累，对材料的性能及制备方法等了解比较深入，该项技术实用化的可能性较大，而且有很多不同研究部门已经制作出了电学性能优异的碳纳米管(Carbon Nanotube，CNT)晶体管和简单的逻辑电路，最近报道的器件长度为 50 nm，本征频率 f_T～950 GHz，图 10[3] 是其跨导的特性，由该器件构成的五级环形振荡器的频率达到 72 MHz，如图 11[3] 所示。更重要的是自组装技术在微电子技术中的应用，将会彻底改变当前 IC 制造自顶向下的传统模式，采用一种全新的自底向上方式，从分子或原子尺度来“组装”IC，大幅降低制造成本，很多国家

diameter	~ 1.8nm
gate dielectric	10nm SiO_2
maximum g_m	12.5 μs
C_g/L	38pF/m
f_T@L_g=50 nm	950 GHz

Cut-off Frequency $f_T=\frac{g_m}{2\pi Cg}$

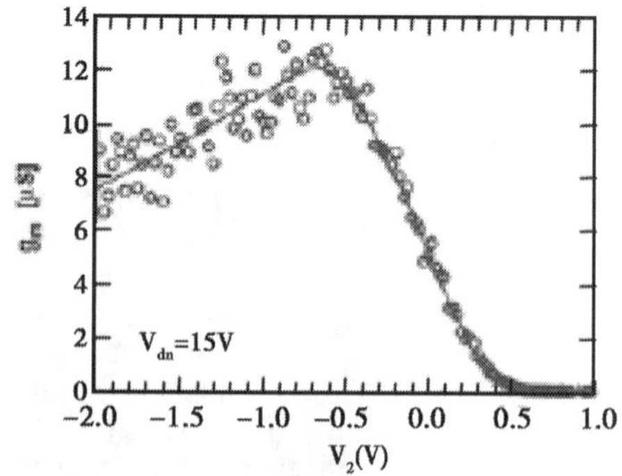

图 10　高性能碳纳米管 FET 的跨导特性

已经开始了这方面的研究。美国半导体行业协会(SIA)2004年12月宣布从事IC芯片特征尺寸小于10 nm的项目研究，这一纳米电子学研究项目把美国大学、政府和半导体工业的研究成果联系起来，以找到超越CMOS技术的解决方案为最终目的，着重面向微电子器件的材料、结构和组装方法研究。连在世界半导体行业始终处于霸主地位的Intel公司也先后投入了大量资金用于微电子纳米器件的研究，以期在后摩尔定律时期的竞争中占据主动。

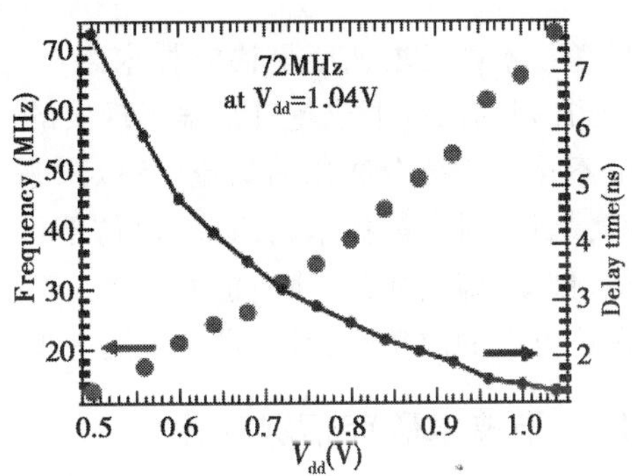

图11　五级环形振荡器的振荡频率和电压的关系

(三)国内硅基微电子技术研究现状及发展趋势

1. 国内研究现状

近年，在18号文件等国家相关政策的大力支持下，国内硅基微电子技术水平不断提高，与国际先进水平的距离逐渐缩小，总体来看，当前我国微电子技术有以下特点。

(1)超深亚微米集成技术研究逐渐接近国际先进水平。由于多方面的原因，我们在这一领域的研究工作长期处于劣势，不能与国际先进水平相提并论。在“863”等项目的支持下，清华大学、北京大学、中科院微电子所和半导体所等微电子基础条件较好的单位率先开展了面向超深亚微米集成技术的研究，在新型器件结构和器件模型等方面的研究取得了一定的进展[6-7]；中科院微电子所在国内首次完成了亚30 nm CMOS器件及关键工艺技术研究，研制完成的27 nm CMOS器件在指标方面已与国际先进研究成果具有同步性[72]，为我国微电子技术向亚50 nm集成技术的发展奠定了技术基础。

(2)集成电路设计水平提高，规模增大。经过几年的发展，芯片设计水平明显提高，目前我国自主设计的芯片产品已涉及CPU、数字信号处理器、高档IC卡、数字电视和多媒体、3G手机以及信息安全等六大领域。IC设计水平达到0.13 μm，具有自主知识产权的核心芯片的开发及其产业化也取得了可观的突破。逐渐从以往的“低端模仿”走向以技术创新为主的“高端替代”。在这方面中星微电子公司比较有代表性，该公司在其计算机图像输入芯片中首次采用了自主创新的电路结构，明显降低了产品功耗，目前该系列芯片已占据了全球一半以上的市场份额，中星微电子的手机音视频芯片也被三星、波导和联想等众多手机制造商采用，正是在技术上的领先打破了飞利浦等海外巨头的技术垄断，使“中国创造”的芯片产品走向了国际市场。目前我国专门从事IC设计的公司现在已达到500

多家，其中有四家上市公司，从业人员2万多人，这说明我国已经具备了开展IC设计的基本软、硬件环境，再集中精力发展几年，是有希望赶上世界先进水平的。

(3)微电子材料和基础制造设备研究进步明显。在微电子单晶材料的制备方面，达到了国内主流工艺水平的要求，接近国际先进水平；第三代宽禁带化合物半导体材料的研究与国际先进水平基本保持同步；微电子关键制造设备的研究取得了突破性的进展。

2. 发展趋势

微电子技术是当代科学技术中发展速度最快的技术之一，由于我国的微电子技术与国际先进水平差距较大，要在短期内赶上或超过是很不现实的。目前情况下，完全依靠自主创新难度大、速度慢，也不符合科技全球化的潮流，所以未来几年中仍将以引进、消化、吸收、再创新为主要的发展趋势，对高端技术的跟踪、模仿不可避免。日本人很善于引进外国技术，然后学习、模仿、创新，即便如此，他们也用了将近20年时间才达到国际先进水平。我们应该吸取日本在这方面的成功经验，尽量缩短这一过程。

(四)国内外硅基微电子技术研究情况对比

在各方的共同努力下，我国硅微电子技术近几年得到了快速的发展，但是总体形势不容乐观。

1. 制造工艺

虽然科研方面逐渐接近与国际同步，但是实际的芯片制造水平落后国外两代，当前我国芯片制造的最高水平是0.13μm，90 nm仍处于工艺导入阶段，而Intel的90 nm技术在2004年已经量产，65 nm技术在2006年上半年也已投产，45 μm技术已经开发成功，计划在2007年用于生产CPU芯片。

2. 集成电路设计

在国家的政策支持下，近两年集成电路设计在自主创新的道路上进步很大，但在设计方法上仍以模仿为主，而且“十五”期间的大多数项目仍然停留在实验室阶段，许多科研成果并没有转换成生产力，离推向市场的IC还有相当远的距离。我国已成为全球集成电路的最大消耗国，所用集成电路占全球的24%以上，但是自供产品却少于10%，主要集成电路依靠进口，其中Intel、AMD、高通和三星等国际厂商凭借着高端产品，占据了中国芯片市场近80%的份额。在2005年，中国集成电路设计部分的总销售额仅占全球市场的3%，而所拥有的集成电路专利还不足全球的4%。我国集成电路与发达国家技术差异比较明显，整体上仍以低附加值的低端产品为主，每年使用的100多亿块芯片80%依靠进口，高端芯片几乎100%靠进口[9,12]。我国有限的制造技术、低端和低附加值产品状况，降低了我国电子信息产品在世界贸易格局中的地位，制约了国际竞争力的提升。

3. 集成电路关键制造设备和原材料的研究

我国的集成电路制造设备和原材料也是严重受制于国外。集成电路制造设备是电子制造装备的核心，各发达国家都将发展微电子制造装备产业放在重要的战略地位，集中各方力量，推进其本国制造设备产业的发展，争夺设备制造业的主动权，进而保证其半导体产业、集成电路产业乃至信息产业的领先优势。我国集成电路设备制造水平与国际先进水平相距甚远，在国际上被视为战略性工业的集成电路制造设备产业，多年来，一直是制约我国集成电路产业发展的关键因素之一，由于缺乏核心竞争力和自主创新能力，使中国集成电路装备受制于人。这一状况导致我国已建和在建的 8 英寸以上芯片加工厂的核心设备完全依赖于进口。100 nm 高密度等离子体刻蚀机和大角度离子注入机的研制成功，使我国向制造设备国产化方向迈出了一大步，但这两台设备的零部件主要还是依靠进口，与实现集成电路制造装备的完全自主研发还有一定的距离。原材料方面情况稍好，国内已经可以生产 12 英寸硅单晶片，但是产能较低，无法满足工业生产的需要。

(五)化合物半导体的研究状况[73-76]

从微电子技术诞生之日起，发展的主流至今仍然是以信息处理应用为主的硅材料器件。但是，近年来，与信息处理技术的快速发展相对应，对信息传输技术的需求日益增长，并且，信息处理水平相对于传输的领先状况使得这一要求更为迫切。光纤通信、移动通信、卫星通信等领域的发展对相应高频通信器件的需求，正推动着相关技术和市场的快速发展和扩张。其中，微波毫米波通信器件由于其在制导、雷达、电子对抗及电子兵器等军事领域中应用的特殊性，已成为各国重点发展并积极展开竞争和对抗的核心技术领域。以 GaAs、InP 为代表的第二代半导体材料和以 GaN 为代表的第三代半导体材料都可以形成异质结，最具代表性的高电子迁移率晶体管 HEMT(High Electron Mobility Transistor)和异质结双极晶体管 HBT(Heterojunction Bipolar Transistor)是高频应用的理想器件，在高频、高速、宽带及微波毫米波 IC 中具有明显的优势。此外，由于硅基 IC 即将达到物理极限，很多专家预测：化合物半导体可能成为后摩尔定律时期的理想集成电路材料之一[77]。目前，化合物半导体材料与器件的研究已成为一个持续升温的热点领域。表 2 列出了几种主要化合物半导体材料和硅的性能比较。

表 2[81] 化合物半导体材料与硅的性能比较

参 数	Si	4HSiC	InP	GaAs	GaN
禁带宽度 eV(300K)	1.1	3.02	1.35	1.40	3.29
电子饱和速度 $\times 10^7$cm/s	1.0	2.7	2.5	2.0	2.7
电子迁移率 $cm^2/(V \cdot S)$(300K)	1350	700	10000	8500	900
击穿电场 10^5 V/cm	3.0	25	7.5	6.5	33
热导率 W/(cm·K)	1.5	4.9	0.68	0.54	1.3

1. GaAs

是目前唯一实现商用的化合物半导体材料，研究比较成熟。主要的器件形式有三种。

(1)MESFET 有两种栅结构：①采用栅自对准工艺的 MESFET，寄生电阻低，器件特性的均匀性好，截止频率达 100 GHz 以上，栅长 0.1 μm 的器件已经研制成功。这类器件原来是用在数字 IC 中的静态存储器和逻辑电路，现在主要用在光通信的前端电路中。②凹栅结构 MESFET 器件主要用于功率放大，击穿电压达到 30V，允许工作电压 12V，目前已有输出功率达 300W 的功放研制成功[76,79,81]。

(2)HEMT 早期的结构是 n-AlGaAs/GaAs 异质结，在异质结界面处产生高电子迁移率的二维电子气，为了提高电子气密度和电子速度，开发了n-AlGaAs/InGaAs和 n-InGaP/InGaAs 结构的 PHEMT。HEMT 作为低噪声放大器最早进入市场，栅长 0.25 μm 的器件在 12 GHz 下的噪声系数不到 0.5 dB，完全可以用于直播卫星的接收器。双异质结器件通态电阻低，电流大，用作功率放大和 3.3 V 工作电压的手机开关 IC 中。PHEMT 的 MMIC 用于防撞雷达及多种放大器。

(3)HBT 最初使用 AlGaAs/GaAs 异质结制作，为了提高器件可靠性，改成了 InGaP/GaAs结构，用在手机中不需要反向电压调节器的功率放大器中。

2. InP[79,81-82]

InP 微波、毫米波器件比 GaAs 器件具有更高的频率、更大的功率、更好的抗辐射能力和更低的噪声系数，是继 GaAs 之后又一重要的化合物材料，充当宽带、数字、低噪声的功率放大器是其主要用途，由于和成熟的 GaAs 工艺兼容，所以，其实用化前景很乐观。目前主要有两种器件结构。

(1)HEMT 已经有栅长为 25 nm 的 AlInAs/InGaAs 器件研制成功，截止频率达 500 GHz 以上，主要用于光通信中的高速数字逻辑 IC 和高频放大器，用 HEMT 制作的数据选择器传输速度已达到 144 Gbps。由于 GaAs 器件的工作频率不能超过 100 GHz，而 InP 基 HEMT 以其优良的噪声系数和增益，在军事领域应用广泛，如射线探测器、毫米波成像和高级卫星接收系统等，InP HEMT 在 125 ℃的沟道温度下，失效前时间达到了 10^6 小时，可以满足太空中应用的要求。

(2)HBT 早期的结构是 InP/InGaAs/InGaAs，采用了 InP/InGaAs/InP 结构后，其 BVceo 从 3～4V 提高到了 10～12V，InP 基 HBT 有一个最重要的优点是：在极低的工作电流下可以达到很高的频率，这一点对于低功耗消费类电子的应用很有吸引力。此外，在航天和国防中可以制作高精度宽带模数和数模转换器、频率合成器和其他射频成分，已有门延迟小于 4ps 的 ECL(发射极耦合逻辑，Emitter Coupled Logic)电路研制成功，其 f_T～300 GHz、f_{max}～492GHz、J_c～600 mA/cm^2。

InP 基集成电路目前面临的主要问题是实现复杂的电路互连、提高稳定性和可靠性。

3. GaN

(1)国外研究状况。

GaN 是近年化合物半导体方面研究的热点，如表 2 所示，GaN 材料禁带宽度大、击穿电场高、电子饱和漂移速度大、耐腐蚀、抗辐射，在高温大功率微波器件方面具有广阔的应用前景。主要有 AlGaN/GaN HEMT 和 AlGaN/(In)GaN/GaN HBT 两种器件结构，因为 HBT 工艺复杂，材料生长也比较困难。相对来说，国内外这方面的研究比 HEMT 都要少一些。对于 HEMT，国外目前主要侧重于实用化研究。2005 年下半年，美国和日本的一些公司推出了用于 3 G 移动通信基站的 GaN HEMT，如表 3 所示。器件的功率密度比硅和 GaAs 器件高，达 2 W/mm 以上，但是工作电压低，一般多在 28 V 左右，而且绝大部分产品的热应力和长期寿命都没有指标，说明器件在这方面没有任何优势。提高工作电压和可靠性将是民品下一步要解决的主要问题。

表 3[84] 美、日部分公司的 3G 移动通信基础 GaN HEMT 产品对比

公司＼项目	2.1GHz	2.4GHz	3.5GHz	典型漏效率	典型功率增益	所用材料
Eudyna	45W,90W,180W	30W,90W,180W	30W,90W,180W	65%(2.1GHz) 50%(3.5GHz)	15dB(2.1GHz) 10dB(3.5GHz)	SiC 上 GaN
Nitronex	100W,140W	10W,50W	10W,50W	60%(2.1GHz) 50%(3.5GHz)	13dB(2.1GHz) 10dB(3.5GHz)	Si 上 GaN
RFMD	30W,60W,90W,120W	50W,75W,100W	8W,45W	67%(2.1GHz) 54%(3.5GHz)	15dB(2.1GHz) 11dB(3.5GHz)	SiC 上 GaN
Cree	无	15W	15W,30W,120W	50%(3.5GHz)	10dB(3.5GHz)	SiC 上 GaN

在军用方面，现有的 GaAs 和 InP 固态功率放大器受到了射频功率密度小于 1 W/mm 的限制[81-82]，GaN HEMT 单位输出功率寄生电容小，如果用在固态功率放大器中，不仅功率密度能提高 5 倍，而且单片微波集成电路(Monolithic Microwave IC，MMIC)的输出功率可以达到 40 W 以上。另外，高偏压可以产生高的实阻抗，有利于宽带阻抗匹配。Ka 波段的 GaN 固态功率放大器线性度好、成本低、重量轻，这些对于卫星通讯很重要。美国国防先期研究计划局(DARPA)早在 21 世纪初就开始积极推进宽禁带半导体器件和集成电路的研发工作[84]，提出了一个材料、器件、集成电路三阶段的研究计划，2004 年初，进一步提出了“射频宽禁带半导体(RFWBGS)”项目。2005 年初正式与三个团队签订了合同，分别在 X 波段、宽带和毫米波段对 GaN 高电子迁移率晶体管及其集成电路(MMIC)进行重点攻关。表 4 是其研发进展情况，很显然，存在的主要问题是高压下的寿命和功率没有达到要求。

表 4[84] DARPA 团队研发进展

团队	项目	五年最终目标	三年器件目标	近期计划节点指标	实际进展	计划完成情况
Raython Cree	X 波段 T/R 组件	8~12GHz，48V，60W	1.25 mm 栅宽，8 ~ 12 GHz，48 V，8 W，12 dB，60%，10^5 h	1.25mm 栅宽，8~12 GHz，28 V，8 W，12 dB，60%，10^5 h	Raytheon 28 V 器件：6.3 W，10 dB，55%，10^5 h(结温 150 ℃) Raytheon 40 V 器件：8 W，10 dB，50%，10^3 h(结温 150 ℃) Cree 28 V 器件：6.3 W，11 dB，65%，10^6 h(结温 150 ℃) Cree 40 V 器件：8 W，11 dB，55%，10^4 h(结温 150 ℃)	①同时达到电压、功率、增益、效率，寿命指标有困难 ②较高电压(40 V)工作时，寿命差距较大

续表

团队	项目	五年最终目标	三年器件目标	近期计划节点指标	实际进展	计划完成情况
NGST	Q波段功放模块	40 GHz，28 V，20 W	0.5 mm 栅宽，40 GHz，28 V，1.58 W，8 dB，35%，10^5 h	0.5 mm 栅宽，40 GHz，25 V，1.26 W，7 dB，27%，10^4 h	40 GHz，25 V，1.55 W，6.5 dB，29.6%，10^4 h	除增益略大外，其余均达到或超过设计指标
Triquint	宽带功放模块	2～20 GHz，48 V，100 W	1.25 mm 栅宽，8～12 GHz，40 V，8 W，12 dB，60%，10^5 h	0.4 mm 栅宽，8～12 GHz，28 V，2.63 W，10 dB，60%，10^5 h	10 GHz，30 V，3 W，10.9 dB，56%，10^3 h（功率下掉 0.5 dB）	①寿命差距较大 ②效率略低

(2)国内研究状况。

中科院半导体所在“九五”期间率先开展了GaN基高电子迁移率晶体管(HEMT)结构材料和器件的研究工作。目前，中科院半导体所在蓝宝石衬底和碳化硅衬底上研制的GaN基HEMT结构材料在国内居于领先水平，达到国际先进水平[72]。HEMT结构材料的室温二维电子气浓度超过 $1.0\times10^{13}/cm^2$、迁移率达到 $2185cm^2/(V\cdot s)$，2英寸HEMT外延片方块电阻典型值为270Ω，均匀性优于98%。并实现了向器件单位的小批量供片[72]。中科院微电子所、中电集团55所和中电集团13所用中科院半导体所研制的材料研制出了高性能的GaN基微波功率器件。南京大学、北京大学、中电集团55所、中电集团13所、西安电子科技大学等单位也在“十五”期间开展了GaN基HEMT结构材料的研究工作。表5是与国内外研究单位研究结果的对比。

表5[72] GaN基HEMT外延材料与国际研究水平对比

衬底	室温电子迁移率 $cm^2(V\cdot s)$	室温电子浓度 n (cm^2)	RT $\mu\times\mu$ $10^{16}/(V\cdot s)$	研究机构	出处
sic	1800-2300① 2019②	$1.0-1.5\times10^{13}$① 1.3×10^{13}②	2.62②	APA Optics	①[4]http://www.apaenter prises.com Al-GaNHFETs.htm ②APL，1998，72：707
	2215	1.044	2.31	中国科学院半导体所	[13]ICMOVPE-Ⅷ，May22-26，2006，Japan
	1944	1.03	2.00		[14]Chinese Journal of Semiconductors，Available online September 2006
sapphire/AIN 模板	2174	0.95×10^{13}	2.065	名古屋理工学院	①[5]APL，2004，85：1770 ②JAP，2005 98：063713

续表

衬底	室温电子迁移率 cm²(V·s)	室温电子浓度 n (cm²)	RT $\mu\times\mu$ $10^{16}/(V\cdot s)$	研究机构	出处
sapphire	2185	1.1×10^{13}	2.404	中国科学院半导体所	[6]ICMOVPE-XIII. May22-26,2006,Japan
	2100	1.1×10^{13}	2.31		[7]Phys. Stat. sol. (c) 2006,3(3):607-610
	1680	0.8×10^{13}	1.34	Center for llano Materials and Technology,JAIST	Solid state communications. 2005,133:647
	1550	0.9×10^{13}	1.395	IMEC-MCP. Belgium	JAP. 2005,98:054501
HR-Si	1850	$\sim0.5\times10^{13}$	…	CRHEA-CNRS	JCG,2005,278:383
	…	…	2.1	Nitronex	IEEE,EDL,2004,25(7):459
HVPE-GaN	1920	0.91×10^{13}	1.747	Cree	IEEE,EL,2004,40(19):1026 JCG,2005,281(1):32
GaN	2600	2.9×10^{13}	7.54	HPRC. PAS	Phys. stat. sol (a). 2004,201:320

中科院半导体所与中科院微电子所合作,用蓝宝石衬底上的 GaN 基 HEMT 结构材料研制了 C 波段和 X 波段的高温大功率微波器件,器件的性能指标如表 6[72]。

表 6　C、X 波段高温大功率微波器件性能指标

项目	L_g(μm)	W(mm)	I_{max} (mA)	g_m (mS/mm)	f_T(GHz)	f_{max} (GHz)	输出功率密度 (W/mm)	输出功率 (W)
C 波段	0.8	1.2	0.968	231	20	>30	8.72 (工作频率 5.4GHz)	10.47 (工作频率 5.4GHz)
X 波段	0.25	1.0		250	77	>60	4(工作频率 8GHz)	4(工作频率 8GHz)

中科院半导体所与中电集团 55 所合作研制了半绝缘 6H-SiC 衬底上栅宽 1mm 的 X 波段 HEMT 器件,器件结果为国内领先水平。测试结果如表 7[72]。

表 7　6H-SiC 衬底上 HEMT 器件测试结果

V_{DS} (V)	P_{in} (dBm)	P_{out} (dBm)	G_p (dB)	I_{DS} (A)	PAE (%)	P_{out} (W)	备注
34.3	32.46	39.16	6.7	0.48	39.4	8.25	"973"项目办第二次测评结果

国内对 GaN 微波功率器件的研究范围覆盖了材料生长、基本理论和器件研制以及内

匹配、封装等多方面，取得了令人瞩目的成绩，从单项指标来看与国际水平接近，但离实用化还有距离，而且由于只考虑了频率、功率和功率密度等几项指标，从测试结果来看，我们的器件在增益、效率等和国际水平还有较大差距，寿命则更谈不上。要加快 GaN 微波功率器件的实用化进程，一方面，应加大自主外延材料的研发力度，材料的质量决定了器件的电性能和可靠性；其次，应加大器件的可靠性物理研究力度。目前国外对 GaN HEMT 器件的失效机理的研究还未能取得突破，若这方面的突破，则可以缩小我们和国外研究的差距。

化合物半导体材料性能优异，应用前景广阔，可以满足多种实用技术的需求，和 Si 技术一样，小型化、高集成度和高性能也是它的必然趋势，三维集成技术的提出，将允许 MMIC 和硅基 IC、MEMS 及其他复杂技术集成在一起成为可能，也将进一步增大其商业价值。

三、微电子技术的战略地位、发展目标及研究方向建议

(一)发展微电子技术的战略意义

1. 发展微电子技术是保证国民经济稳定增长的前提条件

21 世纪的经济是信息经济[6]，目前发达国家信息产业的产值已占到国民经济总产值的 40%～60%，而国民经济总产值增长部分的 65%与集成电路相关。现代经济发展的数据表明：国内生产总值每增长 100 元，就需要 10 元左右的电子工业产值和 1～2 元的集成电路产值的支持，随着经济的发展，这个数字还在增加，据美国半导体协会(SIA)预测，到 2012 年，集成电路全行业销售将达到 5 000 亿～6 000 亿美元，它将支持 6 万亿～8 万亿美元的电子装备和 30 万亿美元的电子信息服务业，后者相当于 1997 年全世界 GDP 的总和。国际货币基金组织对世界经济发展的统计预测表明：发达国家在发展过程中都有一条规律，即集成电路产值(RIC)的增长率高于电子工业产值(REI)的增长率，而电子工业的增长率又高于 GDP 的增长率(RGDP)，一般情况下三者的关系是：RIC≈(1.5～2)REI，REI≈3RGDP，由此可见，随着社会的进步，集成电路对国民经济的影响会越来越大，只有大力发展微电子技术才能保证我国在未来的世界经济竞争中立于不败之地。

2. 发展微电子技术是建立稳固国防的需要

从国家安全的角度来看：军队、政府、国有企业和科研机构等部门使用的信息技术设备，直接关系到国家信息网络的安全，不掌握核心技术，不形成信息技术优势，我国的国家安全将难以保障。现代战争正在向信息战争的模式转化，信息优势在很大程度上决定着战略力量的对比。近几年的几次局部战争，向世界展示了以微电子技术为基础的现代信息战争的威力，“指哪打哪，百发百中”已成为信息战争的最好描述。从战略全局上看，没有信息对抗能力的常规战略已非常困难。在未来地面、空中、海上和空间的战争中，信息对抗能力将更加重要。不掌握信息优势，将在很大程度上失去战争的主动权。

大力发展具有战略意义的集成电路技术，从而占领科技、经济和军事制高点，已经成为许多国家的共识。虽然目前我们在微电子技术上和发达国家有一定的差距，但是这种

关键核心技术不仅关系到国计民生，而且关系到国家安全，决不能受制于人。

"十一五"是我国由集成电路电路消费大国向生产大国前进的五年，也是为我国今后进一步发展成为集成电路强国奠定基础的五年，在科学发展观的引导下，在构建和谐社会的氛围中，我们一定能够用集成电路创新的基石铺就中华民族在21世纪中叶实现伟大复兴的康庄大道。

(二)我国微电子技术的发展目标

目前，国际集成电路制造工艺已达到65 nm，进入了纳米科学范畴，微电子学与其他学科的交叉日趋深入，相关的新现象、新材料、新器件的探索日益增加，光子集成和光电子集成技术也不断发展，这些研究的不断深入，彼此间的交叉融合，将是今后几年的发展趋势，整个学科正面临寻求新的突破方向，处于发展的关键阶段。从目前学科的发展和社会需求来看，我国在这方面的基础研究与应用研究都需大大加强，以提高在该领域的整体创新水平和可持续发展能力，根据我国的具体情况应制订相应的短期、长期发展目标。

短期目标应该是紧贴国家战略需求，集中力量攻克制约我国信息产业发展、阻碍国民经济持续稳定发展的瓶颈技术，建立以企业为主体，市场为导向，应用为主线，"政产学研资"有机结合的技术创新体系；立足于自主创新和引进、消化、吸收、再创新的思路，坚持有所为有所不为的原则，充分利用已有的基础研究成果，在集成电路工艺、设计、制造和封装等方面取得阶段性成果；通过持续努力，掌握一批关键技术，拥有一批核心专利与标准；提高集成电路自给率，实现在信息安全和国防安全领域达到70%以上，通信和数字家电领域达到30%以上的"十一五"规划目标。

长期目标应该是抓住硅基CMOS技术即将走到尽头这一难得的历史机遇，根据国际微电子技术的总体发展趋势和我国的实际情况，尽快制订出研究计划，建立起国家级研发中心，主动出击，加快对后摩尔定律时期集成技术的研究，争取在关键领域取得突破，确保我国能在新时期的竞争中占据有利位置。

(三)研究方向建议

根据国际微电子技术的发展大方向及我国的实际情况，我们认为以下几方面应该作为今后研究工作的重点。

1. 应用研究

(1)集成电路设计。

进行对SoC发展起支撑作用的原创研究和关键技术研究，积极研发具有特色的集成电路设计工具，进行关键IP核的开发，形成一批集成电路设计领域的专利、专有技术和标准，提升我国集成电路设计业的自主创新能力。面向网络通信、数字家电、信息安全和汽车电子等领域的需求，开发一批关键核心集成电路产品。

(2)集成电路工艺。

重点开展面向12英寸以上晶片的亚70 nm大生产工艺技术、特种工艺技术研究，形成工艺自主开发能力，加快新工艺的开发速。

(3)封装技术。

封装测试在我国的集成电路产业中所占比重极大，但是国内企业主要停留在低端水平，没有掌握关键先进技术，主要原材料、关键设备多数依靠进口，应发挥产业优势，大力开展新型的3D封装研究，该技术应用前景广阔，如果研究成功，在很大程度上可以弥补设计方面的不足，为我国集成电路的发展提供一个新的发展方向。

(4)集成电路制造装备方面。

着力在关键核心设备的研发上集中投入，形成突破，赢得装备发展的主导权，改变当前的不利局面。

2. 基础研究方面

(1)基于介观和量子物理基础的亚50nm半导体器件输运理论研究。

(2)加强新型微电子材料的制备及性质研究，加大对GaN等外延材料的自主研发力度。

(3)基于自组装技术的纳米微电子技术研究。

参考文献

[1] ITRS 2005. Edition[EB/OL]. http://www. itrs. net/.

[2] ROBERT CHAU. Silicon Nanotechnology and Emerging Non-silicon Nanoelectronics. 8th International Conference on Solid-state and Integrated Circuit Technology Proceedings, 2006, shanghai, 1-3.

[3] TZE CHIANG CHEN. Overcoming Research Challenges for CMOS Scaling: Industry Directions. 8th International Conference on Solid-state and Integrated Circuit Technology Proceedings, 2006, shanghai, 4-7.

[4] 王阳元. 历史机遇和我国微电子发展之路. 中国集成电路，2005，(3)：30-38.

[5] 王阳元. 加强原始创新建设集成电路产业强国. 中国集成电路，2006，15(2)：22-23.

[6] 王阳元，黄如等. 面向产业需求的21世纪微电子技术的发展(上). 物理，2004，33(6)：407-413.

[7] 王阳元，黄如等. 面向产业需求的21世纪微电子技术的发展(下). 物理，2004，33(7)：480-487.

[8] 世界半导体业未来发展特征[EB/OL]. http://www. edw. com. cn/.

[9] 中国IC设计不要太强调高技术含量[EB/OL]. http://www. iedu. net/.

[10] 双栅促进晶体管革命[EB/OL]. http://www. sichinamag. com/.

[11] 半导体材料的过去现在和未来[EB/OL]. http://www. blogn. com/.

[12] 信息产业部[EB/OL]. http://www. mii. gov. cn/.

[13] 陈长春等. 纳米CMOS电路的应变Si衬底制备技术. 微纳电子技术，2006，43(7)：309-318.

[14] 方亮，李丽等. 双应力应变硅技术浅析. 微型计算机，2005，(5)：67-69.

[15] 高兴国，等. 硅基微电子新材料SGOI薄膜研究进展. 微电子学，2005，35(1)：76-78.

[16] 陈长春，等. 提升亚微米Si CMOS器件性能的新技术——应变Si技术. 微纳电子技术，2005，42(1)：13-18.

[17] 李竞春，等. 薄虚拟SiGe衬底上的应变Si pMOSFETs. 半导体学报，2005，26(5)：882-885.

[18] 吴贵斌，等. 超高真空化学气相生长用于应变硅的高质量SiGe缓冲层. 半导体学报，2005，26(11)：2139-2142.

[19] 谭静等. 低温制备应变硅沟道MOSFET栅介质研究. 微电子学，2005，35(2)：118-120，124.

[20] ZHIYUAN CHENG. Strained -Si and Advanced Channel Materials on Insulator:Challenges and Opportunities. 8th International Conference on Solid-state and Integrated Circuit Technology Proceedings,2006,shanghai,90-95.

[21] MAKOTO YOSHIMI,et al. Strained -SOI Technology for High-performance CMOSFETs in 45nm-or-below Technology. 8th International Conference on Solid-state and Integrated Circuit Technology proceedings,2006,shanghai,96-97.

[22] AGO'Neill,S H OLSEN,et al. Strained Silicon Technology. 8th International Conference on Solid-state and Integrated Circuit Technology Proceedings,2006,shanghai,104-107.

[23] E UNGERSBOECK,et al. Strain Engineering for CMOS Devices. 8th International Conference on Solid-state and Integrated Circuit Technology Proceedings,2006,shanghai,124-127.

[24] F YUAN,et al. Mobility Enhancement Technology. 8th International Conference on Solid-state and Integrated Circuit Technology Proceedings,2006,shanghai,116-119.

[25] 王伟等.高K栅介质纳米MOSFET栅电流模型.半导体学报,2006,27(7):1170-1176.

[26] 萨宁,等.具有HfN/HfO_2栅结构的P型MOSFET中的负偏置—温度不稳定性研究.物理学报,2006,55(3):1419-1423.

[27] 李驰平,等.新一代栅介质材料——高K材料.材料导报,2006,20(2):17-20,25.

[28] 王韧,等.Hf基高K栅介质材料研究进展.材料导报,2005,19(11):20-23.

[29] 马春雨,等.高K栅介质薄膜材料研究进展.真空科学与技术学报,2004,24(21):28-32.

[30] 钟兴华,等.超薄氮氧叠层栅介质的金属栅PMOS电容的电学特性.半导体学报,2005,26(4):651-655.

[31] 韩德栋,等.超薄HfO_2高K栅介质薄膜的软击穿特性,固体电子学研究与进展,2005,25(2):157-159.

[32] 张邦维.高K栅极电介质材料与Si纳米晶体管.微纳电子技术,2006,43(3):113-120.

[33] 张邦维.高K栅极电介质材料与Si纳米晶体管(续).微纳电子技术,2006,43(4):161-166.

[34] 翁寿松.高K绝缘层研究动态.微纳电子技术,2005,42 (5):220-223,248.

[35] 徐国胜,等.表面预处理对HfO_2栅介质MOS器件漏电特性的影响.微电子学,36(4):441-445.

[36] 张国艳,黄如,等.CMOS射频集成电路的研究进展.微电子学,2004,34(4):377-383,389.

[37] 甘学温,黄如,等.纳米CMOS器件.北京:科学出版社,2004.

[38] PRAHAT AHMET. La-based Oxides for High-K Gate Dielectric Application. 8th International Conference on Solid-state and Integrated Circuit Technology Proceedings,2006,shanghai,408-411.

[39] YASUO NARA. High-K/Metal Gate Stack Technology for Advanced CMOS. 8th International Conference on Solid-state and Integrated Circuit Technology Proceedings,2006,shanghai,360-363.

[40] HSING HUANG TSENG. Defect Passivation and Interface Engineering for High-K Gate Dielectric Device Performance and Reliability Enhancement. 8th International Conference on Solid-state and Integrated Circuit Technology Proceedings,2006,shanghai,364-367.

[41] MING FU LI,et al. A Novel High-k Gate Dielectric HfLaO for Next Generation CMOS Technology. 8th International Conference on Solid-state and Integrated Circuit Technology Proceedings,2006,shanghai,372-373.

[42] TOMONORI AOYAMA,et al. HfSiON Gate Dielectric Technology for CMOSFET Application. 8th International Conference on Solid-state and Integrated Circuit Technology Proceedings,2006,shanghai,380-381.

[43] YI ZHAO,et al. Higher-K LaYOx Films with Strong Moisture-robustness. 8th International Conference on

Solid-state and Integrated Circuit Technology Proceedings, 2006, shanghai, 427-429.

[44] K OHMORI, et al. Controllability of Flatband Voltage in High-K Fate Stack Structures-remarkable Advantages of La_2O_3 over HfO_2. 8th International Conference on Solid-state and Integrated Circuit Technology Proceedings, 2006, shanghai, 376-379.

[45] MINJIAN LIU, et al. Scaling to 10nm-bulk, SOI or Duble-gate MOSFETs? 8th International Conference on Solid-state and Integrated Circuit Technology Proceedings, 2006, shanghai, 35-38.

[46] ROY K, et al. Double-gate SOI Devices for Low-Power and High Performance Applications. omputer aided design 2005. CCAD-2005 IEEE/ACM international conference, 6-10, Nov, 2005, 217-224.

[47] Dao T, et al. Industry Trend: Planar Double Gate Technology. Integrated Circuit Design and Technology ICICDT. '06. 2006. IEEE international conference on 24-26 May, 2006: 1-2.

[48] SWAHN B GATE SIZING. FinFET Vs 32 nm Bulk MOSFET, Design Automation Conference, 2006, 43rd. ACM/IEEE, 24-28 July, 2006. 528-531.

[49] THOMAS SKOTNICKI, STEPHANE MONFRAY. Silicon-on-Nothing (SON) Technology, 8th International Conference on Solid-state and Integrated Circuit Technology Proceedings, 2006, shanghai, 11-14.

[50] R JHAVERI, et al. Novel MOSFET Devices for RF Circuit Application. 8th International Conference on Solid-state and Integrated Circuit Technology Proceedings, 2006, shanghai, 43-46.

[51] BIN YU. Nanoelectronics: Toward End of Scaling and Beyong. 8th International Conference on Solid-state and Integrated Circuit Technology Proceedings, 2006, shanghai, 19-22.

[52] 面向 SOC 的系统及设计方法与技术进展研究[EB/OL]. http://www.chinaecnet.com/.

[53] 邹志革,等. 低压低功耗模拟集成电路及设计展望. 微电子学, 2006, 36(1): 60-65, 69.

[54] 冯亚林,等. 集成电路的现状及其发展趋势. 微电子学, 2006, 36(2): 173-176.

[55] 翁寿松. 65 nm 芯片设计和制造中的几个问题. 微纳电子技术, 2006, 43(7): 319-322.

[56] 徐世六. 军用微电子技术的发展战略思考. 微电子学, 2004, 34(1): 1-6.

[57] 李建成,等. 军用微电子技术发展与院校教育思考. 高等教育研究学报, 2005, 28(1): 25-27.

[58] 冯亚林,等. MEMS 技术及其在军事中的应用. 微电子学, 2006, 36(1): 66-67.

[59] Suki. 对发展我国 IC 封装业的思考. 半导体技术, 2005, 30(11): 9-10.

[60] 翁寿松. 3D 封装的发展动态与前景. 电子与封装, 2006, 6(1): 8-11.

[61] 翁寿松. 堆叠封装的最新动态. 电子与封装, 2006, 6(5): 1-4.

[62] SiP 技术现状与发展趋势[EB/OL]. http://www.smte.net/.

[63] 应用于 3D 互联的对准晶圆互联技术[EB/OL]. http://www.smte.net/.

[64] 翁寿松. 193 nm 浸入式光刻技术. 电子工业专用设备, 2005, 34(7): 11-14.

[65] 翁寿松. 世界半导体设备的十大发展趋势. 集成电路应用, 2004, 33(4): 10-13.

[66] 翁寿松,等. 纳米技术将推动 IC 产业继续前进. 微纳电子技术, 2006, 43(6): 261-265.

[67] 彭英才,等. 面向 21 世纪的纳米电子学. 微纳电子技术, 2006, 43(1): 1-7.

[68] 李娜,等. 苯基单分子器件 I-V 特性的研究. 电子元件与材料, 2006, 25(6): 55-57.

[69] 姜辉,等. 以 DNA 为模板构筑纳米材料与分子器件. 世界科技研究与发展 2006, 28(1)14-22.

[70] 赵建伟,等. 电子在有机单分子膜中传递的研究进展. 分析化学, 2005, 33(10): 1494-1498.

[71] 郭树田. 中美纳电子技术的发展对比研究. 微纳电子技术, 2006, 43(8): 357-360.

[72] 王晓亮,等. SiC 上高性能 AlGaN/GaN HEMT 结构材料研制//第十四届全国化合物半导体材料、微波器件和光电器件学术会议论文集. 2006, 11, 广西·北海: 165-172.

[73] 莫大康. 未来的半导体技术. 电子工业专用设备, 2004, 33(7): 1-2.

[74] 文剑,等.微波功率器件及其材料的发展和应用前景,电子与封装 2005,5(11):1-8.

[75] 李和委.第二代半导体材料、器件及电路的发展趋势.世界产品与技术,2003,(11):36-39.

[76] 谢永桂.支撑 21 世纪通信产业的化合物半导体超高速器件.电子元器件应用,2001,3(11):8-11.

[77] 金禾.迎接后硅时代涌动化合物半导体.电子产品世界,2002,10A:11-12.

[78] 谢永桂.超高速化合物半导体器件(1).电子元器件应用,2002,4(9):60-62.

[79] 谢永桂.超高速化合物半导体器件.电子元器件应用,2003,5(2):57-58.

[80] SHUR M S. Physics of GaN-based Heterostructure Field Effect Transistors, Compound Semiconductor Integrated Circuit Symposium, 2005. CSIC '05. IEEE, 30 Oct. -2 Nov. 2005. 137-140.

[81] NAKAJIMA S. Compound Semiconductor IC's, Indium Phosphide and Related Materials, 2005. International Conference on, 8-12 May 2005. 603-608.

[82] STREIT D C. The Future of Compound Semiconductors for Aerospace and Defense Applications. Compound Semiconductor Integrated Circuit Symposium, 2005. CSIC '05. IEEE, 30 Oct. -2 Nov. 2005, 5-8.

[83] LARSON L, et al. Challenges and Opportunities for Compound Semiconductor Devices in Next Generation Wireless Base Station Power Amplifiers, Compound Semiconductor Integrated Circuit Symposium, 2005. CSIC '05. IEEE, 30 Oct. -2 Nov. 2005, 1-4.

[84] 邵凯.微波宽禁带半导体走向实用化//第十四届全国化合物半导体材料、微波器件和光电器件学术会议论文集,2006,11.广西·北海.

[85] 我国 IC 产业"十五"计划期间年均增速逾 30%[EB/OL]. http://www.51base.com/.

撰稿人:王晓亮

无线通信技术发展

一、无线通信技术学科进展回顾

20 世纪末以来,日益广泛的信息化带来了许多新的生产模式和生活理念。信息社会改变着我们的行为和思维方式。信息社会中人们的生活中心将从工业社会的以社会为核心回归到以家庭和个人为核心,因此以人为中心提供无所不在的信息服务是未来通信网络的目标。无线通信网把人从通信设备的束缚中解脱出来,使得信息可以自由联通,服务可以无处不在。多种多样的无线设备包括手提电脑、个人数字助理、蜂窝电话、便携式媒体播放器等以及嵌入式的传感器时刻在人与人之间,人与环境之间传递信息;时刻检测和控制现实世界的对象和事件,以人为中心提供着无所不在的服务。无处不在的无线网络逐渐成为用户与现实世界交互的接口,随时随地地根据个人环境信息查询、组织并使用种类繁多的服务,构建人与计算设备的和谐社会。

无线通信最早应用在专用通信系统中,专用移动通信也称为无线电调度通信,是一种专为特定人群之间提供特定服务的移动通信。早期的专用移动通信系统是由调频对讲机构成的同频单工网,然后发展成为大区制覆盖的单频道单基站系统和多频道单基站系统,实现基站与移动台的无线电通信,提供调度中心对移动用户的调度业务的服务。

为了提高无线网络的频道利用率,引入了多频道共享技术。早期采用的技术有循环定位或循环不定位等方式,然后发展成适合于调度通信的一种多频道共享的“集群”方式。集群通信系统是指采用“集群”信道共用技术的一种专用移动通信系统,属于模拟专用移动通信系统,也就是第一代专用移动通信系统。

第二代专用移动通信系统是以数字化为特征的数字集群通信系统。数字集群通信的概念进入国内是在 1993~1994 年,首先是摩托罗拉综合无线电(MIRS)系统,以后 MIRS 改为综合调度增强型网络(iDEN)系统,然后又引入了欧洲的陆上集群无线电(TERA)系统。专用移动通信系统除了支持调度电话业务以外,它比模拟系统具有更高的频谱利用率,更好的通信质量和更大的系统容量以及更好的用户信息保密性能,而且还可支持双工电话通信、短信息、分组数据等业务,支持具有在多基站覆盖区进行漫游甚至越区切换等功能,网络管理和新业务的引入变得更加灵活,更易于与其他移动通信网和地面固定网络的连接。

为公众提供无线通信服务的移动通信系统是 20 世纪最后 20 年发展起来的,是实现人类通信终极目标——世界上任何人在任何地方任何时间可以与世界上任何其他人进行任何形式的通信的通信技术。移动通信为实现人类通信终极目标提供了可能性。移动通信已成为国民经济、社会发展的强大推动力,随着移动通信技术的进步,这个趋势仍将继续和发展。

公众移动通信使用了频率再用的概念。世界从 20 世纪 70 年代末开始获得了飞速的发展，在技术上经历了第一代(模拟系统)、第二代(窄带数字移动系统)以及第二代的增强，已经或正在进入第三代(准宽带数字移动系统)。互联网的发展和多媒体业务的需求加速了移动通信向真正的宽带系统过渡。第四代移动通信系统业已浮出水面。

随着计算机的广泛应用和计算机网络的普及，各类终端业务通过无线方式接入核心网络和计算机网成为人们的迫切需求，由此引出了无线接入网(WAN)的概念，继而各种不同的 WXAN 区域网络技术以及无线家庭网、无线传感网、射频认证技术(RFID)等都在近年蓬勃发展起来。

多种无线接入技术在优势互补的同时也存在部分替代性，引发了不同阵营间的激烈竞争。相关标准组织及技术联盟也在大力推进其发展，芯片厂商及设备商的参与使竞争更为激烈。当前随着通信业向传输宽带化、业务多样性的趋势发展，无线接入以其组网灵活迅速、升级维护方便以及高速双向数据传输等优点赢得了业界的青睐，技术发展日新月异。无线接入系统按覆盖区域划分，可以分为无线城域网(WMAN)、无线广域网(WWAN)、无线区域网(WRAN)、无线局域网(WLAN)、无线个域网(WPAN)、无线体域网(WBAN)等；另外在支持 WPAN 的短距离无线通信技术中，除了蓝牙(Bluetooth)和射频家电(HomeRF)以外，近年来比较引人注目的还有 IEEE 802.15 系列中新列出的 UWB、Zigbee 以及 RFID，等等。

近年来，我国宽带用户增长迅猛，用户已经突破 1400 万，其中主要以 ADSL(非对称数字用户环路)接入用户为主，这反映出用户对宽带数据需求迫切。目前无线宽带接入的发展还很不理想，虽然 GPRS 和 CDMA1X 都可以提供移动上网，但是由于各种因素的制约，发展还很缓慢。可以肯定的是，无线宽带和移动宽带的发展将呈逐步增长的趋势。作为一种重要的无线接入手段，无线接入技术将会在未来的通信格局中占据非常重要的地位。

今后的无线通信系统将是一个多种技术、标准互相融合的综合型网络，不同无线接入技术之间可以通过无缝切换支持话音和数据业务的漫游，最终形成无处不在的移动网络。

传统移动通信技术在 3G 的基础上向宽带演进的同时，固定无线接入技术向着增加移动性的方向快速发展，这些技术殊途同归，很有可能最终融合成为 4G。

值得注意的是，无线传感器网络在无线网络中有其独特的地位。传感器网络综合了传感器技术、嵌入式计算技术、分布式信息处理技术和通信技术，能够协作地实时监测、感知和采集网络分布区域内的各种环境或监测对象的信息，并对这些信息进行处理，获得详尽而准确的监测报告并传送给相应的用户。

无线传感器网络虽然也采用无线通信作为基本的通信方式，但传感器网络有其特殊性：在无线传感器网络中，除了少数节点需要移动以外，大部分节点都是静止的。由于它们通常部署在人无法接近的恶劣甚至危险的远程环境中，能源无法替代，设计有效的策略延长网络的生命周期成为无线传感器网络的核心问题；在无线传感器网络的研究初期，人们一度认为成熟的 Internet 技术加上 Ad hoc 路由机制对网络的设计是足够充分的。但深入的研究表明：无线传感器网络有着与传统网络明显不同的技术要求，前者以数据为中心(data centric)，后者以传输数据为目的。

无线接入网的标准主要由 IEEE 工作组制定，它们包括：IEEE 802.15、IEEE 802.11、

IEEE 802.16、IEEE 802.20 和 IEEE 802.22，其中前 3 个已有标准颁布，还在不断地修改和完善，后两个标准正在制订当中，预计近两年内可推出。另外欧洲 ETSI HiperLAN 和 HiperMAN 也是针对无线局域网(WLAN)和无线城域网(WMAN)的标准。在这些系统中，目前应用最广泛的是 WLAN，基于 IEEE 802.11 系列标准的 WLAN 设备已经被广泛地应用到了企业以及普通百姓的家庭中，其方便性和实用性已经在市场上获得广泛认可。但是由于 WLAN 使用的局限性，基于 IEEE 802.16 系列标准的 WMAN 成为近两年无线接入技术的新热点，其支持固定无线接入的设备已进入商用阶段。

作为发展较为成熟的技术，如何寻找新的突破、提高自身性能、保证业务的 QoS、提高数据速率已经成为 WLAN 技术的发展重点，利用网状网技术实现室外 WLAN 覆盖的案例迅速增加，似乎作为 WLAN 的新的模式，将在全球范围内形成一股热潮。而作为新起之秀的 WMAN，在完善现有固定宽带无线接入技术的同时，正在向移动化积极发展。IEEE 802.22 工作组将要推出基于认知无线电的和广播电视共用频段的 WRAN 系统标准。

二、无线通信技术学科领域的国内外研究进展比较

(一)移动通信

1. 专用移动通信

现阶段的专用移动通信系统包括常规的对讲、模拟集群、数字集群等技术。总体来说技术相对落后、业务单一、应用面较窄。但是，专用移动市场的需求随着社会的进步不断地发展，现有的技术已远远不能满足需求。虽然，也有为数不多的数字集群系统应用，但总体存在着价格高、稳定性差、业务不丰富、售后支持有限等不足，制约了集群应用的发展。

我国于 2000 年 12 月 28 日由信息产业部正式颁布了 SJ/T11228—2000(数字集群移动通信系统体制)的电子行业推荐标准。该标准主要参照国际标准 Tetra(体制 A)和摩托罗拉公司提出的美国国家标准 iDEN(体制 B)。体制 A 面向专用调度和共用集群通信网。体制 B 主要适用于共用集群通信网。该标准规定的集群通信系统的工作频段为 806～821 MHz、851～866 MHz，双工频率间隔为 45 MHz。

目前的集群系统多为模拟系统，数字集群应用有限。Tetra、iDEN 体制，尚未得到大规模应用。造成这一现象的原因很多，其中包括开放性有限，完备性限制，业务有限，设备商投入不足，个性化解决方案的提供能力有限等因素。

国内对数字集群的基本要求包括：满足业务、特性需求；安全性、可靠性突出；组网灵活，网络覆盖满足要求；价格适中，满足大规模发展的需要。基于这些需求，我国华为公司和中兴公司分别提出和自主开发了基于 GSM-R 技术的 GT800 数字集群系统和 CDMA 技术的 GOTA 数字集群系统。

2004 年 6 月制订了《基于 GSM 技术的数字集群系统总体技术要求》和《基于 CDMA 技术的数字集群系统总体技术要求》两个通信标准文件，推动了我国自主知识产权的数字

集群通信技术的发展。

GOTA 技术特点：

(1)基于 CDMA 实现专业集群，全球首创，国际领先，引导集群技术发展。呼叫建立时间短，群组成员容量不受限，满足突发事件和特殊环境要求，基于 CDMA 提供丰富集群扩展功能，保证集群业务的可靠性(在线状态查询、呼叫中实时定位、漏话提示、话权排队等)。

(2)基于 CDMA 技术，轻松实现集群加密功能。码分多址本身的保密特性，可实现业务的端到端加密功能。

(3)实现集群的 IP 化和多媒体化。提供强大的无线宽带数据业务能力，将集群调度和定位、数据、图像、多媒体等多种增值业务的完美结合。

(4)充分考虑共网易用的需求。跨区域互通漫游设计，实现多地集群业务的漫游；提供强大灵活的行业应用二次开发平台，根据需要定制开发(例如奥运、城市应急)。

GT800 技术特点：

(1) 以公众移动通信产业链为支撑，基础技术比较完善，发展有保障，而且标准开放，多家参与，有利于供货商之间竞争，打破专利垄断和技术设备制造垄断，可以建立降低建网和运营成本；

(2) 具有良好的接续性能，系统的集群式快速呼叫建立时间能够满足用户的需求；

(3) 系统基于华为强大的智能平台，能提供各类的特色业务；

(4) 安全可靠，支持空中接口加密和端到端的加密等。

2.公用移动通信

移动通信技术上，不论是运营业还是研发和制造业也经历了第一代(模拟系统)、第二代(窄带数字移动系统)以及第二代的增强，正在进入第三代(准宽带数字移动系统)。近两年(2005～2006) 世界上在第四代移动通信相关无线技术和信号处理技术的研究不断深入，取得了不少突破。从技术进展的角度来看，2005～2006 年度移动通信技术的进展最具代表性的就是第四代移动通信相关无线技术和信号处理技术的研究不断深入，它们包括：

(1)天线技术

智能天线技术及其应用　20 世纪 90 年代以来，阵列处理技术引入移动通信领域，很快形成了一个新的研究热点——智能天线。美国、欧洲和日本对智能天线进行了大量的研究开发，并对诸如最优波束形成算法、系统性能评估、多用户检测与自适应天线结构、时空信道特性估计及微蜂窝优化与现场试验等进行了研究。今后，智能天线研究值得关注的有：智能天线的接收准则及自适应算法；宽带信号波束的高速波束成形处理；智能天线实现中的硬件技术；智能天线的测试平台及软件无线电技术研究等方面。

无线终端天线　随着移动通信技术的发展，宽带无线接入技术也由原来的固定宽带无线接入逐渐向移动宽带无线接入方向发展。这种发展对宽带无线接入技术提出了新的要求，即在复杂多变的无线信道条件下能够实现数据高速可靠的传输。具体到天线系统中，自适应阵列和多输入多输出(MIMO)天线技术成为提高系统性能的主要手段。自适应天线的主要优点为：①在基站端能够对一个用户形成窄波束，使其他扇区的干扰得到有效抑制，从而增加系统容量；②在基站端及用户端能用于降低干扰，提高接收信号的载干比。

MIMO 天线系统的发射机和接收机都有多个天线。利用 MIMO 技术可以提高信道的容量，在不增加带宽和天线发送功率的情况下，频谱利用率可以成倍地提高，同时也可以提高信道的可靠性，降低误码率。今后，MIMO 的发送和接收信号处理技术仍然是研究热点。

(2)射频技术。

射频技术的发展比之数字电路技术要缓慢得多，虽然多年来人们一直希望射频技术也能像大规模数字集成电路技术一样走上快速发展的道路，但是迄今为止，这一状况没有出现。当然这并不是说射频技术处于一种停滞不前的状况，实际上，近年来射频技术还是取得了令人振奋的发展，其中最具代表意义的是两项技术：一项是 RF MEMS(射频微电机系统)；另一项则是 LTCC(低温共烧陶瓷)。

MEMS 是结合电和机械元件利用集成电路加工工艺、尺寸在微米到毫米量级的微型器件或器件阵列，MEMS 器件用于射频与微波领域具有执行速度快、损耗小、品质因数高等优点。目前，应用最多的 MEMS 器件当属开关。MEMS 开关类似于机械继电器，但是其尺寸只有几十或几百微米，这种尺寸使得 MEMS 开关具有了特殊的吸引力，因为它们使获得理想的占用 $1mm^2$ 或更小空间的各种切换方案成为可能。其优点很快便引起了包括美国、日本及欧洲等国学术界和工业界的共同关注，随后各国的研究不断取得进展，今年日本的欧姆龙公司在“CEATEC JAPAN 2006”展会上展出了一种该公司研制的有望成为新一代手机核心元件的 RF MEMS 开关，作为封装后的元件其开关次数可达 10 亿次，已能够满足实际应用的需要。美国的风险创业 TeraVicta 科技公司也已发布了将在 2007 年量产面向手机等电子产品的 RF MEMS 开关的计划。我国对 MEMS 技术的研究起步并不晚，但是对 RF MEMS 技术的研究则重视不够，近年来随着美国、日本及欧洲等国在该领域不断取得进展，差距有越来越大的趋势。

LTCC 技术是一种多层陶瓷技术，它可以将无源元件埋置到陶瓷基板内部，同时将有源元件贴装在基板表面，在设计上具有很大的灵活性，真正实现了传统聚合物和传统陶瓷材料无法获得的三维结构。LTCC 技术非常适合设计和生产具有良好高频特性的内埋式无源器件，尤其是电感和电容以及由它们组成的滤波器，以代替传统的分离式器件。集成化功能陶瓷元器件则是以 LTCC 为平台，采用多层陶瓷技术将电容、电感和电阻材料嵌入集成在低温共烧陶瓷基板中，形成无源集成陶瓷器件。国内 LTCC 产品的开发与国际先进水平相比差距较大，拥有自主知识产权的材料体系和器件几乎空白。随着电子终端产品产能过剩，价格和成本竞争将日趋激烈，这将为国内 LTCC 器件的发展提供良好的契机。

(3) 信道编码。

1)LDPC 码由于纠错性能高，易于并行设计处理电路，可在大冗余度下使用，业界评价很高。在下一代无线通信、光通信、广播电视、硬盘保存装置以及半导体领域的应用正在急剧增加。2005 年 2 月，采用 LDPC 码纠错的 UWB 和 DVB-S2 芯片亮相，其中台湾新竹交通大学的研究小组开发的 UWB 基带 LSI(大规模集成电路)所采用的 LDPC 码长度为600位，编码率为3/4，并称芯片的LSI性能大大超过了旨在实现基于UWB的WPAN(无线专用局域网)的IEEE 802.15 TG3a标准；意法半导体研究的DVB-S2调制与解码LSI在外码中使用BCH码，在内码中使用LDPC码的组合纠错码，并称离香农极限仅差0.305 dB。

2)数字喷泉(DF，Digital Fountain)码是Michael Luby在1998年发明的，首创于他所在的数字喷泉公司。LT(Luby变换)码是第一类通用喷泉码，Raptor码是数字喷泉公司2003年提出并力推的一类数字喷泉码。2005年，制订第三代移动通信(3G)标准的组织选择Digital Fountain公司的前向纠错(FEC)技术作为第三代蜂窝网络多媒体广播/多点传送服务(MBMS)的强制组成部分，该公司的DF Raptor FEC技术成为用于流及文件下载服务的MBMS标准的一部分，主要用于3G无线广播视频和文件传输服务。在日本，DF Raptor正迅速变成一个实际的标准，如日本的住友电工网络，进入制作服务器和机顶盒的行业，采用的就是DF公司的技术。另外，DF公司同全球第一大手机厂商诺基亚达成协议，将向后者提供前向纠错技术(FEC)的授权。目前，fountain code也已经被推广到AWGN等信道中，出现了turbo-fountain code等。

国际上ITU在第四代移动通信技术研发和应用方面的日程表是：

2002年2月完成B3G的目标和预期(Complete the target and perspective of B3G)；

2005～2006年完成B3G的频谱规划(Planning the spectrum for B3G)；

2010年左右完成标准化工作(Standardization)；

2010年后商用(Commerce)。

国外第四代移动通信技术研发具有代表性的国家是日本。

2004年5月26～27日在ICB3G 2004'会议上，Docomo发表了其第四代移动通信技术现场试验数据：

下行载波 $f_{c,down}=4.635$ GHz；

上行载波 $f_{c,up}=4.9$ GHz；

下行带宽 $B_{wdown}=100$ MHz；

上行带宽 $B_{wup}=30$ MHz；

下行空中接口(downlink)：VSF-OFCDM，自适应QPSK～64QAM；

上行空中接口(uplink)：VSF-CDMA；

信道编码(Channel coding)：Turbo码；

数据速率(Data rate)：下行最高300 Mbps；

下行平均135 Mbps；

(30 km/h，距离800 m～1 km)

3. 国内在移动通信方面的研究进展

我国的移动通信起步于20世纪80年代后期，比世界移动通信起步晚了大约十年。但由于改革开放，经济持续发展，政策推动发展，国内需求巨大，我国移动通信得到了持续、快速发展。不但是移动通信运营业得到了持续、快速发展，移动通信的科研开发和制造业也得到了持续、快速发展。移动通信的持续、快速发展反过来也大大促进了我国经济持续快速发展，改变了人们的生活和工作方式。

技术上，与世界一样，我国的移动通信正在进入第三代（准宽带数字移动系统）。近两年（2005～2006）我国在第四代移动通信相关无线技术和信号处理技术的研究也不断深入，取得了不少成绩。

从技术进展的角度来看，2005～2006年度移动通信技术的进展最具代表性的就是第四代移动通信相关无线技术和信号处理技术的研究不断深入。

我国将第四代移动通信称为B3G（Beyond 3G）。国家高技术“863计划”FuTURE（Future Technologies for Universal Radio Environment，未来通用无线环境）二期任务即联合研究开发B3G蜂窝移动通信无线网络试验系统，支持FDD和TDD双工方式，FDD系统空中接口为上行GMC/下行OFDM，TDD系统空中接口为上行OFDM/下行OFDM，已取得了实质性进展。在通过由西安交通大学主持的第三方链路性能仿真测试和网络性能仿真测试的基础上，于2006年6月分别在东南大学和北京邮电大学通过现场试验验证，并于2006年10月在上海工程技术大学通过多小区多用户多业务现场试验和高速移动环境下现场试验。结果表明：①FDD和TDD系统能够在17.28 MHz的带宽内支持不低于100 Mbps的峰值数据速率，频谱利用率约为6 bps/Hz；②所提出的关键技术能够显著提高系统性能及环境适应能力。③系统方案能够支持多小区多用户多业务高速无线传输和高速越区切换，并能够适应高速移动环境。

（1）我国第四代移动通信在发明专利等知识产权方面取得进展：①共获取核心技术专利200项，专利数远超过预期的30项，核心技术专利覆盖第四代移动通信关键技术的各个方面：②协同分布式无线网络及高层协议技术相关专利31项；③宽带多载波传输与多址技术相关专利55项；④充分挖掘空间资源的MIMO无线传输技术相关专利26项；⑤逼近信道容量的信道编译码与迭代接收技术相关专利52项。⑥新型天线与射频技术相关专利20项。⑦我国第四代移动通信研究的部分成果通过RITT提交近数十项国际标准提案，其中十多项提案被采纳。

（2）我国第四代移动通信在关键技术方面取得的进展，举例来说主要有以下几点。

关键技术之一：协同分布式无线网络及高层协议。在世界上率先提出使用协同分布式无线电技术，在网络框架上解决所面临的频谱有效性和功率有效性难题；已系统掌握了协同分布式无线系统理论建模、功率有效性与频谱有效分析、协同分布式多天线构造与选择切换技术、资源调配与复用技术、QoS保障技术、高层协议设计等；突破频率复用和组网技术，提出软分数频率复用技术和快速小区组选择技术，显著提高小区边缘性能。

关键技术之二：宽带多载波传输与多址技术。完善了所提出的混合GMC/OFDM传输框架技术，能够适应新一代蜂窝移动通信大范围覆盖和无线资源灵活调配等要求；全面掌握GMC/OFDM系统的设计与实现、定时与频率同步以及信道估计等关键技术。

关键技术之三：充分挖掘空间资源的MIMO无线传输技术。已掌握MIMO信道的建模、信道容量分析与系统性能分析、信道估计与跟踪、空时编码与最优接收等关键技术；引入了广泛适用的U-MIMO（或称自适应MIMO）技术，通过感知移动终端所处的环境，在统一的框架下实现环境自适应MIMO传输，解决MIMO技术在复杂场景下的工程应用问题。

关键技术之四：逼近信道容量的信道编译技术与迭代接收技术已系统掌握了采用迭

代技术的信道编译码理论方法、迭代检测译码理论方法以及高效实现方法等;突破迭代接收技术复杂性高及延时大的难点,引入了软信息保留迭代接收技术和双涡轮迭代接收技术,解决了系统性能优化和实现复杂性之间的矛盾。

关键技术之五:新型天线与射频技术。解决了 3.5GHz 频段上 RoF 技术的难点,实现了远端机和近端机的时钟同步和控制同步;在多通道低噪声和大动态范围接收技术、高线性度多通道发射技术、高线性和高灵敏度的宽带多通道小型化移动台射频技术、新型天线技术等方面突破了一系列技术难点。

(3)我国第四代移动通信在试验系统研究开发方面的进展举例来说主要如下。

率先采用了代表当前国际先进水平的开放式电信通用硬件平台结构 ATCA 作为基带硬件总体架构,支持板间全连接功能,背板速率达到 2.5Gbps,可满足传输速率达到 1Gbps 的硬件设计需求;试验系统基带硬件利用高端 FPGA 和 DSP 构成的可编程运算阵列,实现软件无线电 SDR 的基带部分,采用高性能 CPU 加 DSP 实现数据链路层。

在以第四代移动通信相关无线技术和信号处理技术为代表的移动通信技术的进展方面,2005～2006 年度我国取得了实质性进展。符合 ITU 的期望进展,并进入国际先进行列。

(二)无线接入

1.短距离无线通信技术

WPAN 的覆盖范围一般为几米,低成本、低功耗和对等通信,是短距离无线通信技术的三个重要特征和优势。目前几种主流的短距离无线通信技术包括:高速 WPAN 技术;UWB 高速无线通信技术,包括 MB-OFDM、DS-UWB;WirelessUSB 技术,WirelessUSB 是一个全新无线传输标准,可提供简单、可靠的低成本无线解决方案,帮助用户实现无线功能。此外,还有低速 WPAN 技术和 IEEE 802.15.4/Zigbee,Zigbee 是一种低速短距离无线通信技术。它的出发点是希望发展一种拓展性强、易建的低成本无线网络,强调低耗电、双向传输和感应功能等特色。ZigbeePHY 和 MAC 层由 IEEE 802.15.4 标准定义。IEEE 802.15.4a 是作为 IEEE 802.15.4 的一个补充,其物理层的标准可能采用低速 UWB 技术。UWB 技术目前主要有两种体制,分别是多带 OFDM 超宽带(MB-OFDM-UWB)和直接序列扩频超宽带(DS-UWB)。目前 MB-OFDM-UWB 的芯片能以最高达 480Mbps 的速率收发数据,同 DS-UWB 芯片相比,MB-OFDM-UWB 芯片在成本、体积和功耗上具有较大的优势。蓝牙底层 PHY 层和 MAC 层协议的标准版为 IEEE 802.15.1,大多数标准的制订工作还是由蓝牙小组 SIG 负责。RFID 是一种非接触的自动识别技术,其基本原理是利用射频信号和空间耦合电感或电磁耦合实现对被识别物体的自动识别。

在短距离无线通信中,无线传感器网络有独特的应用和网络特点。最早的无线传感器网络研究源于 1978 年,它是由美国国防部 DARPA 资助的一个关于分布式传感器网络的研究小组发起的。该组织的研究成果被用于美国军队监视系统中。接下来 DARPAR 在 20 世纪 90 年代中期资助了 LWIM(Low-power Wireless Integrated Microsensors)项目,旨在研究大规模分布式传感器系统在军用上的性能。总共有 29 个研究项目和 25 个研究机构受到 SensIT 计划的资助，其中比较著名的有加州大学洛杉矶分校的 WINS 项目，加州大学伯克利分校的 PicoRadio 项目，麻省理工学院的 uAMPS 项目，等等。进入 21 世纪后，美国陆军和海军为了提高作战能力，使军队的情报侦察和获取水平产生质的飞跃，开始对无线传感器网络进行新一轮的大规模研究和开发。其中比较著名的项目包括美国陆军的"灵巧传感器网络通信"项目、"无人值守地面传感器群"项目、"战场环境侦察与监视系统"项目以及美国海军的"传感器组网系统"项目、"网状传感器系统"项目等。与此同时，无线传感器网络的研究也逐渐拓展到民用领域，并引起了世界各个国家研究机构的高度重视，其中比较著名的包括美国国家自然基金委员于 2003 年斥资 3 400 多万美元资助的 CENS 计划；美国 Sandia 国家实验室与美国能源部于 2002 年 5 月合作研究的反恐系统，该系统能够尽早发现以地铁、车站等场所为目标的生化武器袭击，并及时采取防范对策；美国交通部提出的"国家智能交通系统项目规划"，该规划项目旨在将无线传感器技术运用于整个地面交通管理，建立一个在大范围内、全方位发挥作用的、实时、准确、高效的综合交通运输管理系统。除此之外，以美国 Intel 公司为首的信息业巨头们也开始了这方面的工作，纷纷设立或者启动相应的行动计划。

2. WLAN

基于 IEEE 802. 11 系列的 WLAN 标准已包括共 21 个标准(包括正在制定中的)，尽管现有的 802. 11b 的 11 Mbps，802. 11 a/g 的 54 Mbps 已经能够支撑大部分的现有业务，但是 HDTV(高清晰度电视)和视频流等业务对传输速率提出了更高的要求。IEEE 为此继续研究提升下行传输速率的新标准 802. 11n，它可以将 WLAN 的传输速率由目前 802. 11 a 及 802. 11g 提供的 54 Mbps 提高到 108 Mbps，甚至高达 500 Mbps。为了通过改进 MAC 层来提高业务的 QoS，IEEE 在 2006 年 6 月份批准通过 802. 11 e。802. 11 e 是服务质量规范，设计用于保证语音和视频的传输质量。另外，近年来利用网状网技术实现室外 WLAN 覆盖的案例迅速增加，利用网状网技术组建室外 WLAN 覆盖网络将在全球范围内形成一股热潮，为了支持网状网(Mesh)技术，IEEE 成立的一个工作组正在为 WLAN 制定网状网络标准——802. 11 s。该标准主要包括：网络拓扑结构、路径选择和指向、频道分配、安全性、流量管理和网络管理。根据规划，现有的 802. 11 媒体控制层将得以增强，以支持网状服务。网状网络还将工作在现有 802. 11 技术的频段下。另外，网状服务也将与现有的 WLAN 客户端兼容，预计该标准将于 2008 年被正式推出。

3. WMAN

WMAN 的覆盖范围一般为几千米到几十千米。802. 16 e 标准于 2006 年初发布，该标准冻结版本称为 802. 16-2005，暂时还没有正式产品面市。该标准规定的系统工作在 2～6 GHz之间适宜于移动性的许可频段，引入 OFDMA 技术，在 5MHz 的信道范围内提供 15 Mbps 的速率。在提供高速数据业务的基础上，引入用户端以车辆速度的可移动性，提出支持小区和信道间高层切换能力。802. 16 e 的用户群则定位于个人用户，支持用户在移动状态下宽带接入网络。

为了给基于 IEEE 802. 16 标准和 ETSI HiperMAN 标准的宽带无线接入技术和产品提供一套测试认证的规范和认证体系，对其进行一致性和互操作性的认证，几家世界知名企业发起成立了 WiMAX 论坛，力争在全球范围推广这一标准。WiMAX(World Interoperability for Microwave Access)是全球微波接入互操作性技术的简称，在不到两年的时间里，其成员已经增加到三百多个，在业界几乎无人不晓。它的基本目标是提供一种在城域网一点对多点的多厂商环境下，可有效进行互操作的宽带无线接入手段。WiMAX 也曾被认为是人们期待已久的、继有线电缆 Cable 和 DSL 之后的宽带接入“第三管道”，为人们提供“最后一公里”的无线宽带接入。

4. WRAN

2004 年 10 月，IEEE 正式成立 IEEE 802.22 工作组，IEEE 802.22 别名称为“Wireless Regional Area Network”(WRAN，无线区域网络)。该工作组的目的就是使用认知无线电技术将分配给电视广播的 VHF/UHF 频带(北美为 54～862 MHz)的频率用作宽带无线接入。这是继 2002 年实现民用的 UWB 之后又一全新的无线频率应用技术。IEEE 802.22 将要制订的是无线通信的物理层与 MAC 层规格。所设想的数据通信频率为数 Mbps 至数十 Mbps。电视转播所用的频率由于是比过去的无线 LAN 更低的频带，因此基站设备可覆盖的范围很大，半径超过 40km。如果此目标得以实现，总计 300～400 MHz的频带将可用于室外宽带通信。IEEE 计划 2004 年 11 月召开第一次会议，2007 年下半年完成标准化作业。

IEEE 802.22 是第一个世界范围的基于认知无线电技术的空中接口标准，系统工作于 VHF/UHF 频段上未使用的电视信道，工作模式为点到多点。WRAN 设备的关键是无需频率许可，与电视等已有的授权用户共存。当授权用户工作时，WRAN 不占用相应频段，当检测到某些频段没有被授权用户使用时，WRAN 设备可以自动使用这些频率资源。另外 WRAN 设备在工作期间发现授权用户在相同频段开始工作时，将迅速退让出相应频段。

5. 国内在无线接入系统方面的研究进展

我国设备制造商和研究机构很早就开展了对宽带无线接入系统中关键技术的研究，CCSA TC5 也一直在开展相关的研究工作。以中信和华为为代表的制造商也加入了 WiMAX 联盟，并且取得了一部分专利。由全球 WiMAX 论坛和天地互连公司共同主办的第二届全球 WiMAX 高峰会议于 2006 年 10 月 23～24 日在北京举行。全球企业级运营商已经开始部署固定 WiMAX 网络。韩国率先部署商用 WiMAX 网络。在中国，中国网通也率先开始了 WiMAX 商用实验网络的部署。由信威公司研制的 McWill 无线宽带接入系统具有高容量、覆盖范围大、带宽、支持移动、切换和漫游等特点。该系统具有自主知识产权，拥有国家授权频率，产品成熟，成本低。McWill 系统关键技术包括智能天线、软件无线电、多载波技术和自适应调制，能够满足北京奥运会多媒体移动信息和通信的需求。可以对交通管理实行远程实时控制，能应用于安全监控系统，帮助建设无处不在的监测、报警、防御系统，在发生紧急事件时，使整个安保体系实现统一行动，迅速控制局势。凭借可移动的 McWill 系统，多语言智能信息服务系统还能让使用者实现沟通无障碍交流。

WAPI 是中国拥有自主知识产权的无线局域网标准，该标准比较好地解决了无线局域网的安全问题。WAPI 和 IEEE 802.11 的主要区别在于安全加密技术的不同。2003 年12 月,WAPI 正式宣布执行后,在各方面压力之下,中国政府将实施日期推迟到 2004 年 6 月 1 日。而 2004 年 4 月份的中美商贸联委会第 15 次会议之后,中国政府宣布将该标准的强制执行日期无限期推迟。虽然 WAPI 遇到很大困难,但是中国还在为 WAPI申请国际标准而努力,今年年初成立了 WAPI 产业联盟,WAPI 设备在国内的市场应用已在展开。

在传感器网络方面:“十五”期间,中科院组织全院近 20 家研究所开展联合攻关,在基础研究上提出的一系列算法、体系,特别是随机布设传感网、MESH(网状网)传感网、残缺受限分布式任务分配、传感网盲源分离、协同融合、目标跟踪、目标定位等。

在重要传感器件方面,自主开发了 MEMS(微机电系统)振动传感器、MEMS 声响传感器、MEMS 红外传感器、光纤传感器、声阵列传感器,形成了以 MEMS 传感器为主、复合多信息探测的小型化传感器系列,确立了中科院 MEMS 技术水平国内领先地位。

在系统层面,研制出了 5 个系列 9 种传感网端机、4 个系列基站等原型样机,在低功耗、微型化等方面研究取得突破。在专用网络研究方面取得重大突破,利用研制的传感网设备可组成多种类型的传感网络,并成功实现了各种无线传感网络与公共网络、卫星网络的加密互联。同时,研制完成了无线传感网核心协议芯片。

在突破多项关键技术的基础上,中科院将部分成果快速推向应用,初步建立起无线传感技术完整的价值链。并对“十五”期间攻克的关键技术进行二次开发,将传感技术在上海智能交通、嘉兴水运智能交通、浦东机场安全系统等多个领域进行示范应用。

三、无线通信技术学科进展及其应用情况

(一)移动通信进展和应用

全球 3G 发展仍然在稳步推进,从许可证来讲,今年 1～10 月份新增 10 个许可证,全球 3G 许可证达到 164 张,涵盖 57 个国家,这里面大多数是所谓发达的市场或者发达国家。同时发展中国家 3G 许可证的数量也在逐步增加,比如在亚洲,除了中国占据 3 个,即台湾、香港、澳门以外,同时还增加巴勒斯坦等发展中国家。但是总体来讲发展中国家仍然占少数,大概在 1/5 左右,不过 3G 许可证的数量这几年在理性、平稳的增加。从用户的角度来看,每种技术的用户均有增长,今年 WCDMA 新增 4 000 多万用户,用户突破 8 000 多数万,1xEV-DO 用户超过 4 000 多万,商用的网络数量也在增加。

在中国,新业务所占收入比例逐步提升,我国 2006 年 9 月份,移动收入 21%,比 2005 年提升 3 个百分点。从业务种类来讲,短信不但创造了中国的短信文化,而且还在不断地丰富和发展,并且以 40%以上的速率增长;彩铃也变得越来越普及,90%以上的用户都使用彩铃,彩铃现在成为继短信之后又一个迅速普及的业务。同时分组数据业务也已经有所突破,今年用户突破了 1 亿,通过手机这种特殊方式,不仅把过去传统无法做到的事做到了,而且形成另外一个平台。一些其他国家包括日本都把手机邮件作为商务应用,推出自己的品牌,表现出强有力的竞争力;与移动网结合代表着发展的方向,而且做到

对用户和经营者、产业的有利推动；手机电视也是推动3G应用的热点之一，目前我国移动运营商推出的手机电视业务主要是依靠现有的移动网络实现的。中国移动的手机电视业务基于其GPRS网络，中国联通则是依靠其CDMA1X网络。这种手机电视业务实际上是利用流媒体技术，把手机电视作为一种数据业务推出来。相应的电视节目则由移动通信公司或者通过相应的SP来组织和提供。

(二)无线接入的进展和应用

1. 全球状况

当人们正在期待3G时代到来之际，以WiFi和WiMAX为代表的无线接入系统的高速发展已经成为了电信业发展的一大亮点。

因无线局域网具有高移动性、抗干扰性和架设与维护容易等特点，因此在变动频繁、发展速度快、突发性强，以及不方便铺设网络的情况下，无线局域网络成为最佳的选择方案。其广泛应用于：接入组织网络信息系统，包括电子邮件、文件传输和终端仿真；难于布线的环境，如老建筑、布线困难或昂贵的露天区域和工厂；频繁变化的环境，如频繁改变位置的零售商、生产商和银行；专门工程或高峰时间所需的暂时局域网，包括商业展览、建设地点所需的短期安装、空运和航运公司高峰时间所需的额外工作站；流动工作者可得到区域的信息等。全球超过450种WLAN产品拥有WiFi认证，更多携带型设备将内置WLAN功能，未来两年预计大企业和中小企业(SME)客户将成为用户市场的主体。而随着桌面PC机、PDA成本的不断下降以及GPRS和3G手机的出现，预计到2007年，大约有39%的WLAN终端设备将被消费者使用。目前，专业便携式PC用户对移动数据连接的需求正首先推动WLAN设备市场的快速增长，随后，移动PC和PDA的增多也将促使更多场所提供WLAN接入服务。现在，大部分的WLAN功能是作为PC适配器出售的，许多顶级的移动PC生产商已经推出了捆绑无线适配器的便携式PC。

总体来说WiFi在全球范围内保持比较高速和良好的发展，该现象主要由以下三个因素产生的：首先是高度的标准化，这使得网络测试产品和终端测试产品可以有效互通，使得众多的设备厂商比较积极投入设备的研发之中，从而使设备的成本迅速下降。其次是终端的支持，由于Intel对于WiFi在迅驰芯片的支持，使得消费者终端普及推动网络的普及，使得WiFi迅猛发展。再次是WiFi使用的频率是公有频率，具备小功率、技术进入门槛低的特性。这几个因素对于这种产品的发展有影响，一方面驻地网和个人市场可以迅速大规模应用，另外使得运营商市场对于WiFi应用优势不大。相比而言，WiMAX产业特征也有和WiFi相似的地方，一方面是标准化程度比较高的，由于WiMAX论坛参与厂商比较众多，目前超过230家厂商参与到规范的制定当中，使得标准化的进程迅猛加快，从而使得设备的价格有望迅速下降，终端的支持，Intel承诺要迅速作终端产品支持WiMAX能力的支撑，另外就是运营的力量，WiFi在全球范围内频率是需要牌照进行发放，而牌照的发放必然提高了运营的门槛，从而使得运营商对于WiFi的运营管理起到较强的作用。

WiFi在电信运营商、驻地网和个人用户中拥有不同的市场。运营商市场面向家庭的互联网接入和热点覆盖，驻地网一个是教育网和企业市场，个人用户市场，现在发展动力一是个人自买AP类产品，组建自己家庭网络，二是和消费电子产品进行结合。

全球无线局域网销售收入在 2004 年为 100 亿美元，到 2008 年预计将增长到 440 亿美元，年增长率为 44%。2005 年，WLAN 设备在公众服务领域增长迅速，但作为主要的目标市场之一，企业市场尚未完全打开。预计未来几年中，金融、旅游、医疗、仓储、会展等领域，无线网络有着广阔的应用前景。运营商看好 WLAN 并非一时兴起，而是 WLAN 让其看到了希望。

近年来比较引人注目的 WPAN 新技术有 IEEE 802.15 系列中新列出的 UWB、RFID 和传感网络，等等。

UWB 技术还远没有成熟，从市场应用角度来看，UWB 的用途包括组建无线个人局域网和家庭无线网络、雷达探测应用、精确定位服务等三类。与此对应，UWB 设备也基本有三类：①遥感成像系统，包括地质勘探及可穿透障碍物的传感器等；②汽车雷达系统，如汽车防冲撞传感器等；③通信和测量系统，如通信和家电设备及便携终端之间的无线数据通信等。

RFID 是条形码的替代产品，主要应用范围还是物流和零售领域，但是它在通信领域的应用也会越来越多。RFID 与移动通信网结合的新业务将是移动增值服务开发的重要方向之一，比如移动电子钱包、移动金融卡等，包括前面提到的日本电信的电话跟踪和 NTT DoCoMo 正在推广的 Felica 业务也是很好的实例。

目前传感器网方面的研究致力于开发集成度很高的超微型传感器[也称智能灰尘(smart dust)]，并将超微型传感器应用到预防医学、环境监测、森林灭火乃至海底板块调查、行星探查等领域。可以说目前无线传感器网络的研究正步入一个“百花齐放，百家争鸣”的繁荣时期。

2. 中国 WLAN 发展现状

在国内市场上，无线网络的客户规模持续增长，技术不断创新，应用也趋于多元化，这些将成为 WLAN 产业发展的动能。中国无线网络设备产业具有良好的发展前景，但只有无线网络设备的供需紧密配合，才能真正引发商机。

在中国电信全力打造的“ChinaNet(中国宽带互联网)”品牌下，WLAN“天翼通”正以其独特的魅力吸引着商业用户和企业用户，满足了他们高速上网、移动办公的需求。目前，WLAN“天翼通”业务已通达全球 13 个国家和地区，上网速率最高可达 11Mbps。用户只要在计算机或 PDA 上安装 WLAN 无线上网卡，就可轻松摆脱各种计算机连线的限制，随时随地接入中国电信宽带互联网，享受中国电信提供的高速优质的宽带服务。

目前，“天翼通”业务已日趋成熟，如甘肃电信就推出了“家庭及企业服务”、“公众区服务”和“会展服务”三类服务方式。除了满足家庭和企业用户需求外，甘肃电信还在省内公众活动“热点”地区(包括机场、酒店、宾馆、商务楼、体育场馆、展览中心、大中院校以及咖啡吧、高档度假村等休闲类公共场所)提供无线接入互联网服务。针对时间性较强的会议、展览、体育比赛等会展活动，临时布放 AP 设备，在会展范围内以及活动期间，为参加会展活动的人员提供无线接入互联网的服务等。

WiMAX 作为新一代宽带无线城域网的代名词，近来受到业界的高度关注。WiMAX 以更高的速率、更好的灵活性和可扩展性、更低的成本(也意味着更低廉的宽带服务价格)为宽带无线应用提供了新选择。相比其他移动通信系统，WiMAX 的主要优势体现在具有较高的频谱利用率和传输速率上，因而它的主要应用应当是宽带上网和移动数据业务。WiMAX 可以提供数据语音的综合接入业务，包括互联网接入、LAN 局域网的互联、数据专线以及基站互联等。

在飓风“卡特里娜”肆虐之后，诸如 WiMAX、WiFi、无线 VoIP 新技术也在救援中发挥了巨大的作用。在一些救助中心和避难所迅速建设了一些 WiFi 热点。经商用经验的 WiMAX 在灾难中被提前推到了现场。WiMAX 把灾区的一些临时性 WiFi 热点（如救助中心、避难所）进行连接，并在光纤断裂的地方承担回程（backhaul）的作用。无线 VoIP 则是在救助中心、避难所等地最实用的话音通信工具。

基于中国信威通信公司自主研发的 McWill 系统，在全国部分省市开始部署实验网，在 2006 年 9 月举办的青岛国际帆船赛上，以出色表现再一次验证了该技术及解决方案的成熟性和优越性能。

四、无线通信技术学科发展目标及前景展望

无线通信具有移动宽带化和宽带移动化的发展趋势，蜂窝移动通信与无线接入网存在着技术互补和服务互补，从融合的角度进行网络融合、业务融合及接入综合，这是通信发展的主旋律，同时采用多种无线接入技术和固定接入技术将是实现上述融合的必由之路，在基于 IP 的同一个核心网络平台上，通过网络的无缝切换，实现无处不在的最佳服务。

（一）移动通信发展方向

1. 公众移动通信

公众移动通信技术发展目标是明确的，那就是支持更高的速率（bps）、具有更高的带宽效率（bps/Hz）、具有更高的功率效率（一定 QoS 所需 Eb/N0 更低）、支持多媒体通信、网络向无所不在的全 IP 融合的下一代网络（NGN）演进。第三代移动通信和第四代（或 B3G）移动通信的开发展示了人类在公众移动通信技术方面向上述目标前进所取得的阶段性成果。技术的进步是无止境的，第四代（或 B3G）移动通信与第三代移动通信相比速率、带宽效率都将改善一个量级，随着新的突破性技术的提出和开发，将出现新的、期望目标更高的、更完善的系统。

公众移动通信缩小了人们的时空概念，已成为促进经济发展、社会进步的巨大动力，也极大地改变了人类的生活和交往方式。随着技术的进步这种趋势将继续发展下去。

公众移动通信已是我国国民经济的巨大产业，与其有关的科研开发业、材料零部件和设备制造业、规划设计和工程业、运营业、内容提供业、终端批发和零售商业已成为国民经济重要的组成部分。这个趋势将持续下去。

在 2006 年即将过去的时候，期望在新的年度里对一些重要问题有明智的决策，如运营业重组问题，从第二代向第三代、第四代移动通信过渡问题，第三代移动通信系统评价和运营执照问题，移动网络向下一代网络（NGN）过渡问题。这些问题极具重要性和紧迫性。

2. 专用移动通信

公众移动通信技术的发展要比专用移动通信技术发展快很多，同时也深刻影响和促

进了专用移动通信系统的发展。这些技术包括 TERA 系统的分组数据、软交换技术、IP-over-TERA 和 TERA-over -IP 等。这些技术的引入为集群技术提供了更广泛的应用,如图像通信、WAP、车辆自动定位、Email、指挥与控制等。

专用移动通信为提高数据速率,增加数据传输服务及进一步提高频谱效率和系统容量,开始向 2.5G 移动通信过渡或与 3G 移动通信的互通,实现宽带数据的传输。具有我国知识产权的 TD-SCDMA 也开始引入到专用移动通信系统,使之最终可提供 2Mbps 的数据业务。

从建立在 2G 技术上的 GOTO 和 GT800s 专用集群系统的应用上可得到的启示是,随着软件无线电技术的发展,在一个通用的 3G 硬件平台上利用软件无线电个性设计可以基于 IP 核心网实现专网和公网融合,完成专用和公用移动通信的技术及系统的大统,使系统既可以完成专用移动通信系统的功能又可保持原有公众移动通信系统的功能。

(二)无线接入发展目标

无线接入在中国的发展前景良好,未来无线接入的发展方向在于以下几点。

1. 与移动通信网的结合

因为 WLAN 覆盖范围有限,而现有的移动通信网可以提供广域覆盖,因此,移动运营商可以将移动通信网的漫游功能和 WLAN 结合,提高用户无线上网的覆盖范围。

2. 与固网的结合

在机场、酒店、办公楼和咖啡厅等商务密集地区,采用 WLAN 提供公共移动服务的成本很低,可满足大量用户的移动上网需求,WLAN 可快速地为用户提供数据服务。对于中国网通和中国电信而言,可将 WLAN 与 ADSL 业务互为补充,打破宽带接入的瓶颈,提高用户的开通率。

3. 多网融合

WiMAX 既可以与 WiFi 混合组网,也可以与 3G 混合组网,还可以作为家庭宽带无线接入方案。未来几年将是多种无线接入技术共存的时代,由于技术的突破和政策的许可,目前国内电信运营商遇到了前所未有的发展无线接入业务的机会,除了已运营的 3.5GHz 固定无线接入、LMDS、WLAN、PHS、GPRS 和 CDMA 1X,未来还可能部署 WiMAX 网络、3G 网络。另外,多种无线接入网络必须要互相配合、协调工作,无线通信是用户个人化的通信方式,用户需求比固网通信需求更加多样化,需要多种无线接入技术互相配合、协调工作才能满足。多种无线接入技术共存的网络架构要求在研究新技术、新业务时,不仅要深入技术和业务本身,更要考虑和已有技术及业务如何进行配合、协调工作。

五、无线通信技术学科战略需求与研究方向建议

近期以来,中国信息化业界以及通信业界都十分关注邻国韩国、日本的“u”战略,并通过多方面的探讨,期望能对中国信息化建设的方向和策略提供启示,“无处不在”这个提法也在国内越发普遍,在这个背景下,u-China(无处不在的网络中国)概念被提了出来,

"无处不在的网络",可以使人们可以在意识不到网络存在的情况下,随时随地地通过适合的终端设备上网并享受服务,其含义是创造一个随时、随地、任何人都可以上网的环境。它是网络、信息装备、平台、内容和解决方案的融合体。在信息社会两大类信息服务应用——公用和商用中,无线通信网络的广泛渗透性与强大延伸能力,都为"u"战略的实现提供了关键的支撑作用,是 u-China 网络的重要组成部分。

(一)u-China 网络对移动通信的要求

u-China 网络对宽带移动通信对系统的频谱效率提出了更高的要求,无线终端的广泛使用和传感器联网将网络的异构互连提到议事日程。为此,网络体系需要变革,新一代移动网络成为研究重点。技术上,未来的移动网络研究方向在以下几个方面:适应上述应用环境的安全可控的网络体系及新的交换/选路模式;多域多层多颗粒性的传输网的资源优化和生存性机制与算法;支持异构互连和协同应用的新一代无线移动网络组织理论与关键问题;逼近香农极限的新的调制、编码和多址复用无线通信理论和算法。

除了技术更新以外还有其他影响因素,政府管制与政策成为不同技术发展的原因。比如 WCDMA 到底给哪段频谱,允许跟哪些业务竞争,允许开什么业务,不允许开什么业务。例如韩国 WiBro 不允许提供 VoIP 业务。还有市场需求,市场需求本身是最终决定技术发展的因素,当然市场需求不是简单的用户需要这项业务,而是需要多方面的平衡,需要好的运营模式,需要网络的能力和合理的资费以及适合的业务,综合起来才能够驱动市场的发展,否则,一味满足用户需求而使运营商赔钱,这种模式是不可能长久的。2005 年曾谈到一个运营模式,由于固网、宽带的运营模式有很多问题,移动数据业务发展历程当中可以看到是非常理性的,它的资费模式基本上和流量结合的模式或者和内容结合的模式,资费和流量、内容要结合,这样才能真正健康可持续地发展。还有如果产业链本身不具备竞争力,也是很难大规模长久发展的,这里面包括成本和规模的问题等,这些因素会影响不同技术发展的空间大小。

(二)无线接入系统的需求和方向

无线接入系统因其组网灵活迅速、升级维护方便以及高速双向数据传输等优点,不仅在民用领域有广阔的应用前景,在军事领域、公共安全、生态环保、应急指挥、智能交通、反恐维和、智能家居等诸多领域也有很大的需求,是创建信息化城市和实现农村信息化非常有效的途径。

在电子政务方面:无线电子政务专网可作为有线专网的补充和扩展,实现工作人员的远程移动办公;可作为应急指挥无线通信系统和用于突发事件、突发疫情和自然灾害的防灾指挥以及海上搜救系统;在宽带无线网络上组建无线 VIP 网,可作为所有有线电子政务专网以及其他政府部门网络的容灾和备份;利用宽带无线网络可实现真正高效的协同办公。

在城市管理方面:无线接入系统可构建基于无线网络的智能交通系统,包括:地铁、轻轨、火车、公交、出租、特种车辆等和城市道路智能监控、引导和指挥;可构建覆盖全市范围内的智能社区网格化管理;可用于全市范围内的环境监测管理;用于国土资源、城市规划、基础设施建设等城市建设管理；可用于企事业单位、家庭的智能安防管理；可用于政府与企业、公众之间的信息公开和互动。

在电子商务方面：无线接入系统可实现随时随地地网上电子商务交易，包括网上咨询洽谈、网上订购、网上支付、无线 ATM、无线 POS 等；可进行电子商务谈判中的音频和视频会议；可构建无缝的物流系统，做到对物流整个过程的定位、跟踪和门到门的服务；可应用于工农业生产监控、调度、指挥。

在信息内容服务方面：无线接入系统可进行文化教育信息服务、医疗卫生信息服务、移动 MMS、SMS、无线网络游戏、无线网络电子图书以及移动 IPTV（在线视频点播）等。

无线接入正处于发展初期，技术和应用上呈现区域性和多样性，产业链还未完全形成，创新空间很大。中国可以以此为突破口，在世界上大规模应用无线接入系统前，建立自主创新技术、体制、标准和产业，为全球无线接入技术与产业的发展作出贡献。由于蜂窝与宽带无线接入在宽带移动方面技术同源，从而可以引领未来宽带移动技术与产业。国家科技中长期规划中的宽带无线移动通信网重大专项已将发展低成本大覆盖的宽带无线接入技术和应用列入了发展目标，这个目标的实现应该从以下方面作出努力。

第一，立足于国民经济和社会信息化建设大局，积极推进技术业务创新。当前，我国电信业正处于新的十字路口，固话业务发展持续低迷，移动通信业务发展也有所放缓，特别是整个行业处于转型时期，从传统的语音服务向数据多媒体及各类信息服务拓展。在这种情况下，宽带无线接入技术有可能成为新的增长点，为我国电信业发展带来新的机遇。因此，把握好当前的机遇，要树立信息服务业大行业观念，加大技术研发和市场推广的力度，积极务实地推动宽带无线接入技术发展；要加强技术创新，加速推进技术的更新换代，及时推出适应市场需求的宽带无线接入新技术、新的解决方案；要准确把握用户需求，积极进行业务创新和实践，提供用户真正需要的业务，进而建立可持续盈利的商业运营模式。内容提供商也要根据市场需求推出丰富的应用内容，来赢得用户，拓展市场。

第二，加快形成完善的产业链，实现产业链价值的最大化。目前，宽带无线接入市场遇到的最大的问题是尚未建立有效的营利模式。很多运营企业说带宽增长一年比一年快，但带宽收入与带宽发展并不相匹配。因而面对快速增长的宽带市场，无线接入技术产业链的上下游如何通过产业链实现价值的最大化，是我们最重要的课题。我们认为在这个问题上主要是做好两方面的工作。一方面，打造新的商业模式，开发新的业务应用是关键，要针对不同业务和市场，来提供不同模式的业务思路，对传统业务进行深挖潜能力的同时要思考如何更多进行新业务的开发，扩展新的价值空间，通过商业模式的创新实现产业链的共赢。另一方面，运营商、设备提供商、内容提供商之间要达到利益平衡，建立唇齿相依的共赢合作关系，形成产业链上下游各环节之间良性互动的发展局面，真正做实、做大市场。

第三，找准市场定位，实现与其他通信技术的融合发展。要注意宽带无线接入与蜂窝移动通信的未来融合。宽带无线接入与蜂窝移动通信的融合是未来的发展趋势。这方面已经逐渐为大家所认识，以前移动通信和宽带接入如同两个家庭，就像固定网和移动网一样。但是这两个系统从两个不同的领域，逐渐走上移动宽带的共同道路。近年来业内有关 WLAN、WiMAX 取代 3G 的声音较多。WLAN 和 WiMAX 无线接入技术有很高的接入速率，架构灵活，就解决无线宽带的应用而言，可支持移动计算，系统的造价费用也相对较高低扩展性较好，尤其是在热点地区应用比较广泛，近来也有很多地方把这项目应用作为通信领域的新亮点。但从覆盖、移动性、扩展性以及移动速度方面，特别是在车载移动性来看，它的发展方向是逐渐走向一个高速的宽带领域。在目前看来，WLAN、WiMAX与2.5G、3G不是替代关系，而是互补关系，这两种技术之间既有竞争，也有补充。同时也要注意有线与无线、固定与移动的未来融合趋势。虽然在话音上移动替代固定趋势日益明显，但在数据应用上，未来更可能是有线与无线、固定与移动趋于融合，这些趋势代表了用户实际需求的发展，因此在发展移动通信的同时，要重视发展WLAN、2G、2.5G、3G和各种各样新技术的融合，这些应用的组合会给用户带来一个比较完善的解决方案。因此，探索出一条固网与移动不同技术之间融合的新业务模式、新发展之路非常重要。

从我国行业发展的角度出发，应联合设备制造商、研究机构、运营商等多方力量，加快我国无线接入技术的标准化工作，紧密跟踪国际标准组织的进展。CCSA可组织各厂家向标准组织提交建议和技术方案，跟踪和关注协议的成熟度、完备性，并及时向国内业界通报标准的进展，并于时机成熟时在CCSA正式开展标准化工作。

参考文献

[1] IEEE 802.22. Working Group on Wireless Regional Area Networks (WRAN)[EB/OL]. http://grouper.ieee.org/groups/802/22/.

[2] IEEE 802.16. Working Group on Broadband Wireless Access Standards[EB/OL]. http://www.wirelessman.org/.

[3] IEEE 802.11. Working Group on Wireless Local Area Networks (WLAN)[EB/OL]. http://www.ieee802.org/11/.

[4] IEEE 802.15. Working Group on Wireless Personal Area Networks (WPAN)[EB/OL]. www.ieee802.org/15/.

[5] MOHSEN GUIZANI, et al Guest Editorial: Intelligent Services and Applications in Next-Generation Networks. IEEE Journal on Selected Areas in Communications, Vol. 23, No. 2, Feb. 2005: 197-200.

[6] End-to-End Reconfigurability (E2R)-Phase 1[EB/OL]. http://e2r.motlabs.com/.

[7] 雷震洲. 移动通信与无线接入——互补融合共同发展[EB/OL]. http://www.cnii.com.cn/20050801/ca350261.htm.

[8] 2006宽带无线技术论坛[EB/OL]. http://www.cww.net.cn/zhuanti/06kdwx/.

[9] ITU. Ubiquitous network societies: The case of the republic of Korea. ITU Workshop on Ubiquitous network societies, 6 April 2005, Dovument: UNS/08.

[10] WANG WENBO, et al. TD-CDM-OFDM: Evolution of TD-SCDMA toward 4G. IEEE Communications Magazine, vol. 43, no. 1, 45-52, Jan. 2005.

[11] WANG WENBO, et al. Performance Analysis for OFDM-CDMA with Joint Frequency-time Spreading. IEEE Transactions on Broadcasting, vol. 51, no. 1: 144-148, March 2005.

[12] http://www.ambient-networks.org.

[13] http://www.ist-mind.org.

[14] http://www.ist-drive.org.

[15] S LUCYSZYN. Review of Radio Frequency Microelectromechanical Systems Technology. IEE Proc.-Sci. Meas. Technol., vol. 151, no. 2, March 2004: 93-103.

[16] FEI YU, VIKRAM KRISHNAMURTHY. Cross-layer Optimal Connection Admission Control for Variable Bit Rate Multimedia Traffic in Packet Wireless CDMA Networks. IEEE Trasactions On signal Processing, Vol. 54, 2006: 542-554.

撰稿人：朱洪波　潘甦

信息安全技术发展

一、发展回顾

(一)信息安全基本概念的演进

什么是信息安全？这是信息安全研究中的基本问题。信息交流是一种基本的人类社会行为，古代便已出现对信息安全的需求，其根本目的是确保信息不被不期望的人看到，即确保信息的保密性。现代信息技术革命以来，军事、经济与社会生活中对信息安全的需求日益显现，信息安全作为有着特定内涵的信息科学门类逐渐得到重视。美军将信息安全的发展历史划分为通信保密(COMSEC)、信息系统安全(INFOSEC)和信息保障(IA)三个阶段[1]。按这种划分方法，美军认为自20世纪90年代中期后信息安全已经进入信息保障的阶段，即“保护和防御信息及信息系统，确保其可用性、完整性、保密性、鉴别、不可否认性等特性。这包括在信息系统中融入保护、检测、反应功能，并提供信息系统的恢复功能”[2]。此外，不同的国家和组织在20世纪90年代也曾先后为信息安全做了不同定义。虽侧重点和角度各有不同，但均比较一致地将信息安全基本要素归结为保护信息和信息系统的保密性、完整性和可用性。

进入21世纪后，全球信息化引发世界的深刻变革，重塑世界政治、经济、社会、文化和军事发展的新格局。为此，各国开始逐步将信息安全视为国家安全的基石，信息安全不再局限于信息和信息系统安全本身，而在国家安全的高度有了深刻的外延。联合国意识到了就信息安全概念达成国际共识的必要性，1998年以来的每届联合国大会上均专门商讨信息安全的概念及信息安全的主要威胁。1999年，俄罗斯向联合国提交了《从国际安全的角度来看信息和电信领域的发展》报告[3]，将信息安全定义为保护个人、社会和国家在信息领域的根本利益，尤其将无节制地跨界散布信息、操纵信息流动、破坏社会心理和精神环境等列为主要的信息安全威胁之一。显然，这一概念否定了西方一些国家利用信息优势影响他国意识形态，从而达到其政治目的的正当性，因此一度受到强烈抵制。但近年来，世界各国普遍认识到对信息的流动进行有效管理是维护国家利益的重要前提。2006年10月20日，俄罗斯联合中国等国继续向联合国提交了《从国际安全的角度来看信息和电信领域的发展》决议草案[4]，该草案最终以169票对1票获得通过，唯一投反对票的国家是美国。这标志着国际社会对当前信息安全的基本概念初步达成共识，联合国也同时呼吁各国继续就信息安全的有关概念和对信息安全的一般看法向秘书长通告意见。

中国曾在2006年5月向联合国提交了对信息安全基本认识的声明，即“信息安全问题不仅涉及信息基础设施的脆弱性所引发的风险，还涉及滥用信息技术造成的政治、经济、军事、社会、文化等多方面问题。在研究信息安全问题时，上述两方面因素需予以同等重视”[5]。这一声明代表了我国在新世纪新阶段对信息安全概念的最新认识。具体而言，除一般所说的信息与信息系统的保密性、完整性和可用性外，我国还将信息内容安全作为信息安全的一项基本要素，即创造安全健康的信息网络环境，打击信息网络上的违法和有害信息内容。

可以预见，随着信息化的发展，信息安全的内涵仍将继续深化，外延还会不断拓展。

（二）信息安全威胁和需求的变化趋势

信息安全学科发展的重要动力来自于信息安全的需求，信息安全技术与威胁始终是“道高一尺，魔高一丈”的关系。近年来，信息安全威胁呈现出一些新的趋势，使信息安全需求乃至信息安全学科本身的研究方向发生了深刻变化。

1. 信息安全威胁的新趋势

当前，安全漏洞层出不穷，病毒泛滥、黑客攻击等情况依然严重。在世界范围看，安全事件有上升的趋势，安全损失并没有得到减少。除此之外，信息安全威胁还有着以下明显的趋势。

（1）恶意代码技术翻新。在2004年6月，基于Symbian平台下的世界上首个智能手机病毒——Cabir的出现，宣告了手机病毒时代的到来。在这之后的两年时间内，各类智能手机病毒纷纷登场。目前手机病毒已经超过200种，其形态多种多样。从传播方式上看，从最早的基于蓝牙的传播方式，发展到基于文件的传播方式，最近发展到基于彩信、WAP等模式的传播方式。虽然手机病毒虽然还没有大规模流传，但手机病毒的进化速度迅速。随着GPRS和3G应用的普及，将会有更多的传播方式和漏洞，手机病毒会朝大规模感染、难以清除、欺骗性高的方向演进。

近两年，rootkit技术的使用有了大面积增长。由于rootkit在操作系统中隐藏得很深，并且是以碎片形式存在的，如果在清除过程中漏掉任何一个相互关联的碎片，rootkit便能够自我激活，因此蠕虫甚至广告插件纷纷使用rootkit技术隐藏自身，提高生存能力，为用户清除恶意代码带来很大困难。除蠕虫家族外，在应用市场，包括Sony的CD、symantec的软件中，都曾利用了该技术，导致纠纷不断。

恶意代码的另一重要趋势是经济型恶意代码在2005和2006年迅速增多。这些恶意代码以窃取银行账号、密码和个人信息，获得经济利益为目的，成为当前黑客手中的主要工具。

（2）内部威胁上升。传统的信息安全防护措施以防外为主，对内部威胁防范不够。但近年来，与外部威胁相比，内部威胁已经上升为主要矛盾，其带来的损失更加巨大。原因是多方面的：一是前些年几乎所有的安全投资都放在“防外”的措施上，防范外部威胁的能力有所增强；二是传统防护观念上，人们总是假设内部是安全的，但由于社会发展的多元化，内部人员的心理和行为已经比较复杂，内部人员不再无条件安全；三是从结构上看，内部有更多的机会和便利去威胁一个单位的核心信息，而外部的机会要少得多；四是随着近几年QQ、MSN等即时通信工具和网络游戏的普及，很多单位的工作人员上网聊天、玩游戏、浏览与工作无关的网页成为普遍现象，为单位带来潜在的安全风险和巨大的资源浪费，成为多数单位领导关注的问题。

内部威胁的上升，是近两年对内网管理、监控、强审计等安全技术的需求急剧增长的重要原因。

（3）外包和供应链中的信息安全问题凸现。当前，信息技术服务中的外包已经非常普遍，国内外很多大的企业和政府部门甚至将信息中心全部外包出去，以节省成本，提高信息技术服务的专业化程度。由于基础信息网络和重要信息系统关系国计民生，这些网络和系统在服务外包时可能遇到的安全风险逐渐引起人们关注。与供应链有关的安全风险也同样不可忽视，由于这个过程中容易遭到软、硬件分发攻击的威胁，如系统被留下后门、植入逻辑炸弹等，近几年人们对供应链安全问题的意识明显提高。我国联想公司在收购IBM个人电脑部以及中标美国国务院采购项目时，美国有关方面的严格审查便突出显示了美国在这个问题上的重视程度。

(4)软、硬件自身故障成为重大信息安全隐患。传统上，人们认为软、硬件自身故障带来的安全威胁远小于外部攻击。但对基础网络和重要信息系统而言，一次软、硬件故障可能导致的后果是巨大的。事实上，在2005和2006年间，电信、银联、民航等行业没有遭受明显的外部攻击，但都曾因软、硬件自身故障而遇到大规模事故，造成的影响很大。因此，对基础网络和重要信息系统的安全，除了加强防护措施外，当前还急需代码安全、漏洞发现、网络可生存性等技术。

(5)信息安全的非传统安全威胁特征更加明显。与生物安全、环境安全一样，信息安全已经成为一种非传统安全因素。近年来，世界多极化进程加速，虽然和平与发展是世界的主旋律，但国与国之间、不同政治派别之间的竞争甚至斗争从来没有停止过，甚至在一定条件下还可能被激化。伴随着竞争和斗争的加剧，信息攻击成为常用手段。尤其是近两年来，随着各国经济发展对信息技术的依赖性增加，信息安全的非传统安全威胁特征更加明显，进一步突出了保障信息安全对国家安全的重大意义。

2. 信息技术的发展和广泛应用对信息安全需求更加迫切

信息技术在近年来得到了大力发展和广泛应用，从而更突出了对信息安全的需求，也加重了信息安全挑战：

(1)网络和信息系统的日益增长的复杂性在很大程度上带来了更多的安全问题。

(2)三网融合的趋势使传统信息安全解决方案的效率与适用性面临严峻挑战。

(3)无线网络模糊了网络的物理和逻辑边界，其安全性比有线网络更加脆弱。

(4)信息技术供应链的广度以及全球性为分发攻击提供了更多的便利和可能性。

(5)关系国计民生的重要行业越来越严重依赖信息技术，DCS/SCADA在工业生产系统中得到大规模应用，基础网络和重要系统的安全意义更加重大。

(6)互联网的跨国界性以及意识形态斗争的复杂性，对信息内容安全提出了更加紧迫和艰巨的任务。

(三)学科重要进展

信息安全技术日新月异，新的观点、理论、技术和产品层出不穷，但总的来看，能代表这一学科重要进展的成果主要有以下一些方面。

1. 密码基础理论

(1)MD5与SHA-1被破解。近几年，密码基础理论方面最重要的进展是对MD5与SHA-1算法的攻击取得了重大成果。

2004 年 8 月，在美国加州圣芭芭拉召开的国际密码大会上，山东大学王小云教授首次宣布了其研究小组近年来的研究成果——对 MD5、HAVAL-128、MD4 和 RIPEMD 等四个著名密码算法的攻击结果[6]。这一研究结果引起了轰动，会议的总结报告写道："我们该怎么办？MD5 被重创了，它即将从应用中淘汰。SHA-1 仍然活着，但也见到了它的末日。现在就得开始更换 SHA-1 了。"

事实上，在 MD5 被以王小云为代表的中国专家破解之后，国际密码学界仍然认为 SHA-1 是安全的。2005 年 2 月，美国国家标准技术研究所发表申明说，SHA-1 没有被攻破，并且没有足够的理由怀疑它会很快被攻破，开发人员在 2010 年前应该转向更为安全的 SHA-256 和 SHA-512 算法[7]。但一周之后，王小云教授就宣布了成功攻击 SHA-1 的消息。国际著名密码学家 Shamir 评论道："这是近几年密码学领域最美妙的结果，我相信这将会引起轩然大波，设计新的 Hash 函数算法极其重要。"[8] MD5 的设计者 Rivest 则评论道，"SHA-1 的破解令人吃惊"，"数字签名的安全性在降低，这再一次提醒需要替换算法"。

哈希函数对安全的要求是能够抗碰撞，即在一定的计算量下，不能找到两个不同的输入文件，使它们产生的哈希值相同。王小云教授取得的成果便是通过有限的计算量找到一对碰撞。如果要在现实生活中实施有效的攻击，攻击者需要制作两个不同的文件，使它们有相同的签名，然后拿一个文件来骗得签字，再拿另外一个文件来作为证据，此即所谓的碰撞。但现有的文件都有固定的格式，而假冒的文件可能在格式等标志上与原文件完全不同，甚至文件的文字完全是不合逻辑的，因此很容易被发现。所以 MD5 和 SHA-1 的攻击成果距离实际应用还距离很远，但其理论价值巨大。

(2)我国首次公开密码算法 SMS4。由于密码技术是信息安全的基础，各国都十分重视密码算法的研究。在 RSA、DES 为代表的第一代密码应用体系之后，以 ECC、AES 为代表的第二代密码应用体系也逐步形成，目前 192 比特密钥长度的 AES 已经用于美国的机密信息，256 比特密钥长度的 AES 已经用于美国的绝密信息[9]。

在这样一个时代，密码已经由秘密对抗进入公开竞争和国际合作。我国政府为适应经济全球化的发展趋势和加入 WTO 后所面临的国际大环境，在 2006 年 1 月公布了我国自主知识产权的 SMS4 密码算法[10]，这是我国目前公布的第一个也是唯一一个密码算法。

SMS4 是一个分组对称密码算法，分组长度和密钥长度为 128 bit。加密算法与密钥扩展算法都采用 32 轮非线性迭代结构。解密算法与加密算法的结构相同，只是轮密钥的使用顺序相反，解密轮密钥是加密轮密钥的逆序。自公布以来，国内很多学者对 SMS4 的安全性进行了研究，已有相关的研究论文发表[11]，但目前还没有 SMS4 被攻破的消息。

(3)量子密码。密码学基础理论方面取得的另一主要进展是量子密码的研究。20 世纪下半叶以来，科学家在量子力学的基础上建立了量子密码学的概念。这种加密方法是用量子状态来作为信息加密和解密的密钥。任何想破译密钥的人，都会因改变量子态而无法得到有用的信息。与建立在复杂数学计算基础上的传统加密方法相比，量子密码学在理论上是"绝对安全"的，在信息交流日趋频繁的今天具有广阔的应用前景。

20 个世纪的量子密码研究主要停留在理论研究和基础实验方面，进入 21 世纪后，量子密码的实用化取得了很大进展，量子密钥分配中的安全性、速度和减少误码率等技术瓶颈也得到了突破。2002年10月，德国慕尼黑大学和英国军方的研究机构合作，在德国、奥地利边境的楚格峰和卡尔文的峰之间用激光成功传输了量子密码。这项研究的负责人慕尼黑大学教授哈拉尔德·魏因富尔特在报告中表示，这次试验传输的距离达到了23.4 km。2004年5月，日本的科学家宣布开发出传输速度最快的量子密码，实验中，研究小组利用10.5 km长的光纤进行信号传递，接收一方用光子探测器降低干扰，大幅缩短了传送时间，使得通信时间缩短到原来的1/100[12]。

量子密码的商业化产品在近年开始出现。从2003年开始，位于日内瓦的id Quantique公司和位于纽约的MagiQ技术公司，推出了传送量子密钥的距离超越了贝内特实验中30 cm的商业产品。日本电气公司在创纪录的150 km传送距离的演示后，也宣布将向市场推出产品。IBM、富士通和东芝等企业也在积极进行研发。目前，市场上的商业产品已经能够将密钥通过光纤传送几十千米。2004年6月3日，世界上第一个量子密码通信网络正式投入运行，美国国防高级研究计划局赞助了一个连接了哈佛大学、波士顿大学和BBN技术公司的6个节点的项目。密钥通过这种特殊的线路传送，而用这种密钥编写的信息则在Internet中进行传送[13]。

我国的量子密码研究起步较晚，但近年来进展迅速。2003年8月，中国科学院高技术研究与发展局在中国科学技术大学组织了对中科院知识创新工程重要方向项目“量子通信技术的研究”中期评估会。评估结果认为，该项目已按期保质或超额完成预期的阶段目标和任务[14]。主要成果之一是在普通光纤中实现了量子密钥远距离传输50 km；建立基于量子密码的保密通信系统，在中国科技大学东、西校区往返6.4 km的普通光纤中可实时地传送加密的动态图像，采用纠错技术，传送图像的质量显著改善；经由望远镜系统成功地实现12 m自由空间中量子密钥的传送。2005年10月，国际光学权威杂志《光学快报》刊登文章：中国在国际上首次解决了量子密钥分配过程的稳定性问题，经由实际通信光路实现了125 km单向量子密钥分配，这也是迄今为止，国际公开报道的最长距离的实用光纤量子密码系统。2006年4月21日，国际物理学权威期刊《物理评论快报》报道了中国科技大学潘建伟教授的研究团队在光纤通信中实现了一种抗干扰的量子密码分配方案，保证了长距离光纤量子通信的安全和质量，杂志审稿人认为该成果是“非常出色的”、“具有特殊的价值”[15]。

2. 可信计算技术

传统安全手段采用的是堵漏洞、做高墙、防外攻等老三样，最终结果是防不胜防。产生这种局面的主要原因在于，没有去控制发生不安全问题的根源，而在外围进行封堵。事实上，所有的入侵攻击都是从PC终端上发起的，黑客利用的是被攻击系统的漏洞来窃取超级用户权限，肆意进行破坏；注入病毒也是从终端发起的，病毒程序利用PC操作系统对执行代码不检查一致性弱点，将病毒代码嵌入到执行代码程序，实现病毒传播；更为严重的是对合法的用户没有进行严格的访问控制，可以进行越权访问，造成不安全事故。

本质上，PC机结构和操作系统不安全是产生不安全问题的主要技术原因。为从根本上解决PC机软、硬件结构简化等原因导致的信息安全问题，20世纪90年代末出现了可信计算的概念，其主要思路是利用可信计算技术构建一个通用的终端硬件平台，增强现有 PC 终端体系结构的安全性。这是信息安全领域中起关键作用的体系结构的变革，也是对计算机安全结构的一种回归。

2000 年 12 月，由美国卡耐基梅隆大学和美国国家宇航局牵头，在 IBM 等著名企业的参与下，成立了可信计算平台联盟（TCPA）。2001 年 1 月，TCPA 发布了标准规范（v1.1），定义了一种与计算机主板相连的硬件设备——TPM（可信平台模块）。TCPA 专注于从计算平台体系结构上增强其安全性，在计算和通信系统中广泛使用基于硬件安全模块支持下的可信计算平台，以提高整体系统的安全。2003 年 3 月，TCPA 改组为可信计算组织（TCG），并将标准规范更新为 1.2 版[16]。

可信计算的主要做法是在 PC 机硬件平台上引入安全芯片架构 TPM。TPM 是可信计算技术的核心，它实际上是一个含有密码运算部件和存储部件的系统芯片。以 TPM 为基础的“可信计算”可从以下几方面来理解：用户的身份认证，表示对使用者的信任；平台软硬件配置的正确性，表示使用者对平台运行环境的信任；应用程序的完整性和合法性，表示应用运行环境的信任；平台之间的可验证性，表示网络环境下用户终端的相互信任。

可信计算平台基于 TPM，以密码技术为支持、安全操作系统为核心，与现有的普通计算机相比，它从芯片、主板等硬件结构和 BIOS、操作系统等底层软件做起，相当于增加了一台独立的监控计算机，用信任链的方法提供系统的完整性、可用性和数据的安全性。

从国际上看，可信计算技术与产业正在成为热点，可信计算的研究领域也已从个人计算机迅速扩展到服务器、PDA、手机等各类信息平台，TCG 也已针对 PC 机、服务器等平台发布了详细的技术规范。很多国家正大力发展可信计算平台产业，且已经发布了多款符合 TCG1.2 规范的可信计算平台相关产品。例如，Intel 即将推出 LT 技术，其中 TPM 是必备配置；Microsoft 的新一代操作系统 Vista 不仅将全面支持 TPM，其主要安全特性更是以 TPM 作为其必备的基础[17]。

可信计算技术涉及密码芯片、主板、整机、操作系统和应用软件，它是保障国家信息安全的重要技术，关系到是否能够掌握信息安全的主权，也关系到民族 IT 产业的发展。中国国内在 2000 年开始对可信计算的研究进行立项，2004 年后开始研发成功具有 TPM 功能的可信安全计算机。中国的产业界对可信计算技术的关注和投入研发是比较及时的，目前已有多款型号的国产 TPM 芯片已经得到应用。经过近几年的不懈努力，“安全 PC”产业链在中国已初步形成，使中国跻身于世界上少数研制出可信 PC 的国家之列。但总体而言，由于中国信息安全技术整体水平的限制，加之企业规模小、缺乏足够的经济实力，可信计算技术目前尚未实现产业化，市场也未成熟。

当前和今后我国可信计算技术研究的重点方向有：

(1)基于可信计算技术的可信终端——产业发展的基础。可信终端（包括 PC、网络处理节点、手机以及其他移动智能终端等）以可信平台模块（TPM）为核心，这并不仅仅是一块芯片和一台机器，而是把 CPU、操作系统、可信应用软件以及网络设备融为一体的基础平台，是构成可信体系的装备节点。

(2)高性能可信计算芯片——提高竞争能力的核心。TPM 芯片是可信计算的核心，其性能决定了可信平台的性能。不仅要设计特殊的 CPU 和安全保护电路，而且还要内嵌高性能的加密算法、数字签名、随机发生器等，这是体现国家主权与控制的聚焦点，是竞争能力的源动力。

(3)可信计算理论和体系结构——持续发展的源泉。可信计算概念来自于工程技术发展，到目前为止还没有一个统一的科学、严谨的定义，基础理论模型还未建立。因此现有的体系结构还是从工程实施上来构建，缺乏科学严密性。因此需要加强可信计算理论和体系结构研究，加强对安全协议的形式化描述和证明，逐步建立可信计算学科体系。

(4)可信计算应用关键技术——产业化的突破口。可信计算平台最终目的是保护应用的安全，其主要技术手段是使用密码技术进行身份认证，实施保密存储和完整性度量，因此在 TPM 的基础上，如何开发可信软件栈(TSS)是提高应用安全保障的关键。只有可信计算平台得到广泛应用，其产业化规模才能扩大。

(5)可信计算相关标准规范——自主创新的保护神。如果没有相应的标准规范，盲目跟踪和效仿 TCG，很可能丧失已经取得的自主知识产权的创新成果。可信计算是以密码技术为基础的，每个国家都有相关的密码政策，即使采用美国的密码算法的中国可信计算产品也不可能推销到美国。为此，大力制订相关标准规范，强制执行，促进可信计算领域自主创新，是我国发展可信计算的重点工作。

有必要指出，虽然很多专家和用户对可信计算技术寄予厚望，但也存在着一些对可信计算技术的质疑[18-19]。其主要理由基于可信计算技术使用户失去了对自己的计算机的控制权，还有人怀疑这项技术之所以产生是因为国际 IT 巨头期望借此实施其版权控制战略。由于可信计算技术的规模应用还需假以时日，目前这些争议还在继续。

3. 其他应用技术

(1)生物认证技术。身份认证是安全系统的第一道防线，是基础性的信息安全技术。常用的认证方式有三种：认证用户所知的某些东西(如口令)；认证用户所持有的某些东西(如身份证)；认证用户的生物特征(如语音、书写模式或指纹)。生物认证技术即是使用人的唯一特征(或属性)来认证该人的身份，例如生理属性(例如指纹、掌形、虹膜)或行为属性(例如语音特征、笔迹)。每个人拥有的生物特征各不相同，且不易被伪造，因此生物认证技术可以为计算机系统提供更高的安全性。但自从该技术出现以来，其成熟度比其他技术要低，普遍认为这种技术的不足主要来源于对生物特征进行度量和描绘的难度，以及生物特征的多变性。另外，生物认证技术的实现成本也相对较高。

但近年来，生物认证技术得到了迅速发展，已经成为各国普遍重视并大力发展的关键技术与产业，并且得到了大规模应用。“9·11”事件之后，美国连续签署了爱国者法案、航空安全法案、边境签证法案，要求必须采用生物认证技术作为法律实施保证。国际民用航空组织也建议 188 个成员国将生物特征(脸相、指纹、虹膜)放入护照。此外，全球生物特征认证技术市场迅速增长，自 2002 开始，每年超过 60% 的增长率。IBG 最新预测到 2007 年全球市场容量为 41 亿美元。

2005 年 4 月 META Group 在展望生物识别技术的未来时称，在未来的几年内，生物识别这个基于身份管理的技术，将会让那些已经逐渐沉寂下来的，我们曾经所使用过的早期技术，比如 PKI、基于协议的访问控制、目录服务集成等技术，重新焕发青春。到 2007 年，这项技术将不再是一个单独的产品，而是作为一个贯穿用户生命周期始终的技术，它将与其他的IT应用功能有着更加紧密的联系。目前，微软公司已经宣布在新的Vista操作系统中包含生物认证技术，信息安全产业界认为，微软的介入将进一步推动生物认证技术的发展。

我国生物认证技术研究取得了大量有使用价值的成果。2003年9月，中国科学院自动化研究所宣布成立了生物特征认证与测评中心，此举结束了中国生物认证领域没有评测机构的历史。2005年6月，由清华大学TH－ID系统多模式生物特征(人脸笔迹签字虹膜)身份认证识别系统在京通过了教育部组织的专家鉴定。鉴定组认为该系统能够实现在复杂背景下的图像和视频人脸自动检测、识别和认证，在人脸、笔迹、签字、虹膜的识别认证技术上取得了重要进展，在整体上达到了国际领先水平[20]。

(2)网络信任技术。互联网建立了一个虚拟的网络世界，其最大的特点就是匿名性。随着电子商务发展，建立网络信任体系成为网络虚拟世界最基本的安全需求。世界各国普遍将网络信任技术作为发展电子商务、确保电子政务安全的关键技术，抓紧构建网络信任体系。针对不同的应用需求，信任模型的研究也在近年来得到了发展，例如P2P信任模型、网格信任模型、在线拍卖信任模型等纷纷提出。

网络信任技术中得到最广泛应用的是PKI(公钥基础设施)技术。它利用了公钥理论和技术，建立起了一种能提供信息的保密性、完整性、不可否认性等服务，并实现身份鉴别功能的信息安全基础设施。PKI的核心是要解决信息网络空间中的信任问题，确定信息网络空间中各种行为主体(包括组织和个人)身份的唯一性、真实性和合法性，保护信息网络空间中各种主体的安全利益。近几年，PKI技术的成熟度已经较高，各种基于PKI的应用也非常广泛。

我国对PKI技术的研究取得了丰硕的成果。2003年4月验收的由中科院信息安全国家重点实验室等部门完成的项目"PKI关键技术研究与应用"构建了具有自主知识产权的PKI模型框架，为解决PKI互操作问题和模型复杂问题提供了新的技术途径，提出了双层式秘密分享的入侵容忍证书认证机构(CA)，为解决PKI自身安全问题提供了一套领先的方案[21]。

为适应无线网络认证和加密的需要，WPKI技术，即无线公钥基础设施近年渐渐发展，并开始在无线数据业务中得到实际应用。但相比已经成熟的PKI技术，WPKI技术仍然面临很多技术难点：无线终端的资源有限，处理能力低，存储能力小，需要尽量减少证书的数据长度和处理难度；无线网络和有线网络的通信模式不同，需要考虑WPKI与标准PKI之间的互通性；无线信道资源短缺，带宽成本高，时延长，连接可靠性较低，因而技术实现上需要保证各项安全操作的速度。

除PKI之外，我国学者南湘浩教授在世界上首次提出了CPK(组合公钥)算法[22]，这是一种基于标识的公钥算法，不需要第三方证明，运行效率和处理能量较高，有广阔的应用前景。目前，CPK的深入研究和产业化工作正在进行之中。

(3)无线局域网安全技术。无线局域网产业是目前整个数据通信技术领域当中最为快速发展的产业之一，其广泛应用普及催生了对无线局域网安全技术的迫切需求。相对于有线局域网而言，无线局域网所遇到的新的安全问题原因主要来源于其采用了公共的电磁波作为载体来传输数据信号，而其他各方面的安全问题两者则是相同的。无线局域网安全技术近年来得到了快速的发展和应用，始终是信息安全的热点技术之一。

这一技术先后经过了 MAC 地址过滤、有线等效保密(WEP)、WPA(WiFi 保护访问)等阶段，为了进一步加强无线网络的安全性和保证不同厂家之间无线安全技术的兼容，IEEE 802.11 工作组研究开发了 IEEE 802.11i，致力于从长远角度考虑解决 IEEE 802.11 无线局域网的安全问题。2004 年 6 月 25 日，IEEE 标准委员会于正式批准通过了该标准。

但 IEEE 802.11i 中被认为存在漏洞，会对使用者的信息安全带来严重威胁。2006 年 9 月 11 日，在中国召开的无线局域网安全技术研讨会上，演示人员在 5 分钟内快速破解了迅驰无线网络(迅驰无线网络采用的是 IEEE 802.11i)密钥后，轻松联接到了加密的无线局域网中，可获取合法用户的各种敏感信息、电子邮件等，也能够删除私密的文件、邮件，甚至能传播计算机病毒[23]。

为解决已有无线局域网安全标准的安全缺陷，中国在 2003 年颁布了国家标准 GB 15629.11-2003[24]，引入了 WAPI(Wireless LAN Authentication and Privacy Infrastructure)安全机制，弥补了 IEEE 802.11i 的漏洞。由于担心利益受到影响，国际上一些 IT 巨头一直在打压 WAPI 安全技术，并多方游说本国政府向中国政府施压，为 WAPI 安全技术成为国际标准设置障碍。2004 年 7 月，中国国家标准化管理委员会代表中国国家成员体向国际标准组织正式提交了 WAPI 国际标准提案。2006 年 1 月 9 日，宽带无线网络 WAPI 安全技术获得了国家技术发明二等奖的奖励。2006 年 3 月 7 日，国际标准组织就 WAPI 和 IEEE 802.11i 进行快速流程投票，30 个国家成员体对 WAPI 投票，其中赞成票 8 张；31 个国家成员对 802.11i 投票，赞成票 24 张。同日，中国成立了 WAPI 联盟，政府进一步加大了对 WAPI 技术的强力推动。目前，关于 WAPI 和 IEEE 802.11i 的争端已经远远超出了技术范畴，而且仍在继续，演变成了一场政治和经济层面的博弈。

(4)基于 IPv6 的下一代互联网安全技术。IPv6 是为解决 IPv4 在信息安全方面的先天不足而提出的，是能够无限制地增加 IP 网址数量、拥有网址空间巨大和网络安全性能卓越等特点的新一代互联网协议。近几年，IPv6 相关技术的研究取得了很多成果，各种网络设备已经很好地实现了对 IPv6 的支持，IPv4 到 IPv6 的平滑过渡及相关问题也得到了全面的研究和解决。

中国在这一方面的研究走在了世界前列。2003 年，国家发改委等八部委联合启动了建设"中国下一代互联网示范工程 CNGI"项目。2004 年，由清华大学等 25 所高校承担建设的我国第一个下一代互联网 CNGI－CERNET2 建成。CNGI-CERNET2 主干网以 2.5 Gbps到 10 Gbps 的带宽连接了全国 20 个城市的 25 个核心节点。2006 年 9 月，"中国下一代互联网示范工程 CNGI 示范网络核心网 CNGI-CERNET2/6IX"项目通过了验收，认为项目成果总体上达到了世界领先水平[25]。特别是该项目在下一代互联网的建设中开创性地建成了世界第一个纯 IPv6 网，加速了世界下一代互联网发展的步伐；开创性地提出了 IPv6 源地址认证，为下一代互联网的安全奠定了基础。中国科学家还在该项目中还首次提出了 IPv6 到 IPv4 的过渡技术方案，为第一代互联网与第二代互联网的过渡提供了重要解决方案。另外，该项目首次在全国主干网中大规模使用国产 IPv6 路由器，为之提供了重要的试验环境及平台，加速了我国在 IPv6 核心路由器技术上的成熟，彻底摆脱了我国在互联网建设上对国外的依赖，具有重要的战略意义。

二、国内外代表性研究规划

在2005年和2006年中，各国继续加大了对信息安全研究的国家支持力度，对信息安全研究重点和方向等作出了很多重要规划，为今后信息安全技术的发展指出了方向。

(一)美国总统信息技术顾问委员会咨询报告

1. 背景

2005年2月，美国总统信息技术顾问委员会(PITAC)向美国总统提交了一份最新报告，题为《网络空间安全：一场关于优先级的危机》[26]。该报告是由PITAC计算机安全方面的专门委员会花费了近一年的时间完成，通过深入分析和研究，PITAC战略性地提出，建议联邦政府鼓励和培育新的网络和信息安全体系结构及安全技术，从而保障美国国家IT基础设施的安全。

报告认为，网络空间安全是事关美国国家发展的重大问题：

(1)美国的IT基础设施在恐怖和犯罪分子的蓄意攻击面前是非常脆弱的；

(2)网络漏洞和网络攻击增长速度非常快；

(3)无所不在的互联互通意味着处处都可能存在安全漏洞；

(4)软件是主要的漏洞所在；

(5)无穷无尽地打补丁并不是好的解决办法；

(6)需要新的基础性的安全模型和方法；

(7)联邦政府在研发工作中具有核心地位；

(8)网络空间安全涉及非技术因素。

2. 优先研究领域

报告指出，虽然现有的技术方案能够解决一些眼前的问题，但是却不能够提供足够的计算机和网络安全。只有与现有体系结构和技术全然不同的架构和技术才能从根本上保证IT基础设施整体的安全性。PITAC通过调研认为，政府的大部分支持和资助都给了那些短期的、面向防御的研究，而对于那些能够同时解决防御问题以及保障民用IT基础设施安全的基础性网络安全研究，资助得却少之又少。报告特地提出以下十个领域为网络空间安全研究的优先领域。

(1)认证技术。

网络中的实体如硬件、软件、数据和用户等都需要认证系统，包括身份识别、授权以及完整性检验。这些系统必须保证是安全的、校验方便、支持上亿个元件运行，并且操作快捷。

(2)安全基础协议。

维护互联网运行的协议没有几个是足够安全的。若要将互联网建成可靠的交流媒介，就必须开发出针对访问拒绝、数据污染和欺骗等威胁的基础安全协议。此外，还需要保证这些基础协议自身的弱点不致被利用。

(3)安全软件工程和软件保证。

如今的商业软件工程缺乏制造安全的高品质产品所需的科学基础和严格的控制。不管是为了避免基本程序错误,还是为了开发大量系统,保证系统软件即使在部分受到危害的情况下仍能安全,这需要在软件安全工程的创新研究上下工夫。

(4)系统整体安全。

确保一个复杂、多层、全世界使用的设施安全,不仅仅需要其各部分都安全,还应保障其整体的安全性。因此,应该着手开发一个包括硬件、操作系统、网络和应用在内的完整的、全新的安全系统。

(5)网络监控与监测。

当有不可预知的问题出现的时候,监控工具可以帮助我们了解情况,采取正确的防御措施。而现有的网络监测工具在监控非正常网络活动,识别其原因的能力方面还比较初级。

(6)减少损失和进行恢复的方法。

安全系统必须被设计成能在预想不到的事件和攻击出现的时候进行快速反应,并能从损失中恢复过来——这是像互联网这样庞大的、结点众多的系统所面临的一个典型问题。

(7)捕获犯罪分子和阻止犯罪行为的网络取证。

目前我们在调查网络犯罪、识别入侵者、收集举证和将犯罪分子绳之以法方面的能力还很薄弱。综合考虑这些问题,人们还无法真正了解如何去阻止网络罪犯。因此迫切需要开发新的工具和技术来对网络犯罪进行调查,将犯罪分子绳之以法。

(8)新技术开发所需的模型和测试平台。

现在缺少能在现实的网络环境下对新技术进行测试的实用模型和测试平台,这是妨碍网络安全新产品迅速开发的障碍之一。由于互联网的规模和复杂性,缺少模型和测试平台已经变成了一个很严重的问题。

(9)评价标准、测试方法和实施方案。

目前人们对网络安全的评价标准、测试方法和方案的研究开发关注的不够。现有的各种测试方法和标准,不仅十分陈旧,而且昂贵,有时甚至还会对改善网络安全起到相反的作用。

(10)损害网络安全的非技术因素。

一系列的非技术因素,包括心理、社会学、制度、法律和经济因素在内,都会对网络安全造成危害,而网络和软件工程本身无法解决这样的问题。因此,迫切需要针对这些非技术因素开展网络空间安全问题的研究。

(二)美国国家科技委员会报告

1. 背景

2006 年 4 月,美国国家科技委员会(NSTC)发布了《联邦网际安全和信息保障研发规划》[27],该规划提出了下列联邦战略目标:

(1)对有助于防止、对抗、检测、响应网际攻击并从大规模网际攻击中恢复的网际安全和信息保障技术进行研究、开发、测试和评估。

(2)网际安全和信息保障研究开发必须专注于关键基础设施的需要。

(3)开发和加速部署更好地保障网上信息传输安全的新的通信协议。

(4)支持建立实验环境,例如测试床,使政府、学者和工业界研究人员能够实施范围更广的网际安全和信息保障开发和评估。

(5)为达到能够做出经济的、基于风险的网际安全和信息保障决策的目标而提供基础。

(6)通过长期研究,提供新颖的和下一代的安全 IT 概念和体系结构。

(7)促进联邦资助的研发成果向商业产品和服务以及私人领域应用进行技术转化和扩散。

2. 优先研究领域

报告提出了如下优先研究领域及各领域中优先发展的方向。

(1)网际安全功能(Functional Cyber Security)。包括:认证、授权和可信管理;访问控制和权限管理;攻击保护、预防和先发制人;大尺度网际势态的感知;自动的攻击检测、预警、响应;内部威胁的检测和缓解;隐蔽信息和隐藏信息流检测;恢复和重建;取证、追踪和归因。

(2)保障基础设施的安全(Securing the Infrastructure)。包括:安全域名系统;安全路由协议;IPV6、IPsec 和其他 Internet 协议;安全的过程控制系统。

(3)特别领域的安全(Domain—Specific Security)。包括:无线安全;安全的无线电频率辨识;聚合网络和异类通信业务的安全;下一代的优先服务。

(4)网际安全的特征化和评估(Cyber Security Characterization and Assessment)。包括:软件质量评估和故障描述;脆弱性检测和恶意代码;网际安全标准;网际安全指标;软件测试和评估工具;基于风险的网际安全决策;关键基础设施的依赖与互依赖。

(5)网际安全基础(Foundations for Cyber Security)。包括:硬件和固件安全;安全操作系统;以安全为中心的编程语言;安全技术和策略管理方法以及策略规范语言;信息源证明;信息完整性;密码;多级安全;安全软件工程;故障容忍和柔性系统;集成的企业级安全监控和管理;贯穿 IT 系统工程生命周期的安全分析技术。

(6)网际安全和信息保障的研究开发的支撑性技术(Enabling Technologies for Cyber Security and Information Assurance R&D)。包括:网际安全和信息保障研究开发测试床;IT 系统建模、仿真和评估;Internet 建模、仿真和评估;网络映射;红队。

(7)网际安全的先进下一代的系统和体系结构(Advanced and Next-Generation Systems and Architecture for Cyber Security)。包括:可信计算基体系结构;内在安全、高保障、可证明的安全系统和体系结构;可组合和升级的安全系统;自治系统;下一代 Internet基础设施的体系结构;量子密码。

(8)网际安全的社会因素(Social Dimensions of Cyber Security)。在各类优先领域需要具体研究的技术包括:Internet 中的信任;隐私和网际安全。

NSTC 不但列出了上述优先领域和技术方向,还对每一方向的技术发展现状以及当前的技术不足做了阐述,指出了每项技术在今后的发展目标。限于篇幅,这里不再赘述。

(三)中国有关信息安全研究规划

1.《国家中长期科学和技术发展规划纲要》有关内容

2006年2月9日,国务院发布了《国家中长期科学和技术发展规划纲要(2006—2020年)》(以下简称《纲要》)。《纲要》将"面向核心应用的信息安全"作为优先主题,提出:"重点研究开发国家基础信息网络和重要信息系统中的安全保障技术,开发复杂大系统下的网络生存、主动实时防护、安全存储、网络病毒防范、恶意攻击防范、网络信任体系与新的密码技术等。"

2."863"计划"信息安全"专题(2006)

《863计划信息技术领域2006年度课题申请指南》(以下简称《指南》)将信息安全技术列为专题,其目标为:"根据国际信息安全技术发展态势,结合我国信息安全技术实际应用需求,重点研究复杂系统下的网络生存、主动实时防护、安全存储、网络病毒防范、网络信任保障等技术和系统。"《指南》列出了七类探索导向类课题。

(1)网络可生存性技术。主要研究内容:网络可生存性系统的体系结构、设计方法和关键技术;基于关键服务的可生存性系统的模型和实现方法;网络可生存性的分析和评测方法等。

(2)逆向分析与可控性技术。主要研究内容:网络关键设备安全性分析和可管理性技术;软件系统安全性分析和可管理性技术;信息安全产品逆向分析和可控性技术等。

(3)网络病毒与垃圾信息防范技术。主要研究内容:网络病毒传播机理、模型、预警机制和综合防治技术;垃圾邮件检测控制关键技术;其他类型垃圾信息的产生、分类、识别、传播与阻隔的机理和技术。

(4)密码与安全协议新技术。主要研究内容:密码与安全协议的设计、分析和检测评估新技术;高性能密码运算模块的设计、分析和实现技术;密码与安全协议新型应用关键技术和体系等。

(5)高安全等级系统关键技术。主要研究内容:GB17859第五级安全操作系统设计及其测评关键技术和实现方法;GB17859第五级安全数据库管理系统设计及其测评关键技术和实现方法;基于高安全等级(是指GB17859第三级及以上)系统的应用关键技术等。

(6)基于新型计算的安全关键技术。主要研究内容:基于新型计算的安全策略、安全模型和安全机制;基于可信计算的安全关键技术;基于移动计算的安全机制和安全接入关键技术等。

(7)新型主动安全防护技术。主要研究内容:支撑构建高柔性免受攻击的信息系统的安全关键技术和方法;网络与信息系统安全防护的新模型、新技术和新方法等。

《指南》列出了三类目标导向类课题:

(8)安全测试评估技术和工具。主要研究内容:信息安全产品及信息产品安全性的测试评估方法、关键技术和基础工具;信息系统安全测试评估支撑工具;网络信息系统安全态势评估与预测关键技术和系统等。

(9)网络监控与安全管理关键技术和系统。主要研究内容:网络安全分析、监测与管理关键技术和系统;网络内容识别与过滤关键技术和系统;网络安全危机控制与应急支援关键技术和系统等。

(10)认证授权与责任认定技术和系统。主要研究内容:跨域身份认证、跨域授权管理、动态细粒度访问控制、责任认定等技术和系统;认证授权新型应用关键技术;新型认证授权与责任认定技术和系统等。

三、应用与成效

(一)信息安全保障体系建设

信息安全保障体系是实施信息安全保障的法制、组织管理和技术等层面有机结合的整体,是信息社会国家安全的基本组成部分,是保证国家信息化顺利进行的基础。自2003年我国发布《国家信息化领导小组关于加强信息安全保障工作的意见》以来,我国抓紧构建国家信息安全保障体系。《国家信息化发展战略(2006—2020年)》要求在制定和实施国家信息化发展战略的过程中注重建设信息安全保障体系,实现信息化与信息安全协调发展。

信息安全是高技术的对抗,信息安全技术构成了国家信息安全保障体系的物质基础。我国通过实施信息安全专题“863”计划和“973”计划等科研项目,加强了对信息安全关键技术的研究,攻克了一批信息安全重大技术难题。特别是在“863”计划等国家计划的支持下,已经在PKI/CA技术、密码标准和芯片、网络积极防御、网络入侵检测与快速响应、网络不良内容监控与处置等方面取得了较大进展[28]。

另外,“十五”期间还组建了多个国家级信息安全研究中心,研究实力不断增强。“十五”计划信息安全专项的实施,已经开始发挥重要作用。建立了上海、四川、湖北三大信息安全成果产业化基地,积极开展了信息安全应用示范工程,为我国网络与信息安全技术发展及产业化奠定了基础。

目前,我国已经初步具备了信息安全防护能力、隐患发现能力、网络应急反应能力和信息对抗能力,为国家信息安全提供了强有力的支撑。

(二)信息安全产业发展

信息安全技术的进步带动了信息安全产业的发展。目前,我国信息安全产业取得的进步有:

(1)国家支持力度明显加强。国家对信息安全高度重视,多个战略和发展规划将信息安全列为重大专题和重点工程之一,在高技术领域产业化示范工程中,对信息安全项目进行了重点支持,信息安全市场、产业和技术得到了快速发展。

(2)拥有了良好的政策环境。国家信息化领导小组根据国家信息化发展的客观需求与信息安全工作的现实需要,研究制定了《国家信息化领导小组关于加强信息安全保障工作的意见》,将信息安全工作提升到了国家战略的高度,确定了“积极防御、综合防范”的方针,明确提出了“加强信息安全技术研究开发,推进信息安全产业发展”的任务和要求,对发展我国信息安全产业做了全面部署,为信息安全产业创造了良好的政策环境。

(3)形成了一定的产业规模。据有关部门统计，目前国内与信息安全相关的企业已达到1 000余家，产值年增长率达到30%以上，信息安全产值近100亿元人民币。技术含量和研发水平有所提高，人才队伍建设和培养工作逐步形成气候，技术标准的制定工作得到加强。

(4)通用产品格局初步形成。当前，整个国内信息安全市场已形成了商用密码、防火墙、防病毒、入侵检测、身份识别、网络隔离和备份恢复等产品格局。在电信、银行、税务、海关等领域，安全系统集成与服务形成了新的布局。

但是，我国信息安全产业仍然存在着比较明显的不足：

(1)信息安全关键技术与国际先进水平有较大差距，核心技术仍受制于人。现有的成熟产品多为仿造国外低端产品，许多关键技术依赖国外，具有自主知识产权的高等级安全产品明显偏少，甚至在某些领域还是空白。我国信息安全高端产品市场仍被外国产品占据。

(2)自主的信息安全产业不能满足国家信息化的需求。我国的信息安全研究起步晚，产业化投入少，力量分散，产业规模小，明显滞后于我国高速发展的信息化进程。

(3)政府部门和企业的信息安全应用需求驱动不力，采购水平低下。我国各领域对信息安全应用和产品的需求尚处在初级阶段，目标不清，要求不高，很多部门盲目采购低水平的产品，出现了低端产品无序竞争的局面，难以形成正常的规模市场。

(4)与“积极防御，综合防范”的要求差距大，可信产品短缺，无法构筑完整的积极防御体系。当前大部分信息安全系统仍主要由防火墙、入侵检测和病毒防范等组成，只在外围或事后进行查封，而对操作使用者未加控制，对新的攻击毫无防御能力，更不能防止内部作案，不能实施积极防御。

四、国内外研究进展比较

总体而言，我国与国外信息安全技术研究相比呈现出以下特点：

(1)与国外的差距正在缩小。我国信息化建设起步较晚，信息安全技术研究的原始积累不够。经过多年的努力，尤其是近几年国家对信息安全研发的支持力度持续加大，我国信息安全研究水平与国外的差距正在逐步缩小。基础信息技术研究领域的其他进步也加强了我国的信息安全实力，例如拥有自主知识产权的“龙芯”研究成果。

(2)取得了一些具有优势的成果。在密码技术(包括检测平台、密码芯片、分析方法)、认证授权技术、无线局域网安全技术、下一代互联网安全技术、数据恢复技术、网络内容监控技术等方面取得了一批具有国际先进水平的成果，甚至已经开始占有优势。

(3)我国自主可控能力仍然不高。虽然信息安全技术研究取得了一定进展，但没有“以点带面”形成整体优势。特别是，信息安全关键技术的研究创新能力不够，还没有摆脱核心技术受控于人的局面，关键基础网络和重要信息系统中的安全隐患没有得到实质性的减弱。

五、学科建设和人才培养

如何发展信息安全学科，如何培养学科专业人才，成为近几年各方面讨论的热点。目前，中国已经初步建立了信息安全人才培养体系，2005年教育部专门发布《教育部关于进一步加强信息安全学科、专业建设和人才培养工作的意见》(文教高[2005]7 号),从加强信息安全学科体系研究、信息安全博士点硕士点建设、稳定信息安全本科专业设置、促进交叉学科专业探索多样化培养模式新机制、建立信息安全继续教育制度等十个方面提出了指导性的意见。截至 2006 年,教育部已备案或批准 50 所高校开设信息安全本科专业,10 余所高校已拥有信息安全硕士和博士学位授予权。但目前比较突出的问题是:学科范围不清、领域不明,专业设置比较杂乱,课程体系不够系统。有相当数量的学校以传统的学科视角看待信息安全,对人才培养定位不清晰,对专业人才的训练不全面,导致一方面信息安全专业人才紧缺,而另一方面却有大批的信息安全专业毕业生找不到工作。当然,这是作为一个新兴交叉学科兴起和发展的必然现象,在社会需求的刺激下,各传统专业拓展到这一新领域的蓬勃的积极性,是信息安全学科旺盛生命力的表现。

从历史看,计算机、通信等学科也是在技术发展的推动力下逐渐从其他学科中分化出来而成为独立学科的。如今,信息技术本身持续发展和广泛应用,信息安全因素涉及方面越来越多,信息安全保障工作作为一个系统工程,需要科研、工程、管理、执法等多方面的人才,而且这种需要是长期的、甚至是永久的。面对信息安全人才这种多样化的需求,信息安全从最初由数学、计算机科学与技术、信息与通信工程等一级学科交叉而成的技术性学科,已经朝着涉及管理学科、法律和伦理道德等跨门类的综合性学科发展。

信息安全的特点使得现有的几个相关一级学科都不能单独将其覆盖,也造成目前信息安全二级学科博士点分别设在了计算机科学与技术、信息与通信工程、数学、控制科学与工程等四个一级学科下的分散格局。在一定程度上造成信息安全学科内涵模糊、主干专业课程体系不清、建设资源不集中等问题,影响了学科的进一步发展,已有很多专家多次呼吁将信息安全上升为一级学科。

虽然这一目标的实现可能需要较长的过程,难以一蹴而就,但总的来看,信息安全工作越来越显示出全面性和综合性,信息安全人才的专业化特征将越来越明显,信息安全成为一级学科的迫切需求是明确的。经过近几年的学科建设探索和信息安全工作实践,信息安全成为一级学科的客观条件也已经基本具备。

今后,在国家层面需要加强信息安全学科规划,重视信息安全学科建设的基础性工作(如教学大纲、师资力量、试验设备等),从政策上加以引导,这不但有利于信息安全人才的培养,更有利于信息安全技术的进步。

六、展望

《国家中长期科学和技术发展规划纲要》已经指出,将研究开发国家基础信息网络和重要信息系统中的安全保障技术作为今后我国信息安全研究的方向和重点,这与美国等国从国家安全高度部署信息安全研发路线的出发点是完全一致的,也是各国在经济全球化和全球信息化条件下巩固国家安全的必然要求。

总体而言,今后信息安全技术的发展方向将具有如下特点:

(1)突出主权国家的战略需求。最大的信息安全需求来自于国家安全的战略需求,这一点将始终主导今后信息安全技术的发展方向。在复杂的国际环境中保护国家的信息主权,保障金融、能源、交通、电信等行业以及政府等部门的信息安全,防止敌对国家及政治团体的恶意攻击,是信息安全技术被赋予的重大任务。在各国政府的大力推动下,有助于加强基础网络和重要信息系统安全性的安全技术将得到飞速发展。比较典型的有下一代互联网安全技术、DCS/SCADA(数字控制系统/监督控制和数字采集系统)安全保障技术、网络信任技术、灾难备份技术、网络可生存性技术、漏洞发现技术、安全评估技术等。值得一提的是安全评估技术,虽然在前些年有了一定的发展,但这类技术还需在应用效果上得到进一步的提升,应该尽早从辅助管理或者支撑工具的角色中转变为能够主动发现系统中的潜在隐患。为了打击系统攻击等信息网络犯罪行为,震慑犯罪分子,计算机取证技术也会更加成熟并得到广泛应用。此外,能够增强自主可控能力的有关技术也将成为发展的重点,例如逆向分析技术,这对中国的意义尤其巨大。

(2)由被动防御转向积极防御(主动防御)。被动防御的信息安全技术将越来越难以适应更复杂威胁的挑战,因此,今后信息安全技术将从被动防御转向积极防御(主动防御)。其基本原理在于,要从根本上解决问题,从源头处控制风险,并尽可能在事前识别威胁,在机理上控制恶意代码和各种攻击。例如,一些传统的基础协议将得到完善,一些基础性的工具和方法将得到改观(如更安全的编程语言和更优化的软件工程学),对恶意代码的主动发现和控制技术将得到广泛应用。这一方向上产生的创新性成果将比较多。

(3)以可信计算技术为契机,创新安全体系结构。今后几年是可信计算技术得到大量应用的关键时期,这一技术的优势将得到充分体现。由于大量的安全问题实质上来源于体系结构层面的缺陷,以可信计算技术为契机,创新安全体系结构将成为今后技术发展的一个重要方向。这个方向上可望出现高免疫安全系统、高柔性系统等成果。另外,不同级别网络之间的互联互通与安全的信息交流也有赖于通过体系结构方向上的努力加以实现。

(4)技术的集成化趋势更加明显。这一趋势来源于两个原因,一是由于互操作的需求,单一功能的信息安全技术正在向融合了多种功能的信息安全技术方向发展。当然,这种集成不是盲目性的,“纵深防御”这一原则将会得到普遍遵循。二是信息产业巨头开始纷纷利用其技术优势实现信息安全技术与其产品的集成化,例如在操作系统、CPU中捆绑信息安全关键技术,以图垄断信息安全市场,这一趋势尤其值得国内产业界注意。

归根结底,创新是信息安全技术的根本,是今后信息安全技术发展的主旋律。国家命脉系于自主创新,保护国家信息安全必须提高自主创新能力。信息安全核心和关键技术是买不来的,只能依靠自己的力量。只有不断提高自主创新能力,才能真正掌握自己的前途命运,才能保障和促进信息化的发展。

参考文献

[1] http://www.nsa.gov/ia/.

[2] DoD Directive S-3600.1:Information Operations (U),December 9,1996.

[3] Developments in the Field of Information and Telecommunications in the Context of International

Security. A/55/140. December 1,1999.

[4] Developments in the Field of Information and Telecommunications in the Context of International Security. A/C. 1/61/L. 35. October 20,2006.

[5] Developments in the Field of Information and Telecommunications in the Context of International Security. A/61/161. July 18,2006.

[6] WANG XIAOYUN,FENG DENGGUO,LAI XUEJIA,YU HONGBO. Collisions for Hash Functions MD4,MD5,HAVAL-128 and RIPEMD. Crypto'04,August 2004.

[7] NIST Brief Comments on Recent Cryptanalytic Attacks on SHA-1. February 18,2005.

[8] http://www. schneier. com/blog/archives/2005/02/cryptanalysis o. html.

[9] BART PRENEEL. Cryptographic Algorithms:Status and Trends[EB/OL]. http://www. ecrypt. eu. org. October 26,2006.

[10] 国家密码管理局公告第 7 号,2006,1,6.

[11] 张蕾,吴文玲. SMS4 密码算法的差分故障攻击. 计算机学报. 2006,9.

[12] http://www. china-cic. org. cn/main. aspx? chaid=78&artid=155.

[13] http://news. xinhuanet. com/it/2004-06/05/content_1509446. htm.

[14] http://www. cas. cn/html/Dir/2003/08/18/9362. htm.

[15] http://bsp. cas. cn/html/Dir/2006/04/28/0032. htm.

[16] Trusted Computing Group. TCG Specification Architecture Overview,2004,1(2).

[17] Trusted Platform Module Services in Windows Vista. April 2005.

[18] R WEIS,S LUCKS. TCG 1. 2—Fair Play With the 'Fritz' Chip? September 30,2004.

[19] CATHERINE FLICK. The Controversy over Trusted Computing. University of Sydney B. Sc. thesis. June 2004.

[20] http://news. xinhuanet. com/newmedia/2005-06/23/content_3122997. htm.

[21] http://www. cas. cn/html/Dir/2003/04/09/0534. htm.

[22] 南湘浩. CPK 标识认证. 北京:国防工业出版社. 2006,10.

[23] http://news. ccidnet. com/art/1032/20060919/903685_1. html.

[24] 中华人民共和国国家标准. GB 15629. 11-2003 信息技术 系统间远程通信和信息交换局域网和城域网 特定要求 第 11 部分. 国家质量监督检验检疫总局.

[25] http://news. xinhuanet. com/tech/2006—09/24/content_5128910. htm.

[26] President's Information Technology Advisory Committee (PITAC). Cyber Security:A Crisis of Prioritization,February 2005.

[27] National Science and Technology Council (NSTC). Federal Plan for Cyber Security and Information Assurance Research and Development,April 2006.

[28] 冯登国. 我国信息安全技术发展趋势的分析. 信息网络安全,2006,11.

撰稿人:沈昌祥　刘毅　左晓栋　李晓勇　张兴

音视频信息处理技术发展

一、引言

音视频信息处理学科在信息领域中是一个历史悠久但又很年轻的学科，它从数字信号处理开始，逐步覆盖包括语音处理、图像处理、视频处理、多媒体技术、人工智能等技术与应用。

就学科分支而言，除了一些基础性的内容可以被包含在比较宽泛的理论学科中之外，与音视频编码与检索等特定技术领域有关的音视频信息处理学科至少应该包含的如下技术分支：音频编码技术；音频处理技术；视频编码技术；音视频编解码标准；视频分析与多媒体检索；数字版权保护 DRM；流媒体技术。

本学科发展报告，包括技术发展、产业发展、人才培养三个方面。技术发展，主要讨论最近技术进展，包括各分支的技术进展以及技术标准化的进展；产业发展，主要设计产业环境、产业政策、市场等；人才培养，主要包括人才的数量、质量能否满足要求等。本报告重点将放在技术发展方面。

二、学科发展回顾

1. 音视频编码技术与标准

数字化视频的原始数据量是十分庞大的，例如，标准清晰度的数字视频每秒的数据量超过 200 Mbit，高清晰度数字电视每秒的数据量超过 1 Gbit。数字音视频编解码标准是信源编码标准的重要组成部分，解决的重点问题是数字音视频海量数据的编码压缩问题。

视频压缩的历史可以追溯到 20 世纪 50 年代初，在随后 30 多年时间里，主要的压缩技术和工具逐渐发展起来，在 20 世纪 80 年代初，视频编码技术初步成型。视频编码标准并非一个单一的算法，而是一整套的编码工具，方案集成的主要贡献者是标准化组织。另外，尽管有些技术多年前就已经提出，但由于实现代价昂贵而没能在当时得到实际应用，直到近年来半导体技术的发展才满足实时视频处理的要求。

国际上音视频编解码标准主要有两大系列：国际标准化组织 ISO/IEC 联合制定的 MPEG 系列标准，用于数字电视等广播应用；国际电联 ITU 制定的 H.26x 系列视频编码标准和 G.7 系列音频编码标准，用于音视频通信应用。

目前已经制定完成的视频编码国际标准中，MPEG-1 于 1992 年 11 月正式成为国际标准，名称为“用于数字存储媒体速率为 1.5Mbps 的运动图像及其伴音的压缩编码”，支持的视频参数为 352×240×30 帧/秒或相当。MPEG-2 于 1994 年 11 月成为国际标准（ISO/IEC13818），可适用于 1.5～60 Mbps 的编码范围。MPEG-2 可用于数字通信、存储、广播、高清晰度电视等的压缩编码。DVD 和数字电视广播采用的是 MPEG-2 标准。

1994年后,MPEG-2标准还进行了一定扩展和修订。MPEG-1和MPEG-2的视频压缩比大概为50～75倍。1999年,MPEG-4的前几个部分成为国际标准(ISO/IEC 14496),其中的视频部分编码效率比MPEG-2约有40%左右的提升。

ITU-T于1997年提出的一个长期的视频标准化项目H.26L,并在1999年8月推出该标准的第一版测试模型。2001年开始,ISO和ITU开始组建了联合视频工作组(JVT,Joint Video Team,ISO/IEC MPEG和ITU-T VCEG联合视频工作组),在H.26L的基础上开发新的视频编码标准,即JVT标准。与现有的视频编码标准不同,JVT标准采用了多尺寸块的帧内和帧间编码、多方向空间预测技术、4×4整数正交变换、去除块效应的环内滤波器等技术,因此可以获得很高的压缩比。JVT标准是一套兼顾广播和电信、覆盖从低码率通信到高清晰电视的广域标准。在ISO/IEC中,该标准的正式名称为MPEG-4 AVC(Advanced Video Coding)标准;在ITU-T中的正式名称为H.264标准。2003年下半年,ISO/IEC以MPEG-4第十部分(ISO/IEC 14496-10)的名义正式发布了这项标准。

21世纪以来,随着编解码技术本身的进步和芯片集成度、计算速度的实现条件的发展,信源编码技术标准面临更新换代的历史性机遇,10年前制定的MPEG-2标准已经落后,采用新的技术方案,压缩比能够从50～75倍提高到100～150倍(标准清晰度电视约100倍,高清晰度电视可达到150倍)。在这样的背景下,音视频标准制定的竞争迅速展开,2003年,ITU-T和ISO/IEC JTC1相继颁布了新一代视频编码标准H.264和MPEG-4 AVC(Advanced Video Coding)标准,2006年2月,中国颁布了《信息技术先进音视频编码 第二部分:视频》国家标准(GB/T 20090.2),2006年4月SMPTE(Society of Motion Picture and Television Engineers,美国电影与电视工程师协会)正式发布了微软公司牵头制定的VC-1标准。

音频编码标准方面,MPEG-1(ISO/IEC 11172-3)按照编码复杂度分三层编码机制,支持采样率为32 kHz、44.1 kHz和48 kHz的单声道及双声道编码,其中第3层即目前广泛流行的MP3。MP3对双声道立体声编码时,在128 Kbps的条件下对绝大多数音乐编码可达到接近CD的音质效果,因而成为网络音乐和便携电子设备的首选标准。MPEG-2 BC(ISO/IEC 13818-3)则是对MPEG-1的向后兼容多声道扩展方案,并增加了一个“低频效果”声道从而支持至5.1个声道编码,且支持16 kHz、22.5 kHz和24 kHz采样音频信号编码。

MPEG-2 Advanced Audio Coding(ISO/IEC 13818-7 AAC)是MPEG-2于1997年新增的一个音频编码标准,适用于从比特率为8 Kbps的单声道电话音质到160 Kbps的多声道高质量音频编码。AAC比MP3编码效率有较大提高。

MPEG-4 HE AAC是对MPEG-2 AAC的增强,于1999年完成,主要增加了SBR(Spectral Bandwidth Replication)技术,编码效率比AAC又有改进。

2.视频分析与多媒体检索

对视频分析与理解的研究从20世纪90年代初就开始了,早期的视频分析与理解技术主要集中在对视频结构的分析上,如对视频中镜头的检测等。随着视频分析技术的不断成熟,对视频中语义和感知的分析也逐渐增多,如对事件的检测和感知特征的提取。视频分析所采用的模型从早期简单的视觉或听觉模型发展为多模型融合技术。这些转变一方面说明随着对视频分析技术的研究不断深入，研究者已经开始试图研究视频中更主观的部分，另一方面也说明这个领域的研究现状还没有达到令人满意的程度。

在视频底层特征的提取和建模方面，除了对于传统的运动、颜色等特征有所改进外，研究者还提出了一些新的基于统计的特征表达方法和模型，加深了对于视频本质的认识。在视频结构的研究方面，镜头检测仍然是一个基本的而又没有解决得很好的问题，国际上视频分析领域著名的 TRECVID 比赛，每年在镜头检测方面也有相关的评比。近年一些新的镜头检测方法不断地被提出来。另外，在场景分割，视频层次分析等方面也涌现出不少新的成果，这些都促进了对于视频结构的分析和研究。另外，一些研究者则关心视频中的中高层语义的提取，如对象跟踪、对象检测和分析、视频关注度理解、视频的文本辅助理解，等等，这些都是近年来国际视频分析领域研究的热点。

近年来，文本为主的信息检索技术得到了长足的进展，出现了诸如 Google、Yahoo!、Baidu 等著名搜索引擎公司。与此同时，这些搜索引擎公司也正在全力研发针对图像、音频和视频等多媒体的搜索技术与产品，并已陆续向用户提供相关的初步服务。然而这些服务主要还是利用标注的文本信息，并没有利用图片、音乐和视频的内容。与此相对应，国内外更多的研究兴趣集中在基于内容的多媒体内容分析与检索技术，并取得了大量的研究成果。综合起来，2005～2006 年多媒体检索领域的研究、开发和应用情况呈现如下特点。

(1)在理论与技术研究方面，开展基于语义的图像、音频和视频智能分析与检索技术以及面向多种媒体的跨媒体搜索技术研究，成为 2006 年的研究热点。已有的多媒体检索技术通常只能处理单一媒体类型的检索，无法自动支持语义层次上的检索，忽略了不同媒体知识和不同分析过程之间的影响。因此，基于语义的、融合多种媒体的跨媒体分析与检索技术引起了广泛的关注。

(2)在多媒体检索的应用方面取得了较大的进展。Google、Yahoo!、Baidu 等著名的搜索引擎服务商都陆续推出了自己的图像、视频、MP3 搜索服务。多媒体搜索服务正在/已经成为搜索引擎服务领域的新的业务增长点。

(3)新的多媒体搜索领域不断出现，包括以播客(Podcast 或 Audioblog)为主要搜索内容的播客检索，以视客(Videoblog)为主要搜索内容的视客检索，以及面向 IPTV 业务的 IPTV 搜索等。这些新的多媒体搜索应用领域又为多媒体搜索技术的研究提出了新的挑战。

(4)特殊的多媒体搜索需求引起越来越多的关注和重视，包括针对移动手机用户的手机检索，考虑用于搜索用户的上下文信息的上下文检索，考虑多样化搜索接口模式的多模态搜索以及多媒体搜索中的数字版本问题等。

3. 数字版权保护 DRM

随着个人计算机性能的提高和宽带网络的广泛应用，数字音视频节目可以低成本地录制、保存、交换和传播，数字媒体时代已经到来。在模拟时代，对媒体内容版权的管理，实质上是通过对物理载体(纸、录音带、光盘等)管理而实现的，在数字时代，媒体内容能够完全脱离物理载体的束缚而以数字化的形式独立存在，复制、传播十分便利，原有版权管理措施不再有效，典型的例子是几年前开始的 MP3 音乐交换和近一两年广泛流行的电影下载，数字版权管理(Digital Rights Management，DRM)成为媒体领域乃至整个社会关注的热点话题。

在 2000 年之前，DRM 主要是指文件或文档管理领域控制访问权的技术，在数字音视频方面，与此概念相关的主要是付费电视采用的有条件访问系统(Conditional Access)，CA 对电视节目进行加密处理使得授权用户才能收看。

2006 年 3 月，法国议会下院通过一系列版权法修订案，其中一条要求 DRM 系统之间必须能够互操作，从而使得消费者能够在不同设备上播放内容并能够复制个人拷贝。此法案几经争议、修改，于 2006 年 6 月由法国议会上院批准通过。这个法案标志着 DRM 领域讨论多时的互操作问题已经从技术层面上升到社会层面，互操作已经成为 DRM 技术研究和产品开发面临的最重要的问题之一。

数字媒体版权管理涉及的技术可分为五个方面。

(1) 媒体内容的加解密技术：采用密码算法对内容进行加密等安全处理的技术，需要考虑音视频加解密模式、安全强度等因素。

(2) 授权认证技术：对内容回放设备以及媒体价值链条中关键设备的进行认证，以建立信任链，为密钥、许可证等敏感信息的分发建立可信环境。

(3) 数字水印、数字指纹等版权认证和追踪技术：数字水印(watermark)是标示内容所有者的一种措施。数字指纹(fingerprinting)是在内容中嵌入用户相关信息，用于对非法用户进行跟踪。

(4) 权利描述语言：定义数字内容使用权限的形式化描述语言，其中 ISO 标准 REL (Rights Expression Languages)和 ODRL(Open Digital Rights Language)影响最大，与权利描述语言密切相关的是数据字典。

(5) DRM 的体系结构和标准化：如同其他信息安全系统一样，DRM 的体系结构是安全、可信的关键，本领域的多数应用系统采用不公开的封闭系统(主要原因不是技术)，对消费者一方造成很多不利影响，能够互操作的、开放的体系结构和标准是未来的发展方向。

二、2005～2006 年国内外研究进展

(一)音频编码技术

1. 可分级音频编码

可分级音频编码从分层结构上主要可分为信噪比可分级和带宽可分级两大类。近两年来可分级音频编码研究主要集中在以下两个方面。

(1)可分级无损音频编码。

随着大容量存储器和宽带网络的快速发展，人们对音频质量的要求也随之提高。在这种趋势下，无损音频压缩逐渐成为数字音频压缩领域的一个研究热点，一些无损音频压缩算法被提出，如 AVS 音频标准采用的上下文位平面熵编码技术；以及 MPEG-4 可分级

到无损标准采纳的基于整数变换的无损音频压缩技术 AAZ (Advanced Audio Zip),它能提供从有损到无损的可分级编码。

(2)语音音频混合可分级编码。

在实际应用中,音频信号内容比较复杂,有语音、音乐还有混合音频,这就要求编码器能灵活处理复杂的音频信号内容。混合编码器的核心层通常要注意保证低码率下语音信号的传输质量,然后增加增强层码流过渡到高质量的音频编码模式,如 3GPP 的语音音频混合编码标准 AMR-WB+,采取的是带宽可分级框架,核心层采用语音音频混合的闭环选择模式,增强层则采纳带宽扩展层增加带宽以提高编码质量;ITU 制定的兼有带宽可分级和 SNR 可分级特性的 G.729.1 混合编码标准,核心层为 G.729 窄带语音标准,加上带宽扩展层保证宽带语音编码质量,以及若干个 SNR 可分级变换编码层来提高音频编码质量。

2. 无损音频编码

2005～2006 年,MPEG 在无损音频编码技术的标准化进展顺利,杜比(Dolby)实验室在无损音频编码技术的研究方面也取得了进展。

(1)MPEG-4 独立无损音频编码标准(MPEG-4 ALS)。

2005 年 10 月,MPEG-4 独立无损音频编码标准(MPEG-4 ALS)正式形成。MPEG-4 ALS 具有如下特征:支持几乎所有的未压缩数字音频格式,包括 wav、aiff、raw、au、bwf 等;支持任意采样率、分辨率高达 32 位的 PCM 数据;支持多声道编码,声道数可高达 65 536,包含 5.1 声道环绕声;支持 32 位的 IEEE 浮点音频数据;可以快速随机访问编码数据的任意部分;可根据应用的不同,灵活地调整编码器的参数。

(2)MPEG-4 可分级无损音频编码标准(MPEG-4 SLS)。

2006 年 3 月,新加坡信息与通信研究院的 AAZ 被采纳为 MPEG-4 可分级无损音频压缩标准(MPEG-4 SLS)的参考模型。AAZ 编码器可分为两层:感知核心层和无损增强层。感知核心层采用的是 AAC-LC 编码器,可产生与 MPEG AAC 兼容的码流,这部分是有损编码;无损增强层通过对 InMDCT 系数的残差进行熵编码,产生无损增强码流。AAZ 保持了对 AAC 的兼容性;在可分级方面,不仅能进行从有损到无损的分级,而且对无损增强层采用位平面编码实现了精细可分级;采用 InMDCT 技术,其帧长和窗切换方法与 AAC 保持一致,具有较好的随机访问能力。

(3)杜比 TrueHD。

2005 年,Dolby 实验室对外宣告了其在无损音频压缩领域内的最新进展——Dolby TrueHD。Dolby TrueHD 可以提供纯净、无损的多声道音频。Dolby TrueHD 是对 MLP 无损压缩(MLP LosslessTM)技术的扩展,MLP 是 DVD-Audio 音频技术的核心。

3. 空间音频编码

空间音频编码的理论框架是双耳线索编码。国外的 4 家研发机构:Coding Technology (瑞典)、Fraunhofer IIS(德国)、Philips(荷兰)以及 Agere(美国)先后开展了空间音频编码方面的研究,并于 2005 年共同提出了 MPEG 空间音频编码架构,进而通过融合其他技术,最终形成 SAC 的参考模型。2006 年 7 月,经过不断地校正和改进,标准的文档部分和参考代码定型，并更名为 MPEG Surround。这是空间音频编码标准化的一个里程碑。

4. 移动音频编码

由于无线传输信道带宽一般比较窄，信道的传输环境比较恶劣，误码率比较高，因而移动音频编码与传统的音频编码所不同，它必须满足较为苛刻的要求，目前的移动音频编码主要基于以下几方面。

(1)语音/音频混合编码。

在音频编码领域，目前的压缩算法大致可以分为两类：一类为基于线性预测的参数编码；另一类为基于变换的编码。基于变换的编码通常基于心理声学模型采用波形编码的方法，适合对音乐信号编码，但它所需的码率比较高；基于线性预测技术的编码通常基于激励/合成模型，该模型适合对语音信号编码，对于音乐信号其编码时会产生噪声。但在移动多媒体应用中，音频内容较为复杂，包括语音、音乐、语音和音乐的混合(混合音频)，因此移动音频编码必须能够对上述较为复杂的音频信号进行高效编码。

随着移动多媒体应用的日益广泛，语音/音频混合编码成为移动音频编码中需要迫切解决的问题。基于此，人们提出了多种解决方案，如变换预测编码(TPC)将线性预测技术和变换编码技术集成到一个架构中，它使用开环或闭环最优将预测残差在频域量化，在时域分辨率和频域分辨率之间取得折中，使得频域的预测增益和量化性能达到最佳，但该方案仅适合编码码率比较高情况，编码码率降低时其性能迅速下降。另一个方案为多模式编码，即对每个音频帧，在多个不同的编码器中使用开环信号分类法选择最佳的编码器编码。从理论上讲，基于信号的类型，每帧信号可以选择最优的编码器编码。但是，针对上述算法设计的难点在于一个具有鲁棒性的信号分类器设计困难，并且在不同的编码器之间切换会产生编码噪声。

(2)带宽扩展编码。

无线信道的带宽限制了传输的码率，因而它要求音频编码器提供更高的压缩率。为了达到这一点可以降低音频信号的编码带宽，只编码人耳感知重要的信号低频部分而丢掉高频部分，但使用上述方法的结果是回放音质的下降。为了进一步提高编码增益，满足低码率应用需求，在移动音频编码中提出了带宽扩展技术，它旨在从窄带音频信号恢复完整的宽带音频信号。早期的带宽扩展技术研究主要是利用 300 Hz～3.4 kHz 窄带语音信号合成 3.4～7 kHz 或 8 kHz 高频成分以重建 300 Hz～7 kHz 或 8 kHz 的宽带信号，但它们在重建高频信号时不用任何原始高频信息而直接利用低频带“盲式”重建高频信号，对于信息主要分布在高频部分的音调其重建效果不好。同时当信号呈现较强的非平稳特性时，重建的高频信号会出现较强的噪声，音质明显下降。近年来，针对上述“盲式”带宽扩展算法存在的问题，人们着重开始研究“非盲式”重建算法，即在编码端提取少量反应高频信号特征的参数传到解码端，然后在解码端使用频谱搬移将低频段信号的频谱搬移至高频段实现信号频谱扩展，同时利用提取的高频特征参数对重建的高频带的频谱包络进行调节使其与原始信号的频谱包络较好地相似。“非盲式”重建算法能够较好解决“盲式”带宽扩展算法存在的问题，能在编码码率降低一半的情况下保持编码质量不变。传统的带宽扩展算法为基于频域的带宽扩展算法，如 SBR、PlusV 等。

(3)变速率编码。

无线信道的传输环境比较恶劣,带宽比较窄,因而这对移动编码算法提出了自适应变速率编码,即编码速率在帧与帧之间连续可调,如在信道深衰落时,信道编码中的冗余比特数不足以纠正传输错误,这时应提高信道编码速率,减小音频编码速率,以保证通信质量。相反,在信道质量较好时,应提高音频编码速率来提高音频编码质量。移动音频中的变速率编码研究主要包括自适应速率判决、检测通信时是否存在话音的话音检测(VAD)、克服背静噪声不连续的舒适背静噪声生成(CNG)以及变数率矢量化等方面。

(二)视频编码技术

1. 混合编码技术

H. 264 标准是由 ITU-T 和 ISO 两个组织合作制定的视频压缩标准,2003 年完成了基本标准的制定工作之后又制定出 H. 264 High profile,相对于 264 main profile 完成了一个高精度拓展 (Fidelity Range Extensions,FRExt)。该拓展通过支持更高的像素精度(包括 10 bit 和 12 bit 像素精度)和支持更高的色度精度(包括 YUV 4∶2∶2 和 YUV 4∶4∶4)来支持更高精度的视频编码。该拓展加入了一些新的特性(比如自适应的 4×4 和 8×8 的整数变换、8×8 的帧内预测、用户自定义量化加权矩阵、高效的帧间无失真编码、支持新增的色度空间和色度参差变换)。另外,在 H. 264 框架基础上,对于提高压缩效率方面进行了探索,包括二维的非独立维纳插值滤波器、1/8 像素精度的运动矢量和运动补偿、新的运动矢量预测技术、对图像预测残差信号不采用变换而进行基于空域的编码等。这些技术都在不同程度上提高了视频编码的效率。

AVS 标准是由我国信息产业部数字音视频标准专家组制定的,其基本框架也是混合编码技术。AVS 对于提高压缩效率方面进行了探索,新提出的技术包括:对称双向帧技术、自适应扫描技术、自适应的系数间非均匀量化技术等。这些技术都在不同程度上也提高了视频编码的效率或主观质量。

面对现行的 MPEG-1、MPEG-2、MPEG-4、H. 263、H. 264 等众多视频编码标准和技术,MPEG 专家组提出了“可重构的视频编码”(Reconfigurable Video Coding,RVC)的概念,并命名为 MPEG-C,将不同视频编码框架中的各种工具在 RVC 中以功能单元的形式提供,通过重新配置即可重组出符合不同标准的编码器或解码器,同时提供更强的灵活性,也使得编解码器可以用最小的代价来实现对多个标准的支持。

除了新开发的技术外,传统的一些技术也得到了继承和发展。在早期的 MPEG-1、MPEG-2、MPEG-4(Part 2)、H. 261、H. 263 等标准中,并没有定义 IDCT 的具体实现方法,因此不同的厂商会根据自己的理解用不同的结构、不同的算法来实现 IDCT,由此带来的结果就是同样的残差数据经过 DCT/IDCT 变换后的结果就会有失配。这种失配会在解码器重建图像中会引入新的噪声,从而导致图像质量的下降。由于混合编码技术需要进行预测和补偿,那么误差就可能会不断积累,即便是非常小的 IDCT 失配都会使得图像质量严重下降。2005 年以来,包括浙江大学、中科院计算所、华中科技大学、华为下属的海思公司以及 IBM、Qualcom、Broadcom、Microsoft、Fast Video 等单位对 IDCT 漂移的产生、漂移的严重程度、IDCT 精度的测量方法、各种 IDCT 的优化实现方案等开展了深入的研究。目前已从二三十种定点 IDCT 方案中最后选定了性能与复杂度折中最优的浙江大学、IBM、Qualcom 和中科院计算所的联合提案，成为正在制定的 MPEG-C 即 23002-2 标准。

2. 可伸缩编码技术

已知的可伸缩视频编码技术大致分为以下四类：传统的分层视频编码方法、精细可伸缩的视频编码方法、基于小波的可伸缩视频编码方法以及 ITU 和 MPEG-4 新的可伸缩视频编码方法。

传统的分层视频编码方法 (Layered Video Coding)的分层功能主要有：时域分层编码、空域分层编码和图像质量分层编码。以质量可伸缩的分层视频编码方法为例来说明它的基本思想。分层编码产生的码流可以按层为单位截断，具有一定的网络带宽适应能力，但是由于编解码器多次编码/解码带来的高计算复杂度以及分层带来的编码效率损失，一般分层数量都十分有限，因而适应能力也比较弱。

随着小波技术和位平面编码技术等嵌入式编码方法的提出，精细的可伸缩视频编码方法应运而生 (FGS Video Coding)。由于嵌入式码流的特性就是在给定的范围内能够随着每比特的增加提供连续的质量增益，因此能够实现比特一级的精细的可伸缩的视频编码。这类编码方法和传统的分层编码方法的不同之处在于，此类方法只在变换域进行变换系数的分层编码，没有多次完整编解码所带来的高复杂度，很方便地提供了精细粒度的质量可伸缩性支持。MPEG-4 中的视频编码技术就是当前精细可伸缩视频编码技术中的一个典型代表。为了提高 FGS 编码算法的编码效率，人们在 FGS 编码方法的基础上又提出了渐进精细的可伸缩(PFGS)视频编码方案，其他人也提出了 RFGS 和MC-FGS等方法，在编码方案中也通过在增强层或基本层编码中使用部分增强层信息来改善 FGS 的编码效率。实际上，基于 2D 小波视频编码方法一直在不断取得进展，关键问题是将帧间预测与小波变换结合起来，在进行时间域小波变换的时候，需要沿运动方向进行，即在变换之前先要对运动物体进行对齐。从 2003 年 12 月开始，MPEG 开始组织研究高效的可伸缩视频编码 (Scalable Video Coding-SVC)系统，随着时域提升小波滤波技术的迅速发展，已经引起了越来越多的关注。

MPEG SVC 制定的基于 H. 264/MPEG-4 AVC 的可伸缩扩展的视频编码标准，其实质是在 H. 264 的基础上加入了 MCTF 技术和改进熵编码来支持可伸缩性，该标准在 2006 年 4 月份成为委员会草案。

3. 多视点编码技术

2001 年，MPEG 成立了 3DAV 工作组，其首要任务就是定义 3D 音视频领域的范围和应用场景并为其中的关键技术制订标准。完整的 3DAV 系统架构包括音视频采集获取、对输出的原始数据和设备参数的格式转化(即转化成特殊的场景表示格式)、压缩编码、带反馈交互的网络转发传输、解码、场景的渲染生成以及用户交互处理。3DAV 具有立体视觉感受和媒体交互性两大关键特征，并定义了五种需要标准化的研究对象(全方位视频、交互式立体视频、交互式多画面视频/自由视点视频、3D 视频对象/全方位视频对象、3D 音频)和对应的三类主要应用，即自由视点电视(FTV)、立体电视(3DTV)和沉浸感视频会议(Immersive Telepresence)。

多视点视频是 3DAV 框架下，近年来迅速崛起和快速发展的研究领域。由应用、系统框架、场景表述以及关键技术组成。多视点视视频系统通过多个摄像机捕捉一个动态场景，采集包括视频信号、相机标定和场景几何信息等多种场景描述形式。这些输入数据被转换成特殊的场景表示格式，不同的场景表述方式将导致不同的系统体系结构，如系统是否支持实时渲染，是否支持现场交互等。六项关键技术包括：多视点视频的采集与校准、场景深度及几何信息获取（立体匹配）、多视点视频编码、多视点视频通信、新视图渲染以及最终的交互或立体显示。上述六项关键技术都是当前学术研究热点，其中多视点视频编码（MVC）是当前视频压缩领域的热点方向。2005 年和 2006 年是多视点视频编码的快速成长期，在与视频处理相关的几个国际重要学术会议和期刊中有上百篇关于自由视点视频相关的研究工作，而关于多视点视频编码（MVC）的就有四十余篇。实现 MVC 的方法可以使用几何信息也可以不使用几何信息，可以基于传统混合编码框架（如 H.264），也可基于小波编码以及分布式编码等新一代视频编码工具。当前 MVC 主要围绕如何提高压缩效率以及随机读取能力进行研究，而这些研究又可从两个主要方面来分类，一是预测结构，二是预测工具。预测工具指的是多路码流视角之间的空间预测手段，包括亮度补偿、视差/运动补偿、2D 直接预测模示、视角插值。由于视角间的相关性利用是决定 MVC 压缩效率的主要因素，因而未来 MVC 压缩效率的进一步提高依赖于新型预测工具的设计。预测结构指的是多视点视频时空帧之间的相互预测参考关系，它代表将哪些帧一道进行处理以消除数据的时空冗余性，因而不管是传统的混合编码、小波，还是分布式编码，都离不开预测关系的设计。另外预测结构是决定随机读取性能、快速解码性能、网络传输代价的重要指标，因而在 MVC 研究中受到广泛关注。将 MVC 编码码流应用到传统流式传输框架下，会产生视角切换问题，因而如何设计新型的切换帧以及如何分析切换对预测结构的影响也具有重要的意义。

国内的清华大学、哈尔滨工业大学、宁波大学、上海交通大学，上海大学都在近年开展了多视频视点编码的研究。清华大学宽带网数字媒体技术实验室在 2006 年搭建了国内首个多视点视频应用系统，该系统是一个从视频采集、校准、编解码、网络传输到新视图合成，立体显示的完整系统，符合 3DAV 提出的系统框架，具有很高的研究价值和应用价值。

MPEG 在 2006 年 7 月的文档中提出了多视点视频编码的 15 项编码压缩需求（即目标），包括压缩效率的提高，视角可伸缩性（视角码流的快速解码能力），部分数据读取能力，部分数据快速解码能力，时间/空间/SNR 可伸缩性，低延时性，低功耗特性，视角质量平滑性，并行处理性，等等。这些需求将是未来 MVC 发展的趋势与方向并依赖于新型的编码工具，新型的预测工具以及预测结构的探索。

当前多视点视频压缩在应用上的主要问题在于数据压缩效率与随机读取能力的矛盾，多视点视频本身数据量庞大，在传输应用或本地快速解码时，用户并不需要所有的数据信息，因而要求数据之间的依赖性小，但这恰好与压缩成矛盾。多视点视频本身是相关性很强的多个信源，基于分布式编码的多信源编码理论或许能对该问题进行理论分析及探讨。多信源编码能从信息理论上解码代价、视角随机读取能力以及编码效率三者的折中，因而在 MVC 中具有很大的潜力。

结合场景表述和渲染方法的特点进行多视点视频编码研究以及结合交互显示或立体显示的编码研究具有重要意义。当前的研究基本上将内容的表述与渲染和内容的编码分开考虑,这导致用于内容表述的数据量非常庞大,不适应压缩和传输需求。联合表述与压缩进行的系统设计是提高系统性能的可行方法。另一方面,当前的压缩质量主要以PSNR进行衡量,而多视点视频的主要应用场合是交互显示以及立体显示,基于人类心理学以及人眼视觉特性进行的多视点视频压缩将大幅度提高编码质量。

4. 分布式编码技术

2005～2006 年,分布式编码技术的发展主要围绕核心编码技术和分布式编码应用两方面进行。目前的分布式编码系统广泛采用 turbo code、syndrome coding、LDPC 等信道编码技术取代传统编码中的熵编码,利用统计相关性。Wyner-Ziv 编码 DCT 和小波变换域内的应用,进一步利用空间相关性提高压缩性能。运动估计是传统编码利用时域相关性的重要工具,分布式编码中运动估计由解码器完成。解码器端主要是借助相邻帧的插值作为对当前帧的估计,也就是参考帧。编码器还可以从原始帧提取一些必要信息例如部分 DCT 系数,CRC 传输到解码器,以提高运动估计的精确度。此外提出只压缩和传输相邻帧之间的残差部分来进一步提高压缩性能。

分布式编码技术被广泛地应用于其他视频编码技术。分布式编码采用信道编码,因此自身对于传输信道带来的错误有很强的鲁棒性,可应用于联合信源—信道编码,以纠正传统编码码流中的传输错误。分布式编码独立编码联合解码的特点有助于补偿传统编码中由于参考帧不匹配造成的损失,例如基于分布式编码的多视点视频编码中的不同视角切换,基于分布式编码的多码率码流之间的切换。

此外,还有一些研究致力于分布式信源编码理论方面的探索。包括分布式编码中量化器的优化设计的原理和方法,对于非高斯信源独立编码联合解码理论上不会造成码率的损失,从信息论的角度分析了信道编码有限状态机的状态数和编码数据块的大小对有损分布式编码性能的影响。

5. 小波编码技术

就整体而言,在过去两年中小波视频编码在编码性能上没有太大的提高。在编码算法框架很难有所革新的情况下,研究人员在努力地寻找其他可能的改进,或者增加新的功能。

正如基于块的 DCT 混合视频编码那样,当编码技术本身发展到一定程度。对率失真行为、码流特性等各种特征的估计自然成为研究问题。基于 DWT 的视频编码也是如此。

DWT 是可分离变换,在 2D 正交采样方式下,其 2D 的基函数是水平方向与竖直方向 1D DWT 基函数的张量积。因此对于除了水平与竖直方向之外的边缘,2D DWT 的表示效率并不高。目前已经有工作将一些考虑方向特征的变换用到视频编码中。目前基于冗余小波的视频编码研究尚处于探索阶段,其小波基函数设计和相应的子带编码方法是非常开放的问题。

视频信号非常复杂,从信号表示的角度来说,单纯的某一组基并不能高效表示拥有各种不同特征的信号。很自然地，将具有不同特征的基函数组合起来表示复杂的信号有可能获得更好的表示。将DWT和DCT组合起来进行视频编码正是这样一种尝试。随着视频数据类型和媒体应用的增加，小波的应用范围也被随之拓展。

从这两年基于小波视频编码技术的发展来看，今后的路线相比前几年将更趋于发散。除了传统的DWT，诸如具有方向性、时移不变性的新型小波将成为研究的热点。鉴于RD优化、码率控制的要求，小波视频编码各个环节的模型化将会继续被完善。

(三)我国的数字音视频编解码标准

中国数字音视频编解码技术标准工作组(AVS工作组)是2002年经信息产业部科技司批准成立的，目前有160余个成员单位。

经过100多位专家4年的研究开发和国家相关部门的审核，2006年2月国家标准化管理委员会正式颁布了GB/T 20090.2—2006(《信息技术 先进音视频编码 第2部分：视频》，简称AVS视频)标准，并于2006年3月1日起正式实施。AVS是数字音视频编码压缩的信源标准，是与数字电视、网络电视、手机电视、激光视盘等众多应用相关的共性基础标准。AVS标准的实施是我国数字音视频产业"由大变强"的重要里程碑。AVS视频已经被认为是当前国际上最重要的三个先进视频编码标准之一。

AVS视频标准的创新包括技术和知识产权管理等。AVS标准包含了50多项我国自主的核心专利技术。AVS专利池设定与管理的先进模式受到了包括ITU和ISO/IEC等国际标准组织的高度关注，AVS工作组已被正式邀请成为ITU和ISO的正式伙伴成员。

AVS视频标准颁布后，我国企业已经相继开发出AVS实时编码器、AVS高清解码芯片、AVS机顶盒、AVS解码软件等产品。中国网通集团采用AVS作为其IPTV的标准。国家广电总局组织的移动多媒体广播国家标准CMMB采用AVS视频国家标准。地面广播数字电视等其他领域的应用也在逐步展开。

音频标准方面，AVS工作组2006年初制定的《信息技术 先进音视频编码 第3部分：视频》已经经过国家数字电视系统测试实验室测试，"本次测试的(AVS)音频编解码软件在128 Kbps立体声和384 Kbps环绕声的16个片段中，没有出现BS.1116定义的大损伤，按照ITU-R BS.1116的五级损伤标度，总体音质约为4.5分，属可察觉损伤但损伤不明显"。这一结果表明，AVS音频标准已经可以满足数字电视等应用的需要。

(四)视频分析与多媒体检索

视频分析是近年来多媒体领域的热点研究问题之一。从近两年来，视频分析技术的研究有两个显著特点：一是多模态融合的框架受到关注；二是结合视频题材的分类分析受到重视，已经有人分别对于新闻视频、体育视频、电影视频和广告视频等进行了较系统的工作。

(1)新闻视频分析。

与一般的视频数据相比，新闻视频的结构特征比较明显，比如，通常会有清晰的解说、固定的编辑模式，等等。目前，对新闻视频分析的研究主要体现在时域结构的分割和新闻种类的分类方面。比如，A. G. Hauptmann 等利用语音识别的脚本，结合图像、语音和字幕文本检测来分割新闻条目和检测广告；Huang 用隐 Markov 模型在时间上来融合视频和音频的特征，将新闻视频分为新闻、篮球、足球、广告和天气预报，等等。

(2)体育视频内容分析。

早期的研究主要集中在视频中场地分割、运动的分析、运动员的检测、慢放的检测以及基于规则的精彩片断推理等。分析的范围涉及足球、篮球、网球、棒球、跳水等多个体育项目。从目前发展趋势来看，单一模态的分析已无法满足体育视频分析的精度和多样性的需要，视觉、声音和文本相结合的多模态融合的分析方法是今后发展的必然。例如，新加坡 Infocomm 的 Xu Changsheng 等结合网络文字直播的文本、视频中字幕信息等多模态信息对精彩事件进行定位，取得较为理想的结果。

(3)电影视频分析。

电影视频的分析目主要集中在如何生成电影摘要、分类电影体裁等方面。例如，Truong 应用媒体审美学框架来分析和理解颜色的高层语义，从而建立一个颜色语义模型来进行电影视频中的语义检索。

(4)广告视频检测和分类。

目前的研究主要集中在广告的检索、广告的移除和建立广告数据库。根据在广告和节目之间往往会存在 2～6 个黑桢的特点，Mizutanic 总结了各种类型的视频中的广告的分布规律，抽取了广告视频中代表性的一些全局和局部的特征，提出了一种多态的层次性框架来检测视频流中的广告。Duygulu 把广告作为一个系列关键帧的集合，用视觉特征和音频特征检测重复性的广告。

(5)多媒体检索。具体来说有以下几个方面。

在语义图像检索方面，自动图像分类与识别是解决语义鸿沟的一条有效途径。大量的研究针对某一具体的语义概念(如室内、室外等)进行识别与分类或者直接进行特定对象(如人脸、文字等)的识别。一些图像检索系统则尝试建立统一分类技术来识别任何规定范围之内的语义概念。结合低层视觉特征和文本特征来进行图像分类和检索是解决语义鸿沟的另外一条有效途径，这里图像的文本特征包括了图像标引、图像周围的相关文本等。现有的大部分搜索引擎(如 Google)利用图像周围的环绕文本来提供图像检索，然而，目前的方法易引入噪声信息且无法避免文字信息少等不足。因此，需要研究更健壮的 Web 图像检索系统。

音频检索目前主要有两类方法：一是将音频中声学的表达(如 WAV、MP3 等格式)转换到符号的表达(如 MIDI 格式)再进行近似匹配；二是基于树索引的方法。前者有较高的精度，但是缺乏可测量性，搜索时间也是一个问题；后者更适用一个实际的系统的设计，具有可测量性，但可能精度有所下降。

在视频语义检索方面，Google、Yahoo!、AOL SingingFish 等采用的社会标签(Social tagging)，让用户和内容提供者用元数据来标记视频内容，然后用基于文本的技术来获取这些元数据并用于对视频的索引和检索。视频中的文字信息还可来自于通过 ASR 识别的语音文字、通过 OCR 识别的对白字幕(subtitle)以及 CC 字幕(Closed captions)等。同时，场景分析、对象识别、人脸检测和识别、视频文字的检测与分割、事件检测等视频分析与理解技术也用来提取更多的语义信息，以支持基于语义的视频检索。对于视频的语义分析，研究者们正更加重视分析时间、音频、文字等多模式信息的融合。

跨越不同媒体类型的限制，使检索用户能根据需要获得同一个对象的不同媒体类型描述或者相关的媒体数据，也是在 2006 年这个领域的一个研究热点。REVEAL THIS 是欧盟 FP6 支持的跨媒体检索项目，其目标是研究跨媒体检索技术来采集、语义索引、分类和交叉链接来自于电视、广播和 Web 页面等不同信息源的多媒体和多语言数字媒体。在我国，国家自然科学基金也于 2006 年开始资助重点项目"跨媒体海量信息的综合检索与智能技术研究"，国家"863 计划"也在"中文为核心的多语言处理技术"重大项目中支持跨媒体搜索关键技术研究及服务产品开发，从而将有效地支持我国在跨媒体检索相关领域的研究。

另外，检索的评价方法和测试平台的公平性和权威性也得到了越来越多研究者的关注。由美国国家标准与技术研究院（NIST）组织的 TRECVID 评测竞赛中最重要的一项任务就是多媒体内容的视频信息检索，任务结合了问题回答（Question-Answer）和基于样例的查询（QBE）两种查询方式，是包含多个高层语义特征的基于内容的检索。

（五）数字版权保护 DRM

ISO/IEC MPEG 于 1999 年开始把 IPMP（知识产权管理与保护）作为一个独立部分，MPEG IPMP 的重要特点是定义组装式的保护体系。成立于 2001 年的开放移动联盟 OMA（Open Mobile Alliance）是另外一个影响很大的标准组织，所制定的 OMA DRM 规范近年来受到广泛关注，其目标是为移动通信建立数字保护环境，支持从话音到数据（和弦、游戏、多媒体）等的扩展，2004 年 7 月发布的 OMA DRM 2.0 是一套面向应用和服务的端到端技术和协议，包括框架、认证、互操作、密钥发行、流服务、预定、向其他 DRM 系统的输出等，OMA 也在组建的 CMLA（内容管理授权委员会）以建立信任链。

2003 年 7 月发布的《数字媒体宣言（Digital Media Manifesto）》分析了数字媒体领域存在的问题，指出了数字媒体版权管理近期急需解决的瓶颈问题（互操作问题）和长远目标（在尽可能保护传统权利和用法的情况下构建数字时代的价值链）。随后成立的数字媒体计划 DMP（Digital Media Project）在制定互操作的数字版权管理标准方面已经取得丰富的成果，目前已经完成第一阶段和第二阶段两套标准，2006 年年底完成第三阶段，将推出迄今互操作最强的数字媒体版权管理标准。

在我国，数字媒体版权管理技术和标准也是内容提供、运营企业和消费电子、软硬件设计制造企业关注的热点问题。但在研究领域，除数字水印、信息隐藏等方面有研究进行外，从系统角度对版权保护和管理进行的研究还不多，信息安全领域对数字媒体版权保护给予的关注还不够，信息安全技术在本领域的应用还刚刚开始，值得引起重视。

数字音视频编解码技术标准工作组（AVS 工作组）在数字媒体标准制定方面开展了卓有成效的工作。AVS 工作组也是最早开展 DRM 标准研究的组织，2004 年开始组织起草《信息技术 先进音视频编码 第 6 部分 数字媒体版权管理》，2005 年由国家标准化管理委员会正式批准立项，目前起草工作已经完成。

AVS DRM 制定的基本理念是：版权管理标准是贯穿数字媒体整个生命周期的技术

基础设施，可鉴别、可信任的解码器（称为可信解码器）是版权管理信任链的关键。因此，AVS DRM 的首要任务是确定可信解码器的技术要求，消费终端制造商根据此要求开发的各种媒体消费终端能够在多种数字媒体应用（例如广播应用、交互应用和存储应用）中以可信任的方式获取、消费有权利要求的数字媒体。在此基础上，AVS DRM 根据不同应用的特点，制定专用的消息、协议来支持可信解码器和内容提供、授权认证等前端服务系统之间的版权管理信息传送和交换。AVS DRM 采用国家密码管理局指定的密码算法，是我国数字电视、网络电视等数字媒体应用可采用的一个基础标准。

数字电视以及数字媒体版权管理需要的密码应用技术体系的需要国家密码应用主管部门批准，目前这方面的工作已经取得很大进展，我国数字版权管理需要的密码应用技术体系不久将会建立起来。

广播电视主管部门作为内容提供者十分关注数字版权管理技术的进展，以中央电视台牵头成立了中国广播影视数字版权管理论坛，其宗旨是促进全社会对数字版权管理的重视、推动数字版权管理的发展，保障数字媒体内容发布链中所有参与者的权利，建立一个良好的内容发布和消费环境。论坛重在研究探讨中国数字媒体版权管理的应用需求、解决方案、技术标准、发展方向、发展战略及其与国家数字媒体发展密切相关的问题，关注最新的 DRM 技术动态，促进会员间的交流与合作，为构建一个良好的数字媒体版权管理发展环境创造条件。

三、学科进展与应用情况

1. 音频编码技术

MPEG Surround 于 2006 年 7 月最终完成，与传统多道编码相比，空间音频编码在相同的音质下码率下降可 1/2～2/3。因此，它在广播、Internet 流媒体等领域有着巨大的应用前景。

国际上第三代合作伙伴计划（3GPP）在 2004 年年底已经制定完成了 AMR-WB＋和 EAAC＋两个移动音频编码标准，而我国也已在 2005 年年底启动了旨在面向移动音频应用的 AVS-M 移动音频标准的制定。国际上，日本的 DoCoMo，韩国 SKT、KTF 和 LGT 三大电信运营商，英国沃达丰和我国香港的和记黄埔等电信运营商都已经开展了 3G 移动通信服务，我国的 3G 运营牌照也即将发放。作为 3G 多媒体应用的主体手机电视、移动音乐、IVR、流媒体音乐、移动伴音，以及移动音频会议等在内的诸多业务必得到广泛的应用。如高通公司推出了支持了 EAAC＋的芯片，NEC 和夏新推出的智能手机就已经支持 EAAC＋音频标准的手机，诺基亚与摩托罗拉也推出了支持 AMR-WB＋音频标准的手机。

2. 视频编码技术

（1）混合编码技术。

在实际应用方面，新一代的混合编码标准 AVS 和 H.264/AVC 分别得到了广泛的产业支持。2005 年，Broadcom、Conexant、Neomagic、STMicroelectronics 和 Sigma

Designs等公司陆续推出 H.264/AVC 的解码芯片,其中包括 HD 部分。Envivio、Modulus Video、Tandberg televisio、Harmonic 相继发布 H.264/AVC 实时编码器。2005 年 7 月,苹果公司发布 QuickTime7.0 版本,支持 H.264/AVC,并把 H.264/AVC 集成到 Mac OS X Tiger 版本中。InterVideo、ATi 发布支持 H.264/AVC 的硬件加速器。在视频存储 DVD 领域,HD-DVD 格式和 Blu-ray 光盘格式都规定将 H.264/AVC HP 作为必须的播放器特征。在广播电视领域,欧洲标准组织(DVB)、美国 ATSC、韩国 DMB、日本的 ISDBT 都已经批准 H.264/AVC 进入电视广播标准。在数字电视领域,很多运营商都采用 H.264 为编码标准,包括荷兰 KPN、泰国 ADC 电信等。在视频会议领域,H.264/AVC获得主要提供商 Polycom 和 Tandberg 的支持,现在新发布的视频设备都支持 H.264/AVC 标准。

目前,中国网通已经宣布在 IPTV 中采用 AVS 国家标准,卫星电视、移动多媒体广播方面的测试正在进行中,高清解码芯片和编码器已经开始进入市场,估计在未来 5~10 年,数字音视频编码标准在上万亿的音视频市场中发挥重要作用。我国上海龙晶微电子、天津宏景微电子等企业也相继推出支持 AVS 标准的高清解码芯片,有力地推动了 AVS 产业的启动。

(2) 小波编码技术。

小波变换已在静止图像编码标准 JPEG2000 和 MPEG-4 的纹理编码(texture coding)中采用,目前正在制定的 MPEG SVC 中的时域分解也应用了这一技术。

3. 视频分析与多媒体检索

现有的视频搜索引擎,包括 Google、Yahoo!、MSN、AOL SingingFish、Blinkx、Trueveo、TVEyes、YouTube、Veoh、PodZinger 等。这些搜索引擎的共同特点包括:元数据是主要的视频搜索信息源,其中 MSN、SingingFish、YouTube、Veoh 等都仅采用基于元数据的视频搜索;都采用基于文本的搜索界面,其文本信息主要提取自字幕(如 Google、Trueveo)或利用 ASR 识别的语音文字(如 Blinkx、TVEyes),查询的输入为关键词;搜索单位为整个视频,或为包含搜索关键词前后几秒钟内容的视频片断。目前国内的视频搜索引擎有 iask、OpenV、Vsearch、TVix、SOSO、天天在线、CCTV 视频搜索等,但它们基本都是采用基于元数据的搜索方法。

现有的音频搜索引擎,包括 Yahoo! 音频、AltaVista、AOL SingingFish、百度 MP3 搜索、SOGUA、SOBIT 等,其中大部分都是通过文件名、元数据等信息实现对音乐文件(如 MP3)的搜索。例如,Yahoo! 音频搜索引擎可筛选超过 5 000 万音频文件,包括音乐下载、新闻广播、播客(podcast)、演说及采访。

此外,近年来出现了一些面向特殊领域的多媒体搜索引擎,如播客搜索(如 podcast、podcastingnews、podcastdirectory 等)、视客搜索(如 Vlogdir、YouTube、Mefeedia 等),为多媒体检索扩展了新的应用领域。

4. 数字版权保护 DRM

近年来,美国、日本等国家的数字电视节目运营商开始对复制权利作出规定,例如免费的开放节目只允许在保护状态下复制一个拷贝,要求解码器的数字输出必须以加密方式输出到经认证的电视设备才能观看，因此要求电视机必须支持高带宽数字内容保护HDCP标准。消费电子领域的标准还有：DVD内容加扰系统CSS、安全数字音乐行动SDMI、数字传输内容保护DTCP、移动媒体内容保护CPRM、面向新一代碟机的高级内容访问系统AACS等。消费电子领域最近的趋势是开始重视DRM的互操作和标准之间的合作，以使得受保护内容可在多种设备上使用。

DRM在IT领域已成为抢占、划分数字媒体市场的技术手段。Apple的iPod和iTunes使用的是其私有的DRM系统，Microsoft则力推自己的DRM，Sun Microsystem提出要开发开放源代码的DReaM。2006年上半年数月前法国议会DRM互操作法案的一波三折再次显示出数字媒体版权管理问题的社会影响正在扩大。

我国具有一定规模的数字版权管理应用主要是数字电视系统中的有条件接收系统(Conditional Access System，CA)，目前采用的是欧洲数字电视组织DVB制定的条件接收标准，该标准规定了内容加扰算法CSA，认证方法开发给厂商各自实现(实际原因是指定该标准时各厂商在这方面难以达成一致)，技术上存在密钥传递或明文传递漏洞，应用上使得各地选用不同认证体制的CA系统，既不符合国家有关密码管理规定，又造成机顶盒产品只能定制、难以规模化销售的问题，成为影响数字电视部署的一个重要原因。最近几年，制定了机卡分离标准并已出台，但规模应用尚待时日。

除了一些企业内部系统采用的DRM技术或系统外，我国成规模的DRM应用还很少。而网络电视、移动多媒体、新一代光盘系统、便携式播放机等数字媒体应用以及文化创意产业的发展又对DRM提出了迫切需求，我国应该将DRM作为重点抓紧发展。

5.流媒体技术

流媒体技术的应用领域主要包括视频点播、在线直播、远程教育、远程医疗和视频会议等。近两年来，流媒体的应用热点主要集中在了IPTV和P2P流媒体这两个方面。

IPTV一般泛指通过IP网络传输数字音视频内容并用电视机进行收看的业务，目前支持的业务种类主要包括电视直播、时移电视、视频点播和其他交互类信息服务等。在2005年4月上海文广获得第一张国家广电总局颁发的IPTV牌照之后，2006年又有中央电视台、南方传媒和中国国际广播电台三家获得了牌照，全国范围内IPTV的部署也随之加快。流媒体技术是IPTV的支撑技术之一，但是目前人们仍在为IPTV采用何种流媒体技术而争论。

目前大多IPTV商用试验采用基于内容分发网络(CDN)的承载网方案。CDN是一个叠加在骨干/城域网络之上的应用系统，其主要作用是将位于前端的视频内容分布存放到网络的边缘以改善用户获得的服务质量，减少视频流对骨干/城域网络的带宽压力。

在传输协议方面，目前可供选择的主要有ISMA和TS over IP两种传输框架。ISMA旨在利用开放的标准和协议在IP互联网上构建可互操作的流媒体传输体系结构，主要对音视频编码格式、媒体存储、媒体传输、媒体控制和媒体描述等五个方面作了规范。

迄今为止，国内IPTV应用方面规模和影响较大的例子主要有：以广电为主、网通参股的华数公司在杭州发展的数字电视和IPTV综合服务；由黑龙江网通和上海文广合作在哈尔滨开展的IPTV商用试验；河南网通采用基于ADSL的IPTV建设的“农村党员干部现代远程教育工程”。除此之外，中国电信和中国网通各省公司的IPTV部署目前也都在积极筹划和建设之中。

P2P 流媒体应用目前主要面向 PC 机用户。P2P 是一种用于不同节点之间直接交换数据或服务的技术，它打破了传统的客户机/服务器模式，每个节点在被服务的同时也可以向其他节点提供服务。利用 P2P 技术实现大规模流媒体点播和直播的系统最早出现于 1998 年，此后各种原型系统和应用层多播协议大量涌现，为 P2P 流媒体直播打下了坚实的理论基础。2004 年欧洲杯期间，香港科技大学开发的 CoolStreaming 原型系统在 Planetlab 网上试用成功，标志着 P2P 直播技术进入准商业运作阶段。在 CoolStreaming 的鼓舞下，近两年来中国流媒体直播技术和业务迅速发展，目前已有数十家网站提供 P2P 流媒体直播业务，典型的有 PPLive、ppStream、TVKoo、Rox(原 CoolStreaming)、Gridmedia(清华)、Uusee 和 Anysee 等。

四、学科发展战略需求及研究方向建议

在市场与应用方面，高清数字电视、网络电视、高级音响设备、移动多媒体、第三代与第四代移动通信的发展，都给数字音视频产业的发展带来了前所未有的重大机遇，市场空间巨大。当然，能否解决好知识产权和技术支撑问题，能否培育足够的专业技术人才，能否落实足够数量的科研投入，是我国今后若干年数字音视频产业能否健康发展的关键因素。

1. 人才培养

目前国际上活跃在音视频信息处理研究与标准化领域(可以 ISO/IEC MPEG 和 ITU VCEG 专家组专家人数的变动来参照)的专家主要来自美国、欧洲、日本、韩国和中国，其中，美国约占 1/3，欧洲约占 1/4，日本与韩国约占 1/3，中国约占 1/20，而韩国与中国的专家也大部分是在美国或者日本接受的专业教育，因此可以说，美国、欧洲和日本是本领域专家的主要培养地。其中，特别是美国，由于其在科研与教育方面的充足投入，培育了本领域大多数的原始创新。十几年前，日本把高级家电产业作为重点发展目标，教育与研发的倾斜政策使得一段时间内日本本领域的高级人才人数与美国和欧洲相当，曾经形成三足鼎立的局面。但随着近几年经济的不景气，研发费用的降低，日本的地位开始下降。最新情况是，韩国开始在本领域发力。由于韩国在移动通信领域的成功，使得政府对数字音视频信息处理投入加大，近 1～2 年韩国专家的人数已经超过日本成为亚洲第一。

令人可喜的是，在高级人才培养方面，我国高校一些在视频编码方面的人才培育情况已经开始，例如哈尔滨工业大学、中科院计算所、清华大学、华中科技大学已经培养了若干名本领域的博士；浙江大学、中国科技大学、北京工业大学已经培养了若干名硕士。在音频编码方面我国的人才培养还相对比较薄弱，目前今后武汉大学和北京邮电大学在此方向培养研究生。多媒体检索方向的人才培养情况尚可，中科院计算所、中科院自动化所、清华大学、北京大学、哈尔滨工业大学等单位都先后培养了该方向的研究生。

当然，与美国等发达国家项目相比，我们在数字音视频信息处理的人才数量和质量上还相差很远。例如，在视频编码领域，国内研发高级人才的需求应该在 4 000～4 500 人，目前的培养能力大约是每年 100～150 人，缺口不小；在音频编码方面，国内研发高级人才

的需求应该在1 000～1 500人,目前的培养能力大约是10人左右,缺口巨大;在多媒体检索方面,国内研发高级人才的需求应该在2 000～3 000人,目前的培养能力大约是400～500人左右。总之,本领域的人才培养缺口很大,需要国内相关部门引起足够注意。

2.科研开发

在科研布局方面,《中共中央关于制定国民经济和社会发展第十一个五年规划的建议》中提出:"支持开发重大产业技术,制定重要技术标准,构建自主创新的技术基础。……重点培育数字化音视频、新一代移动通信、高性能计算机及网络设备等信息产业群。"因此,数字化音视频应该在"十一五"作为重点项目进行布局。

从信息产业的分类来看,计算机、通信、信息家电被称为三大支柱,其中信息家电约占40%的市场份额。在信息家电中,音视频产业约占70%。也就是说,音视频产业约占整个信息产业的28%。所以,对信息产业的科研开发费用占信息产业总体的1/4应该是比较恰当的。

我国在TD-SCDMA的研发方面有很成功的经验。在关键的研发技术上,信息产业部、国家发改委、国家科技部相互协作,在"十五"期间累计投入近10亿元扶持该产业的技术研发与产业化。对于市场规模预计可能达到约5 000亿元人民币的该产业来说,很多专家认为投入100～150亿元的研发费用毫不为过,其中国家的研发投入强度应该占到20～30亿元。

上述经验对于数字音视频信息处理学科完全有效。据估计,国内"十一五"期间数字音视频产业的市场总规模也应该在5 000亿元左右,因此国家在此期间对数字音视频学科的研发投入也应该在20～30亿元左右。实际上,国家前些年对于数字音视频产业的研发投入是严重不足的,远远低于对计算机和通信领域的投入。

足量的科研投入不仅是技术研发的前提,也是人才培养必不可少的条件。我们国家应该充分借鉴韩国的经验,加大对核心产业的研发投入。例如以5年投入20亿元为例,每年相当于4亿元研发费,此费用可以每年用以支撑总计2 000～3 000名研发人员的研发活动。不难想象,5年应该可以为国内培养不少于3 000人的高级人才。

在科研立题方面,下列课题应该是研发的重点:

(1)高效视频编码算法与系统;

(2)高效音频编码算法与系统;

(3)新一代数字音视频编解码标准研制;

(4)支持AVS等高效数字音视频编码标准的SoC芯片与系统研发;

(5)支持AVS等高效数字音视频编码标准的嵌入式软件系统研发;

(6)支持AVS DRM的软件与系统研发;

(7)支持AVS的各类编码器研发;

(8)支持AVS的各类解码器研发;

(9)支持AVS的各类应用系统研发与应用示范;

(10)支持视频与音频检索的跨媒体检索系统研发;

(11)支持AVS网络流媒体系统研发;

(12)其他与数字音视频信息处理的系统研发。

从技术进步的角度看，音频编码技术向高编码效率、高品质、环绕立体声编码新算法发展的趋势明显；视频编码技术向高编码效率、可伸缩、多视频（包括三维视频）方向发展，而且国际上 2010 年前后 ITU 和 ISO/IEC 都极有可能制定下一代视频编码标准。国内的学科发展在技术上显然与国际是同步的，在标准方面 AVS 工作组在 2010 年前后将有可能推出第二代 AVS 标准。因此，科学的科研布局与足量投入对于本领域的健康发展是不可缺少的。

参考文献

[1] ITU-T. Advanced video coding for generic audiovisual services. ITU-T Rec. H. 264,2003.

[2] ISO/IEC 14496-10 Information technology—Generic coding of audio-visual objects-part 10: Advanced video coding. 2003.

[3] AVS 工作组. GB/T 20090. 2-2006.《信息技术 先进音视频编码 第 2 部分：视频》. 北京：中国标准出版社. 2006,5.

[4] AVS 工作组. 信息技术 先进音视频编码 第 3 部分：音频（最终标准草案）. 2006,4.

[5] AVS 工作组. 信息技术 先进音视频编码 第 6 部分：数字媒体版权管理（最终标准草案）. 2006,12.

[6] 黄铁军，高文. AVS 标准制定背景与知识产权状况. 电视技术. 2005,7:4-7.

[7] LIANG FAN, SIWEI MA, FENG WU. Overview of AVS Video Standard. Proc. 2004 IEEE Intl. Conf. Multimedia & Expo. ,2004:423-426.

[8] 国家广播电视产品质量监督检验中心. AVS 视频编/解码方案图像质量主观评价试验报告. 2004,12.

[9] DRM Watch[EB/OL]. http://www. drmwatch. com/.

[10] HUANG TIEJUN, LIU YONGLIANG. Basic Considerations on AVS DRM Architecture. Journal of Computer Science and Technology. Vol. 21 No. 3 May 2006:366-369.

[11] MPEG standards[EB/OL]. http://www. chiariglione. org/mpeg/standards. htm.

[12] OMA standards [EB/OL]. http://www. openmobilealliance. org/release_program/index. html.

[13] DMP. Digital Media Project[EB/OL]. http://www. dmpf. org/.

[14] HANJALIC. A Content-Based Analysis of Digital Video, Kluwer, 2004.

[15] YOSHITAKA A. and Ichikawa T. A survey on content-based retrieval for multimedia databases. IEEE Transactions on Knowledge and Data Engineering, Jan/Feb 1999, 11(1):81-93.

[16] ZHU Z, WU X, ELMAGARMID A, et al. Video Data Ming: Semantic Indexing and Event Detection from the association perspective. IEEE Trans. Knowledge and Data Engineering, May 2005, vol. 17, no. 5.

[17] SNOEK C G M, Worring M. Multimodal Video Indexing: A Review of the State-of-the-art. Multimedia Tools and Applications, 2005, 255-35.

[18] PASTRA K, PIPERIDIS S. Crossing Media for Video Search: Enabling Usability beyond Traditional Broadcast and TV. //Proceedings of 4th Euro. Conf. on Interactive TV (EuroITV). Athens, Greece, 2006.

[19] GAO W, YANG Q, HUANG T J, TIAN Y H. Vlogging: A Survey of Video Blogging Technology on the Web. Submitted to ACM Computing Survey, Apr. 20, 2006.

撰稿人：高　文　黄铁军　霍龙社　戴琼海　杨士强　赵德斌
韩纪庆　虞　露　胡瑞敏　梁满贵　卢汉清　颜永红
陈熙霖　田永鸿　黄庆明　吴　枫

ABSTRACTS IN ENGLISH

Comprehensive Report

Advances in Electronics and Information Technology

Electronics and Information Technology is one of the quickest developed areas among various research fields. It is almost impossibly describing the fruitful results of this area in an article. Considering the wide range of electronics and information technology, we just selected eight special fields representing the development in recent two years. The fields we chose are as follows: radio and television technology, solid laser, radar technology, microwave technology, micro-electronics, wireless communication, information security, audio and video information processing. It is expected that we will study other fields of electronics and information technology in succeeding years.

There were two kinds of symbolic progress in China last year in the field of audio-video information processing, advanced Audio-Video Coding Standard (short in AVS) part two (GB/T 20090. 2.) and the national standard of digital terrestrial television broadcasting standard (GB 2600-2006) were announced. These two standards are recognized as the milestones of the development of China's digital AV industry. Domestic companies and organizations have made a lot of efforts to develop techniques and products which compliant with these standards. There are over 50 patents in AVS video standard owned by Chinese organizations. Many newly developed products have been used in different applications.

In 2005—2006, besides the audio-video coding technology, some other technical progress and applications are also very significant, especially in the area of video analysis and multimedia retrieval, digital right management, streaming media. One of the hot topics in 2006 is video related R&D and application, including semantics based image and video analysis and intelligent retrieval, searching in cross media. The key techniques for mass production of DTV receivers are solved by domestic companies.

DTV, HDTV, IPTV, HiFi device, mobile TV, 3G and 4G, all these new big market bring infinitive chance to audio and video information industry.

Within 2005 and 2006, we achieved great progress in the field of solid laser research and application in China mainly including whole solid laser (DPSSL), deep UV laser, huge-sized high power and large energy laser, super fast laser, super strong and short pulse laser application and laser display, etc.

The key technical issues on DPSSL include LD array's lightness, efficiency, life and cooling and so on have been greatly solved in recent 2 years. Now the green light DPSSL with continuous output power >100W, with more than 200 continuous working hours, with totally home-made components and parts are conducted to mass production.

The other way to overcome the "heat effect" of solid laser is to develop the high power fiber laser. In July of 2006, the high average power (1.2 kW) fiber laser was developed in China, the optical-optical slope efficiency of which is up to 79.3% that presents a high rank worldwide.

A lot of progress has been made in Heat Capacity Laser, Fs Laser, Super Strong and Super Short Pulse Laser, Huge-sized High Power and Large Energy Laser, High Average Power Laser Crystal, etc. were made in last 2 years in China. The scientists got many valuable research results in various areas. Some of them could be put into practice in the near future.

The latest development and application in field of radar technology of 2005 and 2006 are as follows.

(1) Microwave remote sensing imaging radar: there was significant progress in advanced airborne SAR equipment and application, multi-polarization and multi-frequency airborne SAR technology has been applied in topography mapping, L-band planet-carrier SAR technology has been applied in remote sensing planet, and S-band and X-band technology has also advanced. Our airborne SAR technology approaches close to the international advanced level, but there is a gap in planet-carrier SAR technology in areas of multi-parameter and multi-mode technology.

(2) Detecting in air and space: deep space detecting radar technology, intermediate and long range solid state phase array radar technology, digital phase array radar technology and optical phase array radar technology have made rapid progress and reach the international advanced level.

(3) Weather radar: The new generation Doppler weather radar application, anemometric laser radar technology and vehicle-borne X-band full coher-

ence Doppler polarization radar technology have achieved international advanced level.

(4) Other radar such as traffic control radar, port surveillance radar has also reached the international advanced level.

Furthermore, other important development tendencies are discussed which include the fields of microwave remote sensing imaging radar technology (SAR and ISAR), phase array radar technology in air and space detecting and multifunction integration and network radar technology.

There have been great developments in microwave technologies accompanid with the expanding application of wireless communication and network. In the theoretical development section, the six major progressive areas in electromagnetic and microwave theories are introduced as follows: ① Numcrical method as one of the major tools in electromagnetic and microwave theories, have obtained great development and extensive application. ②Microwave integration technologies have achieved great progress towards high frequency, small dimension, high integration level, low cost device research and exclusive test as well as high frequency packaging technologies. ③Antenna and array, radio wave propagation are focused on the topic of multi-band/wideband mobile terminal antenna, reconfigurable antenna, UWB/SP antenna and MIMO antenna. ④Terahertz (THz) Technologies own many superior characteristics and great theoretical and application importance, thus have attracted great attention and broad investigation worldwide. Progress has been achieved in the vital high power radiation source and the application of time domain spectrum system in the detection area in China. ⑤Novel artificial electromagnetic materials, represented by material and EBG structures, have become pop research areas recently. ⑥As the most advanced technology in spatial remote sensing areas, microwave remote sensing can extract information from mass data of complex earth environment and have found wide application.

In the application progress section, multi antenna technology, RFID technology and RoF technology should be paid more attention on.

Microelectronics is one of the foundation technologies of information industry, and plays an important role in the domestic economy and national defense. In recent years, more and more attention has been paid to it in China. The system including IC design, fabrication and package has been forming in

China. Now it is estimated that the scale of the Chinese IC industry is the third largest one in the world.

Guided by Moore's Law, the rapid pace of CMOS'(Coupled Metal Oxide Semiconductor) scaling down is kept. The mass production of 65nm node has been achieved. At the same time, the process of 45nm node is in research and development. Furthermore, silicon (Si) wafer size has reached 12 inch in the prevailing processing, and 16 inch silicon single crystal has been successfully grown in Japan. The main stream of the IC industry in the coming 10—15 years is try to continue Moore's Law, and at the same time, looking for new solutions to overstep it. On the other hand, increasing interest in and research of non-silicon technology have been stimulated.

The worldwide hot topics are focused on 45 nm node, strained silicon for enhanced mobility, high k/metal-gate stacks, planar double-gate transistor, non planar double gate transistor (e. g. Fin Field Effect Transistor, FinFET) and non planar multiple-gate transistor, and so on.

Information has been changing our behavior modes and ways of thinking. The pervasive human-centered information services are the next target of communications networks. Wireless communications should free people from the shackles of communications equipment, making information pervasive and services available everywhere. A variety of wireless devices, including notebook computers, personal digital assistants, cellular telephones, portable media player and embedded sensors disseminate information between peoples, between people and the environment; Ubiquitous wireless networks are becoming an important part of a harmonious society.

The most representative domestic achievements of mobile telecommunications technology is related to the fourth-generation wireless technologies and mobile communications signal processing technologies in 2005—2006. Part of the fourth generation mobile communications research results are submitted through RITT in forms of dozens international standard proposals. More than 10 proposals were adopted. The research work resulted in nearly 200 patents, including

• Coordinated distributed wireless network and high-layer protocols: 31 patents

• Broadband multi-carrier transmission and multiple access technologies:55 patents;

• Fully exploits space resources and MIMO wireless transmission technologies:26 patents;

• Channel coding with channel capacity approaching and iterative receiver:52 patents;

• New antenna and RF technology:20 patents.

The future development of wireless communications has the following trend:

• Mobile broadband and broadband mobile.

• The network integration, business integration and access integration for cellular and wireless access network is the main theme in the developing of communications.

• Based on the uniform IP-core network platform, Wireless communication systems will provide the pervasive services by the seamless handoff among the networks.

Information security has gone through in history three stages including COMSEC, INFOSEC and IA. In recent years, the concept of information security is changing meaningfully. All countries are regarding information security as the foundation of national security. The issues on information security in China not only involve the risks arising from the weakness of the basic information infrastructure, but also the political, economic, military, social, cultural and numerous other types of problems created by the misuse of information technology. In addition to confidentiality, integrity and availability of information and information systems, China begins to make information content security a fundamental element, which shows that the concept of information security goes into a new development stage in China.

Recently, the trend of information security threat can be characterized as following: malicious code drastically showing diversification, insider threat increasing, security risk with outsourcing and supply chain emerging, software and hardware failure being potentially fatal hazard, and information security rising to a non-traditional security factor.

During the past years, the major advancements in information security technology includes: ① MD5 and SHA-1 were broken; ② China historically first publicized a cryptography algorithm called SMS4; ③ Commercial quantum cryptography products appeared; ④Trusted computing technologies were born and developed fast; ⑤Biometric identification technologies were broadly applied; ⑥ Network trust technologies were emphasized and supported by many countries; ⑦WLAN security standards were put forward; ⑧The security technologies with Next Generation Network based on IPv6 were thoroughly studied and gone into large-scale experiment.

The advance in information security technology also promoted the information security industry. In recent years, information security industry in China develops fast. But the shortcoming is also evident. Compare to other countries, we had reduce the technology gap largely and got some preponderant results, but independent and controllable technologies remain few.

In general, the development of information security technology will orient towards the following direction:

Meeting the strategic requirement of a sovereign state.

Turning passive protect to positive defense.

Taking trusted computing technology as a chance, innovating information security architecture.

Integrating various technologies into one product.

Written by He Huakang, Liu Rulin, Li Zhiwu, Dai Ming, Wang Peng

Reports on Special Topics

Advances in Digitization of Radio and Television Technology

Digitization of radio and television technology is one of the main issues of worldwide IT development in recent decades. After the efforts of more than twenty years, the level of radio and television technology in China has stepped into the advanced countries, especially in the applications of receiving display devices.

The research on broadcasting stan-dard of digital terrestrial television started in China from 1996, and experimental broadcasting started at Oct. 1, 1999, the National Day of China. In 2001, the former State Committee of Planning decided that Beijing, Shanghai and Shenzhen as the experimental cities for digital television broadcasting. From 2004, experimental broadcasting of digital terrestrial television in several dozen of cities, where EU DVB-T standard or two candidate systems for the national standard are applied. In the mean time, experimental broadcasting based on DAB and T-DMB are developing in Beijing, Shanghai and Guang-dong Province.

Through the efforts of more than twenty years, the digitization of broadcasting technology for radio and television in China, has stepped into its application stage. The national standard of digital terrestrial television broadcasting standard (GB 2600—2006) has announced by the end of August, 2006, based on ten years of study. In 2006, national AVS video coding standard (GB/T 20090. 2—2006) and two other industrial standard of digital broadcasting have been announced, i. e. digital audio broadcasting standard (GY/T 214—2006) and mobile multimedia broadcasting standard (Part 1) (GY/T 220. 1—2006). The announcement of these standards signifies that China had completed its historical works of transferring herself from "a large country of television" to "a strong country of television."

The State Administration of Radio, Film and Television has planned to cease analog television broadcasting by the end of 2015, to develop digital television broadcasting, and transferring all analog TV into digital TV. SARFT had announced the "three-step progress" to develop digital television in China, that is, the first step, to have DTV in cable networks as "inserting point"; the second step, to develop satellite direct-to-home DTV services, and the third step, to develop digital terrestrial television. SAFRT had announced that 2005 is "the year of whole transition" for cable networks, and large progress is expected by the end of 2006.

Industrial companies has nice preparation to develop digital television, as emitter enterprises have the ability to produce the emitter needed for the deployment of digital television broadcasting, while the receiver enterprises have solved a lot of key techniques for mass production of DTV receivers. However, because there are two options for the sub-carriers, a lot of troubles will happen in the production progress, as well as to increase the production costs. The IP and patents issues are also needed to be solved by co-ordination under relative divisions of the Chinese government.

When developing the production line of LCD displays, parallel to the DTV receivers, it is recommended not to "blindly follow" the advanced techniques of more than 6 generation.

In the deployment of digital terrestrial television broadcasting in China, it is recommended that digital SDTV terrestrial broadcasting should be emphasized in the middle and west parts of China, while digital HDTV terrestrial broadcasting should be emphasized in the south and east parts of China, especially in the main cities.

Written by Xu Mengxia, Zhao Zongru, Yang Xiuhua

Advances in Solid Laser Technology

Within 2005 and 2006, we achieved great progress in the field of solid laser research and application in China mainly including whole solid laser, deep UV laser, huge-sized high power and large energy laser, super fast laser, super strong and short pulse laser application and laser display, etc.

Up to now, it is one of the most efficient methods to reduce the useless heat entering the solid laser to adopt semi-conductor laser diode pumping.

And the solid laser of new generation thus is created—DPSSL.

In China, we have long history on the research and production of whole solid laser. However, since there are some problems on LD array's lightness, efficiency, life and cooling, the research is only staying in labs. In recent 2 years, it is greatly developed on the improvement of LD performance and the R&D of DPSSL system.

DPSSL encounters serious challenges due to its adaptability to the environmental temperature. The temperature excursion is about 0.3 nm/℃. The temperature change as small as a few degrees will lead to serious influence on Nd:YAG laser's efficiency and the temperature raise will damage the LD. The stack density of high power LD is directly limited by the heat radiation situation. How to bring away a lot of heat from a rather small space has become the key to the development of the DPSSL and the actual application. In some special application situations, the temperature changes greatly, the volume and weight of the machine will be strictly limited. All of these factors challenge the design and manufacture of the laser and the relative works are confidential in foreign countries. In recent years, we research and innovate by ourselves and achieved great progress that forms the basis of industrial application.

The most important thing for the whole machine of industrial DPSSL is to keep reliability and stability for long work-time. The green light DPSSLs with continuous output of 60 W are forbidden to deliver to China by foreign countries due to their important application. Therefore, we carry out relative research independently and realize the LD's production all in China. On this basis, we succeeded in manufacture of green light DPSSL with continuous output power >100 W, the continuous working hours without any troubles reaches more than 200 h, and the whole components and parts are made in China. The DPSSL has decided and produced in batches. Thus, we broke the forbidden of foreign countries and meet the urgent requirements of our clients.

Within the same volume, since the fibre has larger surface than block-shaped working media up to 2—3 grades, it has better result of heat radiation. Due to the wave-guide structure, the laser model will be decided by the diameter of fibre core of d and value aperture NA_0 and will not be affected by useless heat in the working media. Therefore, the naissance of high power fibre laser is another splendid progress overcoming the "heat effect" of solid laser.

In July 2006, the average output power reaches 1.2 kW for the high average power fibre laser in China, the optical-optical slope efficiency is up to 79.3% that ascends to the international advanced rank.

When heat capacity laser works under the heat capacity model, it can bear the average power a few times higher than normal working model and will not be damaged due to the thermal stress. The institutes such as No. 10 Institute Engineering Physics Academy of China and No. 11 of CETC carried out basic research. Limited by the materials and scale, there is still a difference comparing with the total output energy of internationally highest level. However, we have some innovative design making up the shortages of heat capacity laser. Nd:GGG, adopting the components all made in China, LD end surface pump of φ70 mm, output of single module is 1.5 kW, pump power is 600 W, $\eta = 25\%$ and working time is 1 second.

Fs laser is a new technology with epoch-making meanings. In recent years, Tianjin University gained important progress on the application and research of Fs laser's nonlinear frequency transform and terahertz creation.

Super Strong and Super Short Pulse Laser

In 2005 and 2006, a device of SILEX-Ⅰ was finished in the Engineering Physics Academy of China and a lot of research was performed including electron acceleration, proton acceleration, cluster creation neutron, super short X light source, Fs laser transmission in air, Fs laser damage mechanism, materials dynamics characteristics. Also, many research fruits were obtained, for example, creation of electron beam near 109 eV and become conscious of the new physical phenomenon and characteristics of relativism plasma with high power density that drew the attention of the international academia.

Huge-sized High Power and Large Energy Laser

On the basis of Shenguang-Ⅰ and Ⅱ finished in China, it is planned to build and finish Shenguang-Ⅲ in 2012. This will make China one of the countries owning huge-sized laser device. China enters the advanced rank all over the world in the research field of inertia restriction fusion.

Physics and Chemistry Institute of China Academy of Science and Physics Institute worked fruitfully on the growth and application on deep UV laser crystal. Since last 1990s, a series new types of non-linear crystal for creation of deep UV harmonic wave are discovered. Among them, KBBF($KBe_2BO_3F_2$)

crystal is only one kind of crystal that can create deep UV laser output with the method of double frequency up to now. Using this kind of KBBF prism coupling components and cooperating with the Institute of Physical Property of Tokyo University, it was for the first time to realize Nd: YVO_4 laser's 6 double frequency harmonic wave output and the output power reached 3.5 mW. They successfully applied this new light source in photo-electron energy spectrum meter, obtained electrical energy spectrum with supper high resolution, observed clearly condensation of superelectron-pair near Fermi surface and measured the formation of the Cooper electron-pair and the superconducting energy gap when $CeRu_2$ superconductor in the 3.8 K superconducting state. Recently, Physical Research Institute of China Academy of Science, cooperating with Physical and Chemical Research Institute, used the same light source, researched and produced the first angular resolution super high resolution photo-electron energy spectrum meter in the world. They are planning to build a super high resolution photo-electron energy spectrum meter with spin resolved that will provide more advanced equipment for the research on strong conjunction interaction of electronic states.

High Average Power Laser Crystal

Comparing with the solid working media Nd: YAG usual used, the materials of Nd: GGG has the feature of no core, larger section, smaller emitting section on stimulation, can store more energy and draw higher energy at amplificatory part and higher density. Comparing with glass, its thermal conductivity is as 10 times as that of glass, emitting section and damage stress is as 5 times as that of glass. Therefore, Nd: GGG is more suitable for heat capacity model than Nd: YAGand glass. In 2005, the Nd: GGG crystal produced by OET Co., Ltd has a high quality, its diameter is 75 mm and equal diameter length is 60 mm. The single wafer $\varphi 70$ mm × 10 mm has a continuous output of 1.5 kW at 1064 nm.

As a kind of light source within the system of whole color display, laser has a natural chroma advantage. It starts the new display technology after black-white, color and digit technology. In 2005, the Physical Research Institute of China Academy of Science successfully produced samples of large-sized laser display with screen of 84 and 140 inches showing colorful dynamic images.

Written by Zhou Shouhuan

Advances in Radar Technology

This article presents the latest development and application in the field of radar in years of 2005 and 2006 as follows. ①Microwave remote sensing imaging radar. We has made significant progress in advanced airborne SAR equipment and application, multi-polarization and multi-frequency airborne SAR technology has been applied in topography mapping, L-band planet-carrier SAR technology has been applied in remote sensing planet, and S-band and X-band technology have also made advances. Thereinto, airborne SAR technology approaches close to the international advanced level, however, planet-carrier SAR technology has being a gap with the international level representing in multi-parameter (multi-polarization and multi-frequency) and multi-mode (side-look SAR, spotlight SAR, scanning SAR and interference SAR, etc.). ②Detecting in air and space. Deep space detecting radar technology, intermediate and long range solid state phase array radar technology, digital phase array radar technology and optical phase array radar technology have made rapid progress. Microwave low frequency active phase array radar has been used in fields of complex conditions, which all reaches the international level. ③Weather radar. The new generation Doppler weather radar application, anemometric laser radar technology and vehicle-borne X-band full coherence Doppler polarization radar technology have achieved international advance level. ④Traffic control radar. The performance of S-band solid state primary surveillance radar, single pulse SSR and port surveillance radar has reached the international advanced level. ⑤Large-scale radar technology series written by many senior radar professionals have been published.

Furthermore, this article also presents the development tendency of radar. ① Microwave remote sensing imaging radar technology (SAR and ISAR). High resolving SAR and image analysis technique, low frequency SAR GPR technology, moving target surveillance and location technology, SAR location technology, moonlet and constellation technology, the integrated technology of multi-parameter and multi-mode, bistatic and multi-station SAR and off-board radiant point SAR technology, ISAR moving target high resolving technology and three-dimension imaging technology. ② Phase array radar technology in air and space detecting. Active phase array radar technology, wide frequency band phase array radar technology, ultra-low side lobe phase array radar antenna technology, digital phase array radar technology, conformal phase array radar technology, millimeter wave phase array radar technology, and space-base phase array radar technology. ③Weacher radar technology. Bi-polarization technique, bistatic and multi-station weather radar technology, planet-borne weather radar technology, and millimeter-wave and laser weather radar technology. ④Traffic control radar. S-band SSR, the new generation primary surveillance radar technology, the precision approach radar technology, minitype ground mobile surveillance radar and its network technology and the integrated technology of airport radars. ⑤GPR and human being detection technology. Hyper-widcband high-power signal generating and transmitting technology, hyper-wideband receiver technology, the advanced signal processing and data processing technology and hyper-wideband radar theory and design technology. ⑥The other important development tendency is multifunction integration and network radar technology.

Written by Lu Jun, Li Chengyan, Li Shengmu

Advances in Microwave Technology

With the expanding application of wireless communication and network and the quest for innovative technologies driven by customer demands for improvements in performance, capabilities and services of communication systems, there have been great developments in microwave technologies. Vivid environments thrive both in relevant industry and academia. In view of this, the report gives a broad and in-depth description of the recent evolution in microwave technologies, and discusses the current problems and possible future directions.

The report is comprised of four sections: preface, theoretical development, application progress and proposal. In preface, the current trends in electromagnetic and microwave theories and technologies are introduced, and the content and meaning of this report are proposed. In the next two sections, the theoretical and application development of electromagnetic and microwave technologies are expounded respectively. Finally, the focuses of the future research directions are explored.

In the theoretical development section, the six major progressive areas in electromagnetic and microwave theories are introduced as follows:

(1) EM theories and Numerical methods

As one of the major tools in electromagnetic and microwave theories, numerical methods have obtained great development and extensive application. The report presents some problems existing in commercial software, and introduces the recent domestic development in FMA and MLFMA and some relevant mixed algorithms. It is indicated that future research can be conducted on the areas of multiple grid in FDTD, full-wave full-medium application of PEEC, TDFEM, TDIE and other high efficiency mixed numerical methods. Furthermore, the visualization of electromagnetic field is also a hot topic of current research.

(2) Microwave integration technologies

Microwave integration technologies have achieved great progress towards high frequency, small dimension, high integration level, low cost device research and exclusive test as well as high frequency packaging technologies. The development in low cost RF CMOS technology, compound semiconductor and SiGe material are recent hotspots. Based on these developments, the SoC and SiP technologies are found further expansion, while fostering the prosperity in measurement technologies. Meanwhile, the report gives a general description and expectation on LTCC techniques in the passive integration circuit area.

(3) Antenna and array, radio wave propagation

The quest for improvement in spectrum efficiency, channel capacity and transmission rate of wireless communication systems put increasing demand on specifications of antennas. The report presents a comprehensive discussion on the topic of multiband/wideband mobile terminal antenna, reconfigurable antenna, UWB/SP antenna and MIMO antenna. The current research is characterized, and the hotspot and possible breakthrough directions are briefly addressed.

(4) Terahertz Technologies

Terahertz (THz) Technologies own many superior characteristics and great theoretical and application importance, thus have attracted great attention and broad investigation worldwide. Several current key topics in THz technologies are presented including the radiation source and detector, transmission and focus.

In China, progress has been achieved in the vital high power radiation source and the application of time domain spectrum system in the detection area. The research forefront of generation and detection of THz wave is discussed.

(5) Novel artificial electromagnetic material

Novel artificial electromagnetic material, represented by metamaterial and EBG structures, has become popular research areas recently. This report introduces the background and principle of novel artificial electromagnetic material and discusses their applications in microwave area. The focus of research and application of novel artificial electromagnetic material in various microwave components are indicated, and the challenges are pointed out.

Meanwhile, the research and application of EBG structures in electromagnetic and microwave area, as well as the problem of miniaturization and future research directions are introduced.

(6) Spatial microwave remote sensing

As the most advanced technology in spatial remote sensing area, microwave remote sensing can extract information from mass data of complex earth environment and has wide application. The report concludes the forefront technology of spatial remote sensing and earth detection, and introduces the current development in our country in detail. The future research directions are also indicated.

(7) Development in microwave and millimeter wave measurement equipments

Focuses have been concentrated on the status quo and skill level of the microwave and millimeter wave measurement equipments in our country, as well as the important progress in the recent two "Five-Year Plans".

In the application progress section, the technologies which have been widely used in the areas of communication and industrial production are introduced, including multi-antenna technology, RFID technology and RoF technology.

1. Multi antenna technology in wireless systems

Multi antenna technology is a popular research direction, which is applied in many communication areas extensively. According to different demand, various technologies can be adopted including self-adaptive antenna, smart antenna, MIMO antenna and distributive antenna. This report describes several recent hot topics and introduces the transmission scheme based on MIMO technology. The progress in areas of space-time coding, reconfigurable physical layer and multi-user diversity is expatiated, and the channel modeling which plays a key role in MIMO system design is discussed. Furthermore, the report gives a prospect and points out the bottleneck in the application of multi-antenna technology.

2. RFID technology

RFID technology has found applications in many diverse directions such as logistics, commerce and production. Some current obstacles including impedance matching of antenna, compatibility of RF instruments and cost reduction of RF tags are presented.

3. Radio over fiber technique (RoF)

Radio over fiber technique (RoF) has received extensive attention and achieved rapid development in recent years. RoF technology has its own unique privilege compared with conventional microwave wireless communication systems, which can provide "the last one kilometer" seamless access of wireless network and is broadly applied in wideband wireless communication systems. The report gives a comprehensive description of the application of RoF technology in areas such as smart traffic system, millimeter wave radar, etc., while indicates the pivot in its development.

This report presents an extensive and detailed description of the current progress, application, obstacles and future directions in electromagnetic and microwave theories and technologies, in favor of the breakthroughs in some vital technical points and the improvement in this area in our country.

Written by Feng Zhenghe

Advances in Microelectronic Technology

Microelectronic technology is the foundation of information industry, and plays an important role in the domestic economy and national defense. In recent years, more and more attention has been paid to it in China. After a long period of endeavor, microelectronic technology has achieved remarkable progress. The scale of Chinese IC (Integrated Circuit) industry is growing rapidly. The system including IC design, fabrication and package has been forming. Now it is estimated that the scale of the Chinese IC industry is the third largest one in the world.

Guided by Moore's Law, the rapid pace of CMOS' (Coupled Metal Oxide Semiconductor) scaling is kept. The mass production of 65 nm node has been achieved. At the same time, the process of 45 nm node is in research and development. Furthermore, silicon (Si) wafer size has reached 12 inches in the prevailing processing, and 16-inch silicon single crystal has been successfully grown in Japan. The main stream of the IC industry in the future 10－15 years is try to continue Moore's Law, and at the same time, looking for new solutions to overstep it. In order to continue Moore's Law, new device structure has been created, and new ideas and techniques have been introduced to the integrated processing and packaging technology, which are producing high performance systems and wealthy. On the other hand, increasing interest in and research of non-silicon technology have been stimulated. Some progress has been made in non-silicon technology, such as spintronics, carbon nanotubes, nanowires and molecular electronics. In the last two years, some breakthroughs have been made in IC design, material growth, and some key equipment for IC fabrication, which indicate that it is possible for us to make our country to be powerful in microelectronic technology during the next decade.

The purpose of this paper is to review the progress of microelectronic technology in recent two years and provide reference to related persons and organizations.

The contents of this review have been divided into three parts:

In Chapter 1, the main development of microelectronic technology during 2005－2006 in China is summarized.

In Chapter 2, the international research work done for 45 nm node has been introduced firstly, including strained silicon for enhanced mobility, high K/metal-gate stacks, planar double-gate transistor, non planar double gate transistor (e. g. Fin Field Effect Transistor, FinFET) and non planar multiple-gate transistor. The development tendency of the international microelectronic technology is predicted. Secondly, the domestic achievements on microelectronic technology are summarized, and the trend is predicted too. A comparison between the former and the latter has been made. At last, the progress of compound semiconductors such as GaAs and InP and new type wide band gap semiconductors such as GaN for microelectronic applications have been introduced.

In Chapter 3, the strategic significance in developing microelectronic technology for domestic economy and national defense is presented. According to the present research situations of domestic and abroad, proposals for the development of microelectronic technology in China are put forward, and some possible research directions are given.

Written by Wang Xiaoliang

Advances in Wireless Communications Technology

Since the end of the 20th century, an increasing broad range of information technology has brought about many new modes of production and life philosophy. Information is changing our modes of behaviors and ways of thinking. People in the information society, have returned to families and individuals at the core from the society at the industry time. So to provide pervasive human-centered information services is the next target of communication networks. Wireless communications should free people from the shackles of communications equipment, making information pervasive and services available everywhere. A variety of wireless devices, including notebook computers, personal digital assistants, cellular telephones, portable media players and embedded sensors disseminate information between people, between people and the environment; They not only detect, but also the control of real-world objects and events, provide pervasive human-centered services. Ubiquitous wireless networks gradually become the interface to the real world interacting with the users, checking, organizing and providing a wide variety of services based on individual context awareness, constructing a harmonious society of human beings and computing equipments.

The earliest application of wireless communications is private communication system, also known as trunking radio. In recent years, China's Huawei and ZTE independently proposed and developed the GT800 digital trunking technology based on the GSM-R system and the GOTA CDMA technology. They are networking flexibility and can satisfy the requirements of network coverage with affordable prices to meet the needs of large-scale developments.

Mobile telecommunication system that provides wireless communications services for public needs had been developed in the last 20 years of the 20th century. The most representative domestic achievements of mobile telecommunication technology is related to the fourth-generation wireless technologies and mobile communication signal processing technologies in 2005—2006. Part of the fourth generation mobile communication research results are submitted through RITT in forms of dozens of international standard proposals. More than 10 proposals were adopted. The research work resulted in nearly 200 patents, including

(1) Coordinated distributed wireless network and high-layer protocols: 31 patents;

(2) Broadband multi-carrier transmission and multiple access technologies: 55 patents;

(3) Fully exploits space resources and MIMO wireless transmission technologies: 26 patents;

(4) Channel coding with channel capacity approaching and iterative receiver: 52 patents;

(5) New antenna and RF technology: 20 patents.

With the wide use of computers and the popularization of computer networks, using radio to access computer network becomes people's urgent needs, which leads to the concept of wireless access networks. Then WMAN, WPAN, wireless home network, wireless sensor network and RFID prospered in recent years. The achievements including

(1) Wireless Personal Area Network (WPAN): IEEE 802. 15. 4a specified the using of a new ultra-wideband (UWB) technology.

(2) Wireless Local Access Network (WLAN): IEEE 802. 11e was released in June 2006, to guarantee the quality of service for voice and video

traffics.

(3) Wireless Metropolitan Area Network (WMAN): 802. 16e standard was released in early 2006. Using OFDMA technology, it provided 15Mbps in a 5 MHz channel. Based on the provision of high-speed data transmission, it also provided the mobility for user terminals up to the speed of the car, it supported the high-layer handoff between cells and channels.

(4) Wireless Network (WRAN): IEEE 802. 22 was the first air interface standard based on cognitive radio technology. It worked in unused VHF/UHF television channel with point-to-multipoint mode. The key profit of WRAN equipment was that it was free of license, and could coexist with the authorized users such as television systems.

Domestically, CCSA TC5 is working on the research of key technologies in broadband wireless access systems. Manufacturers represented by ZTE and Huawei have joined the WiMAX alliance, and have made a lot of the patents. WiMAX Forum and the Tiandi hulian company co-organized the second Global WiMAX Summit in Beijing in October 2006. China Netcom started its first step in the deployment of WiMAX commercial experimental network. Xinwei's McWill wireless broadband access system has the features such as high capacity, large coverage area, broad band bandwidth, mobility, handover and roaming supporting.

The future development of wireless communications has the following trends:

(1) Mobile broadband and broadband mobile;

(2) The network integration, business integration and access integration for cellular and wireless access network is the main theme in the developing of communications;

(3) Based on the uniform IP-core network platform, Wireless communication systems will provide the pervasive services by the seamless handoff among the networks.

Written by Zhu Hongbo, Pan Su

Advances in Information Security Technology

Information security has gone through three stages in history including COM-

SEC, INFOSEC and IA. In recent years, the concept of information security is becoming meaningful. All countries are regarding information security as the foundation of national security. The problem of information security in China not only involves risks arising from the weakness of basic information infrastructure, but also the political, economic, military, social, cultural and other numerous types of problems created by misuse of information technology. In addition to confidentiality, integrity and availability of information and information systems, China begins to make information content security a fundamental element, which shows that the concept of information security goes into a new development stage in China.

An important momentum to make information security science advance comes from the requirement. In recent time, the trend of information security threat can be characterized as following: malicious code drastically showing diversification, inner threat increasing, security risk with outsourcing and supply chain emerging, software and hardware failure being potentially fatal hazard, and information security rising to a non-traditional security factor. The explosive development and broad application of information technology more augments the information security requirement, also aggregate the challenge.

During the past years, the major advances in information security technology includes: ①MD5 and SHA-1 were broken; ②China historically first publicized a cryptography algorithm called SMS4; ③Commercial quantum cryptography products appeared; ④Trusted computing technologies were born and developed fast; ⑤Biometric identification technologies were broadly applied; ⑥Network trust technologies were emphasized and supported by many countries; ⑦WLAN security standards were put forward; ⑧The security technologies with next generation network based on IPv6 were thoroughly studied and gone into large-scale experiment.

In 2005 and 2006, each country has increased the support for information security research and development and drew many important plans providing the direction for information security technologies in future. Noticeable plans include Cyber Security: A Crisis of Prioritization drawn by US President's Information Technology Advisory Committee, Federal Plan for Cyber Security and Information Assurance Research and Development drawn by US National Science and Technology Council (NSTC), China National Medium- and Long-

Term Programme for Scientific and Technological Development and China "863" Project in Information Security.

In information security field, there is hi-technology contest. Through many years efforts, our country has the ability to protect information security, identify vulnerabilities, response security incidents and information operation providing powerfully support to national information security.

The advance in information security technology also promoted information security industry. In recent years, information security industry in China develops fast. But shortcomings are also evident. Compare to other countries, we had reduce the technology gap largely and got some preponderant results, but independent and controllable technologies remain few.

The information security discipline construction is always a hot topic in recent years. At present, information security has the requirement for a first-level discipline. With the probe in the discipline construction and the practices to protect information security, the external condition has formed to set information security as first-level discipline. For the future our country should strengthen the discipline planning and pay more attention to the fundamental work in information security discipline construction.

In general, the development of information security technology will orient towards the following directions:

(1) Meeting the strategic requirement of a sovereign state;

(2) Turning passive protect to positive defense;

(3) Taking trusted computing technology as a chance, innovating information security architecture;

(4) Integrating various technologies into products.

Written by Shen Changxiang, Liu Yi,
Zuo Xiaodong, Li Xiaoyong, Zhang Xing

Advances in Audio and Video Information Processing Technology

The Technology of audio and video information processing is a historic but relatively young field, it started from digital signal processing technology, later on covering the technologies of speech processing, image processing, video processing, multimedia processing, artificial intelligence and its application. This report summarizes the progress of audio and video information processing field in years 2005—2006, from the aspects of technology, industry, and education, particularly focusing on the subjects of audio coding, audio processing, video coding, audio/video coding standardization, video analysis and multimedia retrieval, digital right protection, streaming media. On the other hand, this report gives some suggestions on direction for future R&D, based on the requirement of state strategic development in period of the 11th Five-Years Plan.

The most symbolic progress in China'sfield of audio-video information processing, during 2005 2006, is that National Standard of Advanced Audio-Video Coding Standard (AVS) part two has been in use. Contributed by over 100 experts of AVS working group in over 4 years, it has been approved by State Administration of Standardization in February 2006, named as GB/T 20090.2, and officially takes effect from March 1st of 2006. AVS is the source coding standard for audio and video data compression, which is a base standard for many applications like digital television, network television, mobile television, optical disk, etc. AVS is a milestone of Chinese digital AV industry from big to strong, it has been listed as one of most important video coding standards recently in world. AVS innovation includes technical and IPR management. There are over 50 patents in AVS video standard owned by Chinese organizations. AVS IPR policy has been referenced by some committees of ITU and ISO/IEC, and AVS has partnership with those organizations. After GB/T 20090.2 announced, local industry has successfully developed AVS products, such as AVS real-time encoder, AVS HD decoder chip, AVS decoder software. For market adoption, China Netcom, onc of two biggest telecom operators, has decided to use AVS in their IPTV system, CMMB(China Mobile Multimedia Broadcasting) standard organized by SARFT(State Administration of Radio Film and Television). AVS in other digital TV application has been taken place step by step.

In 2005—2006, besides the audio-video coding technology, some other technical progress and applications are also very significant, such as in the area of video analysis and multimedia retrieval, digital right management and streaming media. One of the hot topics in 2006 is video related R&D and application, including semantics based on image and video analysis and intelligent retrieval, searching in cross media. Most top search engines and service companies, like Google, Yahoo, Baidu, start to provide their image, video, and music searching services. Many new topics in multimedia searching become visible and even hot, such as searching to podcast or audioblog which focus on audio or speech content, searching to videoblog which focus on video content, searching to IPTV content focus on internet protocol television business. AVS working group did a large amount of effort on digital right management technology R&D and standardization, AVS part 6: digital media right management has been approved as a Chinese national standard working project by State Administration of Standardization in 2005, and the AVS part 6 has been finished in 2006.

For the situation of education on audio-video information processing, Chinese universities and research institutes are starting to offer some postgraduates on video coding and multimedia searching to society, even not enough, but in audio coding field, the case is not as good as video coding. Comparing with west countries, in this special new field, our human resource offering is too less for market requirement, induding quality and number, so that our central government needs to pay enough attention to this problem.

The new big market of HDTV, IPTV, high quality audio device, mobile TV, 3G and 4G bring infinitive chance to audio and video information industry. As one of the most important industry in China, there is no doubt that Chinese central government will put more resource to promote and support the research and development.

Written by Gao Wen, Huang Tiejun, Huo Longshe,
Dai Qionghai, Yang Shiqiang, Zhao Debin, Han Jiqing,
Yu Lu, Hu Ruimin, Liang Mangui, Lu Hanqing, Yan Yonghong,
Chen Xilin, Tian Yonghong, Huang Qingming, Wu Feng